"十三五"高等职业教育计算机类专业规划教材

AWS云计算
基础与实践

AWS
YUNJISUAN
JICHU YU SHIJIAN

主　编◎胡　玲　韦永军

副主编◎杨　琳　李筱林　夏艳华

中国铁道出版社有限公司
CHINA RAILWAY PUBLISHING HOUSE CO., LTD.

内 容 简 介

本书是校企双元合作开发的教材,从云计算基础知识、云计算服务、云存储服务、云网络服务、云数据库、云安全、云应用、大数据以及项目实战应用案例等方面,由浅入深、全面系统地介绍了 AWS 云计算服务及各种应用。在编写上以项目教学为主线,以任务驱动为核心,以培养技术应用型人才为目标,将基本技能培养和主流技术结合,使学生通过学习,能够掌握 AWS 云计算的基础知识及各种常用服务的应用,增强 AWS 云计算服务等方面的操作和应用能力。本书最后一章的项目实战应用案例以"学院健康报告系统"为例,把近年来云计算发展的新技术和高职高专全国职业技能大赛的经典案例以及世界技能大赛与职业技能要求有机地结合起来,知识、技能相融合,具有很强的实践性和应用性。此外,本书还提供了丰富的数字化课程教学资源,包括实验学习平台、微课视频、教学课件、课程标准、电子教案等。

本书适合作为高职高专院校计算机相关专业的教材,也可作为云计算各种职业技能大赛学习资源及广大计算机爱好者和网络管理员的参考用书,还可作为培训教材。

图书在版编目(CIP)数据

AWS 云计算基础与实践/胡玲,韦永军主编. —北京:
中国铁道出版社有限公司,2021.7 (2024.5 重印)
"十三五"高等职业教育计算机类专业规划教材
ISBN 978-7-113-26643-1

Ⅰ. ①A… Ⅱ. ①胡… ②韦… Ⅲ. ①云计算 – 高等职业
教育 – 教材 Ⅳ. ①TP393.027

中国版本图书馆 CIP 数据核字(2021)第 050176 号

书　　名:AWS 云计算基础与实践
作　　者:胡　玲　韦永军

策　　划:汪　敏　　　　　　　　编辑部电话:(010)51873135
责任编辑:汪　敏　徐盼欣
封面设计:尚明龙
责任校对:焦桂荣
责任印制:樊启鹏

出版发行:中国铁道出版社有限公司(100054,北京市西城区右安门西街 8 号)
网　　址:http://www.tdpress.com/51eds/
印　　刷:三河市兴博印务有限公司
版　　次:2021 年 7 月第 1 版　2024 年 5 月第 2 次印刷
开　　本:787 mm×1 092 mm　1/16　印张:16　字数:407 千
书　　号:ISBN 978-7-113-26643-1
定　　价:46.00 元

前　言

云计算以一种简单的方式通过 Internet 访问服务器、存储空间、数据库和各种应用程序服务。云服务平台(如 Amazon Web Services,AWS)拥有并维护这些应用服务所需的网络连接硬件,使用 Web 应用程序配置并使用需要的资源。云计算的主要优势之一就是能够根据业务发展来扩展较低可变成本来替代前期资本基础设施费用。AWS 在云中提供高度可靠、可扩展、低成本的基础设施平台,为全球 190 个国家和地区的数十万家企业提供支持。

亚马逊全球副总裁、亚马逊云科技大中华区执行董事张文翊表示:亚马逊云科技致力于赋能客户的重塑,加速客户全球业务拓展,加强本地人才培养,从而促进行业转型,助力数字经济发展,并让全社会共同受益。亚马逊云科技于 2013 年进入中国,近几年呈现出加速发展的态势,已经开通由光环新网运营的中国(北京)区域、由西云数据运营的中国(宁夏)区域,以及亚太地区(香港)区域,还成立了上海人工智能研究院和台北、深圳物联网实验室。进入中国以来,亚马逊云科技与中国相关机构、学校和企业建立了紧密的合作关系,共同致力于各类云计算人才的培养,打造"产学研"三位一体的教育生态,多元驱动云计算人才培养,推动云计算产业的高质量发展。

本书从云计算基础知识、云计算服务、云存储服务、云网络服务、云数据库、云安全、云应用、大数据以及项目实战应用案例等方面由浅入深、全面系统地介绍了 AWS 云计算服务及各种应用。本书主要依据实例,介绍各种服务如何在实际中应用和实施。致力于让读者能够亲身体会这些服务的具体应用,从而建立利用科学方法解决问题的创新思维,以更好地适应当今时代。

本书在编写上以项目教学为主线、任务驱动为核心,通过任务设定层层推进。本书在内容选取上,围绕 AWS 云计算各种服务及运维这个主题,以"实用"和"实践"为主要原则,减少或弱化了一些理论性过强或是在实践中应用较少的知识点。为了增强 AWS 云计算服务等方面的操作和应用能力,本书还通过最后一章的项目实战应用案例,介绍了 AWS 云计算基础服务的应用和实践。

本书由胡玲、韦永军任主编,由杨琳、李筱林、夏艳华任副主编。甘捷法、蒋容、兰俊航等参与了本书的编写工作。

由于编写时间仓促,加之计算机技术发展迅猛,书中有不足和疏漏之处在所难免,敬请广大读者批评指正,以便再版时修订,在此表示衷心的感谢。

编　者

2021 年 1 月

目 录

第 ① 章 云计算导论

2006 年,Amazon Web Services(AWS)开始以 Web 服务的形式向企业提供 IT 基础设施服务,现在通常称为云计算。云计算的主要优势之一是能够根据业务发展来扩展较低可变成本来替代前期资本基础设施费用。利用云,企业无须再提前数周或数月规划和采购服务器及其他 IT 基础设施,而是可以在几分钟内及时运行成百上千台服务器并快速达成运行结果。

如今,AWS 在云中提供高度可靠、可扩展、低成本的基础设施平台,为全球 190 个国家和地区的数十万家企业提供支持。

1.1 云计算概述

云计算是指通过云服务平台经由 Internet 按需提供计算能力、数据库存储、应用程序及其他 IT 资源,并且采用按需付费的定价方式。通过云计算,无须先期巨资投入硬件,以及花费大量时间来维护和管理这些硬件,就可以精准配置所需的适当类型和规模的计算资源,按需访问,按需付费。

1.1.1 云计算的运作

云计算以一种简单的方式通过 Internet 访问服务器、存储空间、数据库和各种应用程序服务。云服务平台(如 AWS)拥有并维护这些应用服务所需的网络连接硬件,使用 Web 应用程序配置并使用需要的资源。

1.1.2 云计算的类型

云计算日渐普及,已经出现几种不同的模型和部署策略,以满足不同用户的特定需求。不同类型的云服务和部署方法能够提供不同级别的控制和管理。云计算包含三个主要类型,通常称为基础设施即服务(Infrastructure as a Service,IaaS)、平台即服务(Platform as a Service,PaaS)和软件即服务(Software as a Service,SaaS)。根据需要选择合适的云计算类型,不仅可以帮助适当的控制平衡,还可避免没有意义的繁重工作。

1. IaaS

IaaS 包含云 IT 基本构建块,通常提供对网络功能、计算机(虚拟或专用硬件)及数据存储空间的访问。IaaS 提供了最高级别的灵活性和对 IT 资源的管理控制。

2. PaaS

PaaS 不需要组织管理底层基础设施(通常是硬件和操作系统),能够专注于应用程序的部署和管理,这有助于提高效率,而无须考虑资源购置、容量规划、软件维护、补丁安装或任何与应用程序运行有关的不能产生价值的繁重工作。

3. SaaS

SaaS 提供由服务提供商运营和管理的完整产品。通常人们所说的 SaaS 指的是终端用户应用程序。使用 SaaS 产品时,不必考虑如何维护服务或如何管理底层基础设施,只需要考虑如何运用具体软件。SaaS 应用程序的一个常见示例是基于 Web 的电子邮件,可以使用它发送和接收电子邮件,而无须管理电子邮件产品的功能或维护运行电子邮件程序的服务器和操作系统。

1.2 云计算是信息时代的基础

AWS 为 190 多个国家和地区的数百万名客户提供服务。近年来还逐步扩大全球基础设施,帮助全球客户实现更低的延迟性和更高的吞吐量,并确保他们的数据仅驻留在其指定的区域。AWS 将持续提供满足其全球需求的基础设施。

AWS 云基础设施围绕区域和可用区(Availability Zone,AZ)构建。区域是指全球范围内的某个物理节点,每个区域由多个可用区组成。可用区由一个或多个分散的数据中心组成,每个都拥有独立的配套设施,其中包括冗余电源、联网和连接。可用区能够提高生产应用程序和数据库的运行效率,使其具备比单个数据中心更强的可用性、容错能力及可扩展性。

每个可用区都是独立的,但区域内的可用区通过低延迟连接相连。AWS 提供在多个地理区域内及在每个地理区域的多个可用区中放置实例和实现存储数据的灵活性。每个可用区域均设计为独立的故障区域。

1.3 为什么使用云计算

1.3.1 云计算的六大优势

1. 将资本投入变成可变投入

在使用计算资源时再付费,并且只需为自己所使用的计算资源付费,而不是在还不清楚如何使用数据中心和服务器之前就对其大量投资。

2. 大范围规模经济的优势

使用云计算,可以获得更低的可变成本。数十万家客户聚集在云中,这使得 AWS 等提供商能够实现更高的规模经济效益,从而提供更低的即用即付价格。

3. 无须预估容量

不必再猜测基础设施容量需求。利用云计算,可以根据需要使用容量,而且只需几分钟就可以根据需要扩大或缩小容量。

4. 增加速度和灵活性

在云计算环境中,获取新的 IT 资源操作非常简单,只需点击鼠标即可。这意味着可以将为开发人员提供可用资源的时间从数周缩短为几分钟,大大提高了组织的灵活性,因此用于试验和开发的成本和时间明显减少。

5. 无须投资于运行和维护数据中心

使用云计算,可以专注于自己的客户,而不用忙于搬动沉重的机架、堆栈和电源服务器等设备。

6. 数分钟内实现全球化部署

只需点击鼠标,即可在全世界的多个区域轻松部署应用程序。这意味着能够用最小的成本为客户提供更低的延迟和更好的体验。

1.3.2　安全性与合规性

1. 安全性

AWS 云安全性的优先级最高。云的安全性与本地数据中心的安全性大体相同,只是少了维护设施和硬件的成本。在云中,不必管理物理服务器或存储设备。相反,将使用基于软件的安全工具监控和保护进出云资源的信息流。

AWS 云的优势主要体现在:可以进行扩展、不断创新、保持安全的环境,并且只需为使用的服务付费。这意味着可以获得所需的安全性,且成本比本地环境中更低。

2. 合规性

AWS 云合规性可帮助 AWS 用以维持云中的安全和数据保护的可靠控制。在 AWS 云基础设施上构建系统时,也就分担了合规性责任。通过将侧重于监管的、支持审核的服务功能与适用的合规性或审核标准结合使用,AWS 合规性促成者能够基于传统计划进行构建。这可帮助客户建立 AWS 安全控制环境并在该环境中运营。

1.3.3　云计算部署模型

1. 云

基于云的应用程序完全部署在云中,且应用程序的所有组件都在云中运行。云中的应用程序是在云中创建或从现有基础设施迁移而来的,以利用云计算的优势。基于云的应用程序可以构建在基础设施组件上,也可以使用较高级的服务。

2. 混合

混合部署是一种在基于云的资源和非云现有资源之间连接基础设施和应用程序的方法。最常见的混合部署方法是在云与现有的本地基础设施之间进行,将组织的基础设施扩展和拓展到云中,同时将云资源连接到内部系统。

3. 本地

利用虚拟化和资源管理工具在本地部署资源,有时也称"私有云"。本地部署无法提供云计算的诸多好处,但有时需要其提供专用资源的能力。在大多数情况下,这种部署模式与传统的 IT 基础设施相同,但它会利用应用程序管理和虚拟化技术来提高资源利用率。

1.4　云计算主要服务商

所有提供商都至少提供每小时的虚拟机(Virtual Machine,VM)计量,有些提供商可以提供较短的计量增量,这对于短期批处理作业可能更具成本效益。除非另有说明,否则提供商按 VM 收费。

1. 阿里云

阿里云是一家专注于云的服务提供商,总部位于中国,是阿里巴巴集团的子公司。阿里云成立于 2009 年,旨在为阿里巴巴集团的电子商务业务提供平台服务,如今已向全球公司销售产品。

(1)产品。阿里云集成了 IaaS + PaaS。它提供 Xen 和 KVM 虚拟化的多租户计算(弹性计算服务)及与计算无关的块存储(云磁盘),还提供对象存储(阿里巴巴对象存储服务)、CDN 服务、基于 Docker 的容器服务(云容器服务),以及预配置的私有云基础架构(Apsara Stack 和 ET Brain)

(2)地点。阿里云在中国设有多个地区,并在美国、德国、澳大利亚、印度尼西亚、日本、印度、马来西亚、新加坡、阿拉伯联合酋长国、英国等地设有分支机构。

(3)使用情况。阿里云是中国云 IaaS 的当前市场份额领导者,在中国数字业务和中国公共部门实体中表现尤其出色。在中国,阿里巴巴为需要混合云模型的中国公司提供私有云基础架构选项。在境外,尽管阿里云已于 2018 年宣布与 SAP 和 VMware 建立合作伙伴关系,但亚太地区最常使用阿里云来寻求敏捷工作负载的平台。

(4)优势。阿里云具有广泛的公共云集成 IaaS + PaaS 产品组合,其范围可与其他面向全球的超大规模提供商的服务组合相提并论。中国企业将阿里云视为数字化转型的推动力和开始获取数字收入的渠道。

(5)劣势。阿里云的国际产品不具备中国产品的全部功能,也不具备其主要全球竞争对手的功能深度,在许多地区,仅当使用某些计算实例类型时,特定服务才可用;阿里云在中国的收入占其总收入的90%,在中国境外的企业客户群并未显著增长。

2. Amazon 网络服务

AWS 是 Amazon 的子公司,是一家专注于云的服务提供商。它在 2006 年开拓了云 IaaS 市场。

(1)产品。AWS 是集成的 IaaS + PaaS,它的弹性计算云(EC2)提供按秒计量的多租户和单租户 VM 及裸机服务器。AWS 的虚拟机管理程序基于 Xen 和 KVM。有多租户块和文件存储,以及广泛的其他 IaaS 和 PaaS 功能。其中包括具有集成 CDN(Amazon 简单存储服务和 Cloud Front)的对象存储服务;Foundation 服务(VMware Cloud on AWS)具有多故障域 SLA,通过合作伙伴交换(AWS Direct Connect)可以满足托管需求。

(2)地点。AWS 将其数据中心分为多个区域,每个区域至少包含两个可用区(数据中心),它在美国及加拿大、法国、德国、爱尔兰、英国、澳大利亚、印度、日本、新加坡、韩国、瑞典和巴西等地都有多个地区。它的业务遍及全球。

(3)使用情况。在虚拟环境中运行良好,对于虚拟化或在多租户环境中运行可能具有挑战性的应用程序、包括高度安全的应用程序、严格合规的或复杂的企业应用程序(如 SAP 业务应用程序),需要特别注意体系结构。

(4)优势。与该市场中的任何其他提供商相比,AWS 的客户资料范围更广,从初创企业、中小型企业(SMB)到大型企业。使用 AWS 的企业将从早期采用者中受益,这有助于将新技术推向主流,降低此类服务的风险,从而使它们更易于使用和管理。AWS 是成熟的企业就绪型提供商,拥有成功的客户记录和最有用的合作伙伴生态系统。因此,不仅是重视创新并正在实施数字业务项目的客户选择了提供商,而且还将传统数据中心迁移到云 IaaS 的客户选择了提供商。

(5)劣势。随着 Amazon 首席执行官的野心扩展到其他市场,这最终可能会限制 AWS 在某些垂直领域的成功,并可能影响相关的生态系统。

3. Google

Google 是一家以互联网为中心的技术和服务提供商。Google 自 2008 年以来一直提供 PaaS 产品,但是直到 2012 年 6 月 Google Compute Engine 推出(2013 年 12 月全面上市)后才进入云 IaaS 市场。

(1)产品。Google Cloud Platform(GCP)结合了 IaaS 产品(计算引擎)、PaaS 产品(应用程序引擎)及一系列互补的 IaaS 和 PaaS 功能,包括对象存储、Docker 容器服务(Google Kubernetes Engine,GKE)和事件驱动的"无服务器计算"(Google 云功能)。

(2)地点。Google 在美国设有多个地区,在全球都有业务。

(3)使用情况:主要应用在大数据和其他分析应用程序、机器学习项目、云原生应用程序或其他针对云原生操作优化的应用程序。

(4)优势。Google 通过提供以开源生态系统为中心的具有 PaaS 功能的可扩展 IaaS 产品,利用了其内部创新技术功能(如自动化、容器、网络)。在最初迎合云原生创业公司的同时,Google 在扩大其覆盖企业客户的范围。

(5)劣势。Google 在处理企业账户时表现出不成熟的流程和程序,这有时会使公司难以进行交易。与其他供应商相比,Google 拥有经验丰富的 MSP 和以基础架构为中心的专业服务合作伙伴,其规模要小得多。从现场销售和解决方案的角度来看,Google 的整体企业覆盖率落后于竞争对手。此外,企业经常感叹 Google 与解决方案架构师接触时无法根据企业要求制定适当的解决方案。

4. IBM

IBM 是一家大型的多元化技术公司,提供一系列与云相关的产品和服务。IBM 云产品基于 IBM 在 2013 年 7 月收购 SoftLayer 及其先前的 Bluemix 产品而构建。

(1)产品。IBM 提供多租户和单租户虚拟化计算资源及裸机服务器。它具有与 S3 兼容的云对象存储。通过 Akamai 合作伙伴关系提供 CDN 集成。IBM 云提供基于开放式容器计划(OCI)的容器服务(IBM Cloud Kubernetes Service)、事件驱动的无服务器计算(IBM Cloud Functions)、基于 Cloud Foundry 的 PaaS 和其他 PaaS 功能。IBM 还提供了基于 Kubernetes 和容器的私有云产品。

(2)地点。IBM 在美国的多个数据中心及加拿大、墨西哥、巴西、法国等多个国家和地区设有地区。IBM 的业务遍及全球。它以 IBM 开展业务的多种语言提供支持。

(3)使用情况。使用裸机服务器作为托管平台的 IBM 外包交易,客户需要基本云 IaaS。该基础结构还可以用作使用 IBM 云 PaaS 功能构建的应用程序的组件。在同时需要对可伸缩基础结构和裸机服务器进行 API 控制才能满足性能、法规遵从性或软件许可要求的情况下,也应考虑使用此方法。

(4)优势。IBM 在全球拥有强大的品牌和客户关系,并可以本地语言、本地合同和本地货币提供支持。IBM 的战略外包客户群可能有助于推动 IBM 云基础架构的采用。

5. Microsoft

Microsoft 是一家大型且多元化的技术供应商,越来越专注于通过云服务交付其软件功能。微软于 2012 年 6 月推出 Azure 虚拟机(于 2013 年 4 月全面上市),进入了云 IaaS 市场。

(1)产品。Microsoft Azure 是集成的 IaaS + PaaS,它提供了按秒计量的 Hyper-V 虚拟多租户计算(Azure 虚拟机),以及专门的大型实例(如用于 SAP HANA),有多租户块和文件存储及许多其他 IaaS 和 PaaS 功能。其中包括对象存储(Azure Blob 存储)、CDN、基于 Docker 的容器服务(Azure 容器服务）、批处理计算服务（Azure 批处理）和事件驱动的"无服务器计算"（Azure 函数）。Azure 市场提供第三方软件和服务，通过合作伙伴交换（Azure ExpressRoute）（如 Equinix 和 CoreSite 的交换）可以满足托管需求。

（2）地点。Microsoft 将 Azure 数据中心位置称为"区域"。在美国、加拿大、英国等多个国家及爱尔兰的区域中有多个 Azure 区域。

（3）优势。在战略上致力于 Microsoft 技术的企业通常选择 Azure 作为其主要的 IaaS + PaaS 提供程序。精通企业使用 Visual Studio 和相关服务构建，Microsoft 正在利用其巨大的销售范围和与其他 Microsoft 产品和服务共同销售 Azure 的能力，以推动采用。Microsoft Azure 的功能已变得越来越创新和开放，其中 50% 的工作负载基于 Linux 及众多开源应用程序堆栈。

（4）劣势。Microsoft Azure 的可靠性问题仍然是对客户的挑战，这主要是由于 Azure 不断增长。自 2018 年 9 月以来，Azure 发生了多次影响服务的事件，包括涉及 Azure Active Directory 的重大停机。

6. Oracle

Oracle 是一家大型的多元化技术公司，提供一系列与云相关的产品和服务。2016 年 11 月，它启动 Oracle Cloud Infrastructure（OCI，以前是 Oracle Bare Metal Cloud Services）。

（1）产品。OCI 提供按小时付费，KVM 虚拟化的 VM 及裸机服务器（包括 Oracle 数据库），还提供对象存储（OCI 对象存储，以前是 Oracle Bare Metal Cloud 对象存储）。Oracle 此前曾在客户处提供 Oracle Cloud，这是一种私有云 IaaS 产品，但不再出售。通过合作伙伴交换（Oracle FastConnect）可以满足托管需求。

（2）地点。OCI 数据中心按区域分组。有些区域只有一个可用区，如加拿大和日本的那些区域。具有三个可用区的地区位于美国的东部和西部，以及在德国和英国。Oracle 的业务遍布全球。OCI 的门户网站文档仅提供英语版本，但该门户网站还提供 28 种其他语言版本。

（3）优势。Oracle 的云战略以其应用程序、数据库和其他中间件为基础，并且跨越 IaaS、PaaS 和 SaaS。Oracle 的云 IaaS 主要是其他业务的架构基础。Oracle 的主要目标客户是希望在云 IaaS 上运行 Oracle 软件的客户，特别是那些希望在 Exadata 设备和裸机服务器上运行的客户。

第②章 云计算基础知识

2.1 云上计算实例：Amazon Elastic Compute Cloud (Amazon EC2)

Amazon Elastic Compute Cloud(Amazon EC2)是一种 Web 服务,可以在云中提供安全并且可调整大小的计算容量。该服务旨在让开发人员能够更轻松地进行 Web 规模的云计算。

Amazon EC2 的 Web 服务接口非常简单,能以最小的阻力轻松获取和配置容量。使用该服务,能完全控制计算资源,还可以在成熟的 Amazon 计算环境中运行。Amazon EC2 将获取并启动新服务器实例所需要的时间缩短至几分钟,这样一来,在用户的计算要求发生变化时,便可以快速扩展或缩减计算容量。Amazon EC2 还能按实际使用的容量收费,改变了计算的成本结算方式,为开发人员提供了创建故障恢复应用程序及排除常见故障情况的工具。

Amazon EC2 具有以下优势:

1. 弹性 Web 级计算

借助 Amazon EC2,可以在几分钟(而不是几小时或几天)内增加或减少容量。可以同时管理一个、数百个,甚至数千个服务器实例。还可以使用 Amazon EC2 Auto Scaling 确保 EC2 队列的可用性,并根据其需求自动扩展和缩减该队列,以最大限度地提高性能和降低成本。用户可以使用 AWS Auto Scaling 来扩展多种服务。

2. 完全控制

可以完全控制实例(包括根访问权限),并能让其按照需要的方式与任何计算机交互。可以在停止运行任何实例的同时将数据保存在启动分区,然后用 Web 服务 API 重启该实例。实例可以通过 Web 服务 API 远程重启,用户也可以访问实例的控制台输出。

3. 灵活的云托管服务

有多种实例类型、操作系统和软件包供用户选择。Amazon EC2 可以为用户选择的操作系统和应用程序选取理想的内存、CPU、实例存储和启动分区大小配置。可选的操作系统包括许多 Linux 发行版和 Microsoft Windows Server。

4. 集成

Amazon EC2 与大多数 AWS 产品集成,如 Amazon Simple Storage Service(Amazon S3)、Amazon Relational Database Service(Amazon RDS)和 Amazon Virtual Private Cloud(Amazon VPC),可以针对多种应用程序提供完整而安全的计算、查询处理和云存储解决方案。

5. 可靠

Amazon EC2 提供了一个高度可靠的环境，替代实例可以在其中以可预见的方式快速启动。该服务在 Amazon 成熟的网络基础设施和数据中心内运行。Amazon EC2 服务等级协议的承诺是为每个 Amazon EC2 区域提供 99.99% 的可用性。

6. 安全

AWS 将云安全性视为头等大事。AWS 用户将会从专为满足大多数安全敏感型组织的要求而打造的数据中心和网络架构中受益。Amazon EC2 与 Amazon VPC 配合工作，为用户的计算资源提供安全而强大的联网功能。

7. 经济实惠

Amazon EC2 可带来 Amazon 的规模经济效益。用户只需为实际消耗的计算容量支付极低的费用。

2.2 云 存 储

2.2.1 云存储概述

云存储是一种云计算模型，可通过云计算提供商（将数据存储作为服务进行管理和运营）在 Internet 上存储数据。该模型按需适时提供容量和成本，无须自行购买和管理数据存储基础设施。因此，可以实现敏捷性、全球规模和持久性，以及"随时随地"访问数据。

应用程序通过传统存储协议或直接通过 API 访问云存储。许多供应商都提供各种补充服务，旨在帮助大规模收集、管理、保护和分析数据。

2.2.2 云存储的优势

通过将数据存储在云中，IT 部门可以在以下三个方面实现转变：

（1）总体拥有成本。利用云存储，可以无须购买硬件、预配置存储或将资本用于"偶发"场景。还可以根据需求添加或删除容量、快速更改性能和保留特性，并且只需为实际使用的存储付费。系统甚至可以根据可审核的规则将访问频率较低的数据自动迁移到成本更低的层，从而实现规模经济效益，如图 2-1 所示。

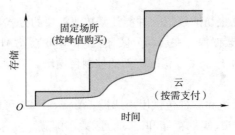

图 2-1 总体拥有成本

（2）部署时间。当开发团队准备就绪时，基础设施不应降低其工作速度。利用云存储，IT 人员可以在需要时快速交付所需的确切存储量。由此，IT 人员能够集中精力解决复杂的应用程序问题，而无须管理存储系统。

（3）信息管理。在云中集中存储创造了一个有力的杠杆点,可以支持许多新的使用案例。通过使用云存储生命周期管理策略,可以执行庞大的信息管理任务,包括自动分层或锁定数据以支持合规性要求。

2.2.3　云存储的要求

确保重要数据安全无虞且在需要时可用,这一点至关重要。在考虑将数据存储在云中时,需要注意以下几项基本要求:

（1）持久性。数据最好以冗余方式存储在多个设施中及每个设施内的多个设备中。自然灾害、人为错误或机械故障不应引起数据丢失。

（2）可用性。所有数据都应在需要时可用,但生产数据和存档之间有差异。理想的云存储可实现检索时间和成本的适当平衡。

（3）安全性。应对静态数据和传输中的数据进行加密。权限和访问控制在云中应像对内部存储那样发挥作用。

2.2.4　云存储的类型

云数据存储有三种类型:对象存储、文件存储和数据块存储。每种类型都有自己的优势和对应的使用方案。

（1）对象存储。在云中开发的应用程序通常可以利用对象存储巨大的可扩展性和元数据特性。Amazon S3 等对象存储解决方案非常适合用于从头构建需要扩展和灵活性的现代应用程序,还可以使用这些解决方案导入现有数据存储以进行分析、备份或存档。

（2）文件存储。某些应用程序需要访问共享文件并需要文件系统。通常使用网络附加存储(NAS)服务器支持这种类型的存储。Amazon Elastic File System(EFS)等文件存储解决方案非常适合大型内容存储库、开发环境、媒体存储或用户主目录等使用案例。

（3）数据块存储。数据库或 ERP 系统等其他企业应用程序通常需要针对每个主机的专用低延迟存储。这种存储与直接连接存储(DAS)或存储区域网络(SAN)类似。Amazon Elastic Block Store(EBS)等基于数据块的云存储解决方案使用各个虚拟服务器进行预配置,可提供高性能工作负载所需的超低延迟。

2.2.5　云存储的使用方法

云存储有以下五种使用方法:

1. 备份和恢复

备份和恢复对于确保数据的安全性和可访问性至关重要,但要满足不断增加的容量要求是一个持久的难题。云存储为备份和恢复解决方案提供低成本、高持久性和可扩展性优势。Amazon S3 对象生命周期管理等嵌入数据管理策略可根据频率或时间设置自动将数据迁移到成本更低的层;用户可以创建存档文件库以遵从相关法律或法规要求。这些优势为生成大量数据且需要长期保留的行业(如金融服务、医疗保健和媒体等)提供了巨大的可扩展性。

2. 软件测试和开发

软件测试和开发环境通常需要增建、管理和停用单独、独立和重复的存储环境。除了需要足够的时间以外,还需要巨额的前期资本成本。

世界上的一些公司在较短的时间内通过利用云存储的灵活性、性能和低成本优势构建了应用程序,甚至是最简单的静态网站也可以通过极低的成本得到改进。全球开发人员将目光投向按需付费的存储选项,消除了他们在管理和扩展方面的困扰。

3. 云数据迁移

云存储的可用性、持久性和低成本优势可能对于企业所有者来说极具吸引力,但传统的IT职能部门所有者(如存储管理员、备份管理员、联网管理员、安全管理员和合规管理员)可能会对将大量数据传输到云中的实际情况有所担忧。AWS Import/Export Snowball 云数据迁移服务解决了网络成本高、传输耗时较长和安全隐患方面的问题,可以简化将存储迁移到云中的过程。

4. 合规性

将数据存储在云中可能会引起用户对法规和合规性的担忧,尤其是当相应数据已存储在合规的存储系统中时。Amazon Glacier 文件库锁定等云数据合规性控制旨在确保用户可以通过使用可锁定的策略,针对具体的数据文件库轻松部署和实施合规性控制。用户可以指定"一次写入,多次读取"(WORM)等控制,用于锁定相应数据。使用 AWS CloudTrail 等审核日志产品有助于确保实现基于云的存储和存档系统的合规性和监管目标。

5. 大数据和数据湖

传统本地存储解决方案的成本、性能和可扩展性可能会出现不一致的情况,特别是在长期运行时。大数据项目需要大规模、经济实惠、高度可用且安全的存储池(通常称为"数据湖")。

基于对象存储构建的数据湖以原始形式存储信息,并且包括允许选择性提取和用于分析的丰富元数据。基于云的数据湖对于各种类型的数据仓库、处理、大数据和分析引擎(如 Amazon Redshift、Amazon RDS、Amazon EMR 和 Amazon DynamoDB)发挥着举足轻重的作用,旨在帮助用户以较短的时间完成后续项目,并提供更多的相关性。

2.3 云 组 网

2.3.1 软件定义网络

软件定义网络(Software Defined Network,SDN)是由美国斯坦福大学 Clean State 课题研究组提出的一种新型网络创新架构,是网络虚拟化的一种实现方式。其核心技术 OpenFlow 通过将网络设备的控制面与数据面分离开,从而实现网络流量的灵活控制,使网络作为管道变得更加智能,为核心网络及应用的创新提供了良好的平台。

传统网络世界是水平标准和开放的,每个网元可以和周边网元进行互联。而在计算机的世界里,不仅水平是标准和开放的,同时垂直也是标准和开放的,从下到上有硬件、驱动、操作系统、编程平台、应用软件等,编程人员可以很容易地创造各种应用。从某个角度和计算机对比,在垂直方向上,网络是"相对封闭"和"没有框架"的,在垂直方向创造应用、部署业务是相对困难的。但 SDN 将在整个网络(不仅仅是网元)的垂直方向变得开放、标准化、可编程,从而让人们更容易、更有效地使用网络资源。

SDN 技术能够有效降低设备负载,协助网络运营商更好地控制基础设施,降低整体运营成本,成为了最具前途的网络技术之一。

2.3.2　设计思想

利用分层的思想,SDN 将数据与控制相分离。在控制层,包括具有逻辑中心化和可编程的控制器,可掌握全局网络信息,方便运营商和科研人员管理配置网络和部署新协议等。在数据层,包括哑的交换机(与传统的二层交换机不同,专指用于转发数据的设备),仅提供简单的数据转发功能,可以快速处理匹配的数据包,适应流量日益增长的需求。两层之间采用开放的统一接口(如OpenFlow 等)进行交互。控制器通过标准接口向交换机下发统一标准规则,交换机仅需按照这些规则执行相应的动作即可。

软件定义网络的思想是通过控制与转发分离,将网络中交换设备的控制逻辑集中到一个计算设备上,为提升网络管理配置能力带来新的思路。SDN 的本质特点是控制平面和数据平面的分离及开放可编程性。通过分离控制平面和数据平面及开放的通信协议,SDN 打破了传统网络设备的封闭性。此外,南北向和东西向的开放接口及可编程性,也使得网络管理变得更加简单、动态和灵活。

2.3.3　体系结构

SDN 的整体架构由下到上(由南到北)分为数据平面、控制平面和应用平面。其中,数据平面由交换机等网络通用硬件组成,各个网络设备之间通过不同规则形成的 SDN 数据通路连接;控制平面包含逻辑上为中心的 SDN 控制器,它掌握着全局网络信息,负责各种转发规则的控制;应用平面包含着各种基于 SDN 的网络应用,用户无须关心底层细节就可以编程、部署新应用。

控制平面与数据平面之间通过 SDN 控制数据平面接口(Control-Data-Plane Interface,CDPI)进行通信,它具有统一的通信标准,主要负责将控制器中的转发规则下发至转发设备,最主要应用的是 OpenFlow 协议。控制平面与应用平面之间通过 SDN 北向接口(North Bound Interface,NBI)进行通信,而 NBI 并非统一标准,它允许用户根据自身需求定制开发各种网络管理应用。

SDN 中的接口具有开放性,以控制器为逻辑中心,南向接口负责与数据平面进行通信,北向接口负责与应用平面进行通信,东西向接口负责多控制器之间的通信。最主流的南向接口 CDPI 采用的是 OpenFlow 协议。OpenFlow 最基本的特点是基于流(Flow)的概念来匹配转发规则,每一个交换机都维护一个流表(Flow Table),依据流表中的转发规则进行转发,而流表的建立、维护和下发都是由控制器完成的。针对北向接口,应用程序通过北向接口编程来调用所需的各种网络资源,实现对网络的快速配置和部署。东西向接口使控制器具有可扩展性,为负载均衡和性能提升提供了技术保障。

2.3.4　关键技术

在 SDN 中,数据转发与规则控制相分离,交换机将转发规则的控制权交由控制器负责,而它仅根据控制器下发的规则对数据包进行转发。为了避免交换机与控制器频繁交互,双方约定的规则是基于流而并非基于每个数据包的。SDN 数据平面相关技术主要体现在交换机和转发规则上。

SDN 交换机的数据转发方式大体分别硬件和软件两种。硬件方式相比软件方式具有更快的速度,但灵活性会有所降低。为了使硬件能够更加灵活地进行数据转发操作,Bosshart 等提出了RMT 模型,该模型实现了一个可重新配置的匹配表,它允许在流水线阶段支持任意宽度和深度的流表。从结构上看,理想的 RMT 模型是由解析器、多个逻辑匹配部件及可配置输出队列组成的。

具体的可配置性体现在：通过修改解析器来增加域定义，修改逻辑匹配部件的匹配表来完成新域的匹配，修改逻辑匹配部件的动作集来实现新的动作，修改队列规则来产生新的队列。所有更新操作都通过解析器完成，无须修改硬件，只需在芯片设计时留出可配置接口即可，实现了硬件对数据的灵活处理。

另一种硬件灵活处理技术 FlowAdapter 采用交换机分层的方式来实现多表流水线业务。FlowAdapter 交换机分为三层，顶层是软件数据平面，它可以通过更新来支持任何新的协议；底层是硬件数据平面，它相对固定但转发效率较高；中层是 FlowAdapter 平面，它负责软件数据平面和硬件数据平面间的通信。当控制器下发规则时，软件数据平面将其存储并形成 M 段流表，由于这些规则相对灵活，不能全部由交换机直接转化成相应转发动作，因此可利用 FlowAdapter 将规则进行转换，即将相对灵活的 M 段流表转换成能够被硬件所识别的 N 段流表。这就解决了传统交换机与控制器之间多表流水线技术不兼容的问题。

与硬件方式不同，软件的处理速度低于硬件，但软件方式可以提升转发规则处理的灵活性。利用交换机 CPU 或 NP 处理转发规则可以避免硬件灵活性差的问题。由于 NP 专门用来处理网络任务，因此，在网络处理方面，NP 略强于 CPU。

2.3.5　控制平面关键技术

控制器是控制平面的核心部件，也是整个 SDN 体系结构中的逻辑中心。随着 SDN 网络规模的扩展，单一控制器结构的 SDN 网络处理能力受限，遇到了性能瓶颈，因此需要对控制器进行扩展。目前存在两种控制器扩展方式：一种是提高自身控制器处理能力；另一种是采用多控制器方式。

最早且广泛使用的控制器平台是 NOX，这是一种单一集中式结构的控制器。针对控制器扩展的需求，NOX-MT 提升了 NOX 的性能，具有多线程处理能力。NOX-MT 并未改变 NOX 的基本结构，而是利用了传统的并行处理技术来提升性能。另一种并行控制器是 Maestro，它通过良好的并行处理架构，充分发挥了高性能服务器的多核并行处理能力，使其在大规模网络情况下的性能明显优于 NOX。

但在多数情况下，大规模网络仅仅依靠单控制器并行处理的方式来解决性能问题是远远不够的，更多的是采用多控制器扩展的方式来优化 SDN 网络。控制器一般可采用两种方式进行扩展：一种是扁平控制方式；另一种是层次控制方式。

在扁平控制方式中，各控制器放置于不同的区域，分管不同的网络设备，各控制器地位平等，逻辑上都掌握着全网信息，依靠东西向接口进行通信。当网络拓扑发生变化时，所有控制器将同步更新，而交换机仅需调整与控制器间的地址映射即可，因此扁平控制方式对数据平面的影响很小。在层次控制方式中，控制器分为局部控制器和全局控制器，局部控制器管理各自区域的网络设备，仅掌握本区域的网络状态；而全局控制器管理各局部控制器，掌握着全网状态，局部控制器间的交互也通过全局控制器来完成。

2.3.6　优势

SDN 是当前网络领域最热门和最具发展前途的技术之一。鉴于 SDN 巨大的发展潜力，学术界深入研究了数据层及控制层的关键技术，并将 SDN 成功地应用到企业网和数据中心等各个领域。

传统网络的层次结构是互联网取得巨大成功的关键。但是，随着网络规模的不断扩大，封闭的网络设备内置了过多的复杂协议,增加了运营商定制优化网络的难度,科研人员无法在真实环境中规模部署新协议。同时,互联网流量的快速增长,用户对流量的需求不断扩大,各种新型服务不断出现,增加了网络运维成本。传统 IT 架构中的网络在根据业务需求部署上线以后,由于传统网络设备的固件是由设备制造商锁定和控制的,如果业务需求发生变动,重新修改相应网络设备上的配置是一件非常烦琐的事情。在互联网瞬息万变的业务环境下,网络的高稳定与高性能还不足以满足业务需求,灵活性和敏捷性反而更为关键。因此,SDN 希望将网络控制与物理网络拓扑分离,从而摆脱硬件对网络架构的限制。

SDN 所做的事是将网络设备上的控制权分离出来,由集中的控制器管理,无须依赖底层网络设备,屏蔽了底层网络设备的差异。而控制权是完全开放的,用户可以自定义任何想实现的网络路由和传输规则策略,从而更加灵活和智能。进行 SDN 改造后,无须对网络中每个节点的路由器反复进行配置,网络中的设备本身就是自动化连通的,只需要在使用时定义好简单的网络规则即可。因此,如果路由器自身内置的协议不符合用户的需求,可以通过编程的方式对其进行修改,以实现更好的数据交换性能。这样,网络设备用户便可以像升级、安装软件一样对网络架构进行修改,满足用户对整个网络架构进行调整、扩容或升级的需求,而底层的交换机、路由器等硬件设备则无须替换,节省大量成本的同时,网络架构的迭代周期也将大大缩短。

总之,SDN 具有传统网络无法比拟的优势:首先,数据控制解耦合使得应用升级与设备更新换代相互独立,加快了新应用的快速部署;其次,网络抽象简化了网络模型,将运营商从繁杂的网络管理中解放出来,能够更加灵活地控制网络;最后,控制的逻辑中心化使用户和运营商等可以通过控制器获取全局网络信息,从而优化网络,提升网络性能。

SDN 解放了手工操作,减少了配置错误,易于统一快速部署,被 MIT 列为“改变世界的十大创新技术之一”。SDN 相关技术研究在全世界范围内迅速开展,成为近年来的研究热点。

2.4　数　据　库

2.4.1　数据库概述

数据库(DataBase,DB)就是一个存放数据的仓库(也是一个文件),这个仓库里的数据是按照关系有组织地存放的,人们可以通过多种操作方式(增、删、改、查等)来管理仓库中的数据。

下面举例说明。大家去图书馆借书都用过计算机搜索要找的书具体在哪个书库哪个书架。图书馆系统就是先建立好了数据库,保存了所有的图书信息(书名、作者、出版社、存放位置、是否被借等),搜一本书就是执行了数据库的“查”操作。图书馆买了一本新书,然后要把这本新书信息输入数据库系统中,以便大家能搜到,这就是“增”操作。当一本书被借走时,图书管理员在计算机中对数据库进行“改”操作,因为此时这本书的状态要改为“被借”。当一本书需下架时,图书馆管理员就会把这本书的信息从数据库中删除,也就是执行“删”操作。

看了上面的描述有人可能想到了 Excel 表格,认为把书本信息保存在表格里也可以满足上面的需求。但是,表格不是数据库,表格处理数据太慢了。表格适合个人处理少量数据,数据库更适用于海量数据的处理。例如,上面例子中的几百万本图书信息,要是用表格存储,那么对这些数据的操作将会变得很慢。另外,数据库在网络共享、编程操作、数据隐秘和安全性等方面也有更大优势。

2.4.2 数据库的分类

1. 关系型数据库管理系统(Relational Database Management System,RDBMS)

关系型数据库模型是把复杂的数据结构归结为简单的二元关系(即二维表格形式)。在关系型数据库中,对数据的操作几乎全部建立在一个或多个关系表格上,通过对这些关联的表格分类、合并、连接或选取等运算来实现数据库的管理。

1)Oracle

1977 年首发,Oracle 公司所有。

应用场景:金融、银行、通信、能源、运输、零售、制造等各个行业的大型公司。

特点:价格高,功能全,安装不方便,不开源;高可用性、健壮性、安全性、实时性,海量数据、高吞吐量、复杂逻辑、高计算量。

2)SQL Server

1988 年首发,最初是由 Microsoft、Sybase 和 Ashton-Tate 三家公司共同开发,后来分开了。现在讲到 SQL Server 主要都是指 Microsoft 的。在 Linux/UNIX 下是 Sybase SQL Server。

应用场景:不是海量数据,资金充足且想要一整套软件解决方案的中小企业。

特点:具有强大的可视化界面,以及高度集成的管理开发工具。

3)MySQL

1995 年首发,属于瑞典 MySQLAB 公司,于 2008 年被 Sun 公司收购,而 2009 年 Oracle 公司收购了 Sun 公司,所以现在 MySQL 是 Oracle 公司旗下的产品。

应用场景:互联网开发。

4)MariaDB

2009 年首发,由 MySQL 创始人 Michael Widenius 主导开发,Maria(玛利亚)是他女儿的名字。MariaDB 是 MySQL 的一个分支(Github),据说是因为 2008 年 Oracle 公司买下 MySQL 后有闭源的想法,开源社区因此开了一个分支来规避风险,也称 MySQL 数据库的衍生版。

应用场景:和 MySQL 相似。

特点:开源,完全兼容 MySQL,但它在扩展功能、存储引擎及一些新的功能改进方面都强过MySQL,而且从 MySQL 迁移到 MariaDB 也非常简单。

5)SQLite

2000 年首发,SQLite 是一款轻型的数据库,包含在一个相对小的 C 库中。它的设计目标是嵌入式的,而且目前已经在很多嵌入式产品中使用,它占用资源非常低,在嵌入式设备中,可能只需要几百 KB 的内存就够了且处理速度较快。

应用场景:嵌入式系统,系统对内存占用和处理速度要求高。

特点:轻便,开源,当应用程序使用 SQLite 时,SQLite 并非作为一个独立进程通过某种通信协议(如 Socket)与应用程序通信,而是作为应用程序的一部分,应用程序通过调用 SQLite 的接口直接访问数据文件。感谢类库的底层技术,它让 SQLite 变得非常快速、高效并且十分强大。

6)Access

微软 Office 软件套餐成员之一。

7)其他不常用的关系型数据库

包括 DB2、PostgreSQL、Informix、Sybase 等。

2. 非关系型数据库管理系统

1）NoSQL（Not Only SQL）

NoSQL 泛指非关系型的数据库。随着互联网 Web 2.0 网站的兴起,传统的关系数据库应付 Web 2.0 网站,特别是超大规模和高并发的 SNS 类型的 Web 2.0 纯动态网站已经显得力不从心,暴露了很多难以克服的问题,而非关系型的数据库则由于其本身的特点得到了非常迅速的发展。NoSQL 数据库在特定的场景下可以发挥出难以想象的高效率和高性能,可以作为传统关系型数据库的一个有效补充。

2）键值存储数据库

键值对的存储方式在 NoSQL 数据库中是最简单的一种,其结构是一个 Key-Value 的集合。这种方式在 NoSQL 数据库类型中是可扩展的一种类型,并且可以存储大量的数据。键值对中存储的数据的类型是不受限制的,可以是一个字符串,也可以是一个数字,甚至可以是由一系列的键值对封装成的对象等。

应用场景:内容缓存,适合经常需要扩展的大数据集。

特点:快速查询,但是存储的数据缺少结构化。

典型代表:Redis 数据库。

3）分布式数据库

分布式数据库系统通常使用较小的计算机系统,每台计算机可单独放在一个地方,每台计算机中都可能有 DBMS 的一份完整副本,或者部分副本,并具有自己局部的数据库,位于不同地点的许多计算机通过网络互相连接,共同组成一个完整的、全局的逻辑上集中、物理上分布的大型数据库。

假如只需要某列中某些数据,基于行的数据库会对这张表从上到下、从左至右遍历,最后再返回需要的那些数据。基于列的数据库会将每一列分开单独存放,当查找一个数量较小的列时其查找速度很快。

应用场景:分布式的文件系统。

特点:查找速度快,可扩展性强,更容易进行分布式扩展,但是功能相对局限。

典型代表:HBase 数据库。

4）文档型数据库

文档型数据库的灵感来自 LotusNotes 办公软件,而且它同键值存储相类似。该类型的数据模型是版本化的文档,半结构化的文档以特定的格式存储,如 JSON。文档型数据库可以看作键值数据库的升级版,允许之间嵌套键值。文档型数据库比键值数据库的查询效率更高。

应用场景:Web 应用。

特点:数据结构要求不严格,但是查询性能不高,而且缺乏统一的查询语法。

典型代表:MongoDB 数据库。

5）图形数据库

这在几种 NoSQL 中是最复杂的,主要使用一种高效的方式来存储各个实体之间的关系。当数据之间是紧密联系的,如社会关系、科学论文的引文,抑或资本资产定价模型等,使用图形数据库是最好的选择。图形或者网络数据由两部分组成:

（1）Node:实体本身,在一个社会关系中可以认为是一个人。

（2）Edge:实体之间的关系。这个关系可以用一条线来表示,这条线有它自己的属性。这条线可以有方向,箭头可以表明谁是谁的上级。

应用场景:社交网络、推荐系统等,专注于构建关系图谱。

特点:可以利用图结构相关算法,但是很复杂,需要对整个图做计算才能得到结果,不容易做分布式的集群方案。

典型代表:Neo4J 数据库。

2.5 容 器

Docker 是一个开源的应用容器引擎,基于 Go 语言并遵从 Apache 2.0 协议开源。

Docker 可以让开发者打包他们的应用及依赖包到一个轻量级、可移植的容器中,然后发布到任何流行的 Linux 机器上,也可以实现虚拟化。

容器是完全使用沙箱机制,相互之间不会有任何接口(类似 iPhone 的 App),而且容器性能开销极低。

2.5.1 Docker 的应用场景

Docker 的应用场景主要如下:

(1)Web 应用的自动化打包和发布。

(2)自动化测试和持续集成、发布。

(3)在服务型环境中部署和调整数据库或其他后台应用。

(4)从头编译或者扩展现有的 OpenShift 或 Cloud Foundry 平台来搭建 PaaS 环境。

2.5.2 Docker 的优点

Docker 是一个用于开发、交付和运行应用程序的开放平台。Docker 使用户能够将应用程序与基础架构分开,从而可以快速交付软件。借助 Docker,用户可以与管理应用程序相同的方式来管理基础架构。通过利用 Docker 的方法来快速交付、测试和部署代码,可以大大减少编写代码和在生产环境中运行代码之间的延迟。

1. 快速、一致地交付应用程序

Docker 允许开发人员使用用户提供的应用程序或服务的本地容器在标准化环境中工作,从而简化了开发的生命周期。

容器非常适合持续集成和持续交付(CI/CD)工作流程。

例如,开发人员在本地编写代码,并使用 Docker 容器与同事共享工作。他们使用 Docker 将其应用程序推送到测试环境中,并执行自动或手动测试。当开发人员发现错误时,可以在开发环境中对其进行修复,然后将其重新部署到测试环境中,以进行测试和验证。测试完成后,将修补程序推送给生产环境,就像将更新的镜像推送到生产环境一样简单。

2. 响应式部署和扩展

Docker 是基于容器的平台,允许高度可移植的工作负载。Docker 容器可以在开发人员的本机上、数据中心的物理或虚拟机上、云服务上或混合环境中运行。

Docker 的可移植性和轻量级的特性,还可以使用户轻松地完成动态管理的工作负担,并根据业务需求指示,实时扩展或拆除应用程序和服务。

3. 在同一硬件上运行更多工作负载

Docker 轻巧快速。它为基于虚拟机管理程序的虚拟机提供了可行、经济、高效的替代方案，因此可以利用更多的计算能力来实现业务目标。Docker 非常适合于高密度环境及中小型部署，而用户可以用更少的资源做更多的事情。

随着 Docker 的不断流行与发展，Docker 组织也开启了商业化之路。Docker 从 17.03 版本之后分为 EE（Enterprise Edition）和 CE（Community Edition）两个版本。

Docker EE 专为企业的发展和 IT 团队建立，为企业提供最安全的容器平台，是以应用为中心的平台，有专门的团队支持，可在经过认证的操作系统和云提供商中使用，并可运行来自 DockerStore 的经过认证的容器和插件。

Docker CE 是免费的 Docker 产品，Docker CE 包含了完整的 Docker 平台，非常适合开发人员和运维团队构建容器 App。

2.5.3　容器的基本管理和使用

容器是一种轻量级的、可移植的、自包含的软件打包技术，使应用程序几乎可以在任何地方以相同的方式运行。开发人员在自己笔记本电脑上创建并测试好的容器，无须任何修改就能够在生产系统的虚拟机、物理服务器或公有云主机上运行。

容器由应用程序本身和依赖两部分组成。容器在宿主机操作系统的用户空间中运行，与操作系统的其他进程隔离。这一点显著区别于传统的虚拟机。传统的虚拟化技术，如 VMWare、KVM、Xen，目标是创建完整的虚拟机。那为什么需要容器呢？容器到底解决了什么问题？简要的答案是容器使软件具备了超强的可移植能力。

Docker 让容器变成了主流。Docker 着重于提升开发者的体验。基本理念是可以在整个行业中，在一个标准的框架上，构建、交付并且运行应用。理论上，一个机构能够从一个笔记本电脑上构建出一个持续集成和持续开发的流程，然后将其应用到生产环境。

起初的一个挑战是数据中心编排。与 VMware vSphere 不同，当时少有能在生产环境中大规模管理负载的工具，运行一个容器就像一个单独的乐器单独播放交响乐乐谱。容器编排允许指挥家通过管理和塑造整个乐团的声音来统一乐队。容器编排工具提供了有用且功能强大的解决方案，用于跨多个主机协调创建、管理和更新多个容器。最重要的是，业务流程允许异步地在服务和流程任务之间共享数据。在生产环境中，可以在多个服务器上运行每个服务的多个实例，以使应用程序具有高可用性。越简化编排，就可以越深入了解应用程序并分解更小的微服务。

目前主流的容器编排工具有 Swarm、Kubernetes 和 Amazon ECS，其他的还有 docker-compose 和 Mesos 等。

（1）Swarm 是 Docker 自己的编排工具，现在与 Docker Engine 完全集成，并使用标准 API 和网络。Swarm 模式内置于 Docker CLI 中，无须额外安装，并且易于获取新的 Swarm 命令。部署服务可以像使用 docker service create 命令一样简单。Docker Swarm 通过在性能、灵活性和简单性方面取得进步来获得用户的认可。

（2）Kubernetes 正在成为容器编排领域的领导者，由于其可配置性、可靠性和大型社区的支持，从而超越了 Docker Swarm。Kubernetes 由 Google 创建，作为一个开源项目，与整个 Google 云平台协调工作。此外，它几乎适用于任何基础设施。

Kubernetes（简称 K8S）是开源的容器集群管理系统，可以实现容器集群的自动化部署、自动扩缩容、维护等功能。它既是一款容器编排工具,也是全新的基于容器技术的分布式架构领先方案。在 Docker 技术的基础上,为容器化的应用提供部署运行、资源调度、服务发现和动态伸缩等功能,提高了大规模容器集群管理的便捷性。

K8S 集群中有管理节点与工作节点两种类型。管理节点主要负责 K8S 集群管理,集群中各节点间的信息交互、任务调度,还负责容器、Pod、NameSpaces、PV 等生命周期的管理。工作节点主要为容器和 Pod 提供计算资源,Pod 及容器全部运行在工作节点上,工作节点通过 Kubelet 服务与管理节点通信以管理容器的生命周期,并与集群其他节点进行通信。

K8S 暴露服务有三种方式,分别为 LoadBlancer Service、NodePort Service 和 Ingress。

①LoadBlancer Service 是 K8S 结合云平台的组件,如 GCE、AWS、阿里云等,使用它向使用的底层云平台申请创建负载均衡器来实现,但它有局限性,对于使用云平台的集群比较方便。

②NodePort Service 通过在节点上暴露端口,然后通过将端口映射到具体某个服务上来实现服务暴露,比较直观方便,但是对于集群来说,随着 Service 不断增加,需要的端口越来越多,很容易出现端口冲突,而且不容易管理。当然对于小规模的集群服务,还是比较不错的。

③Ingress 的官方定义为管理对外服务到集群内服务之间规则的集合,可以理解为 Ingress 定义规则来允许进入集群的请求被转发到集群中对应服务上,从而实现服务暴露。Ingress 能把集群内 Service 配置成外网能够访问的 URL,流量负载均衡,终止 SSL,提供基于域名访问的虚拟主机等。

(3)Amazon ECS 是亚马逊专有的容器调度程序,旨在与其他 AWS 服务协调工作。这意味着以 AWS 为中心的解决方案(如监控、负载均衡和存储)可轻松集成到用户的服务中。如果用户正在使用亚马逊之外的云提供商,或者在本地运行工作负载,那么 ECS 可能不合适。

2.6　无服务器架构

1. 无服务器计算概述

无服务器计算是云原生架构,能够将更多的运营职责转移到 AWS,从而提高灵活性和创新能力。无服务器计算让用户可以在不考虑服务器的情况下构建并运行应用程序和服务。它消除了基础设施管理任务,如服务器或集群配置、修补、操作系统维护和容量预置。用户几乎能够为任何类型的应用程序或后端服务构建无服务器应用程序,并且运行和扩展具有高可用性的应用程序所需的所有操作都可由用户负责。

无服务器计算让用户能够以更高的灵活性和更低的总体拥有成本构建现代应用程序。构建无服务器应用程序意味着开发人员能够专注于他们的核心产品,而无须担心在云中或本地管理和运行服务器或运行时。这减少了开销,并使开发人员能够将更多时间和精力放在开发可扩展且可靠的出色产品上。

2. AWS 无服务器平台

AWS 可提供一系列完全托管的服务,用户可以使用它们构建和运行无服务器应用程序。无服务器应用程序无须为后端组件(如计算、数据库、存储、流处理、消息排队等)预置、维护和管理服务器。此外,无须担心应用程序的容错能力和可用性。AWS 会为用户处理所有这些功能。这使用户可以专注于产品创新,同时实现更快的上市时间。

3. 计算

通过 AWS Lambda,无须预置或管理服务器即可运行代码。用户只需按使用的计算时间付费,代码未运行时不产生费用。

AWS 提供了高度可用、可扩展的低成本服务,可交付企业规模的性能。AWS Lambda 的内置功能,可以可靠地执行业务逻辑。

4. 全球规模和覆盖性

借助全球覆盖性可以在数分钟内将用户的应用程序和服务推向全球。AWS Lambda 在多个 AWS 区域提供,它在所有 AWS 边缘站点均可用。

2.7 大 数 据

2.7.1 大数据概述

进入 21 世纪以来,尤其是 2010 年之后,随着互联网特别是移动互联网的发展,数据的增长呈爆炸趋势,已经很难估计全世界的电子设备中存储的数据到底有多少,描述数据系统的数据量的计量单位从 MB(1 MB = 1 024 B)、GB(1 GB = 1 024 MB)、TB(1 TB = 1 024 GB),一直向上攀升,目前,PB(1 PB = 1 024 TB)级的数据系统已经很常见,随着移动个人数据、社交网站、科学计算、证券交易、网站日志、传感器网络数据量的不断加大,国内拥有的总数据量早已超出 ZB(1 ZB = 1 024 EB,1 EB = 1 024 PB)级别。

传统的数据处理方法是,随着数据量的加大,不断更新硬件指标,采用更加强大的 CPU、更大容量的磁盘这样的措施,但现实是,数据量增大的速度远远超出了单机计算和存储能力提升的速度。而"大数据"的处理方法是,采用多机器、多节点的处理大量数据方法,而采用这种新的处理方法,就需要有新的大数据系统来保证,系统需要处理多节点间的通信协调、数据分隔等一系列问题。

总之,采用多机器、多节点的方式,解决各节点的通信协调、数据协调、计算协调问题,处理海量数据的方式,就是"大数据"的思维。其特点是,随着数据量的不断加大,可以增加机器数量,水平扩展,一个大数据系统,可以多达几万台机器甚至更多。

2.7.2 Hadoop 概述

Hadoop 是一个开发和运行处理大规模数据的软件平台,是 Apache 的一个用 Java 语言实现的开源软件框架,实现在大量计算机组成的集群中对海量数据进行分布式计算。

Hadoop 框架中最核心设计是 HDFS 和 MapReduce。HDFS 提供了海量数据的存储,MapReduce 提供了对数据的计算。Hadoop 的发行版除了社区的 Apache Hadoop 外,Cloudera、Hortonworks、IBM、Intel、华为、大快搜索等都提供了自己的商业版本。商业版主要是提供了专业的技术支持,这对一些大型企业而言尤为重要。

2.7.3 开发技术详解

1. Hadoop 运行原理

Hadoop 是一个开源的可运行于大规模集群上的分布式并行编程框架,其最核心的设计包括 MapReduce 和 HDFS。基于 Hadoop,用户可以轻松地编写可处理海量数据的分布式并行程序,并将其运行于由成百上千个节点组成的大规模计算机集群上。

基于 MapReduce 计算模型编写分布式并行程序相对简单,程序员的主要工作是设计实现 Map 和 Reduce 类,其他的并行编程中的种种复杂问题,如分布式存储、工作调度、负载平衡、容错处理、网络通信等,均由 MapReduce 框架和 HDFS 文件系统负责处理,程序员完全不用操心。换句话说,程序员只需要关心自己的业务逻辑即可,不必关心底层的通信机制等问题,即可编写出复杂高效的并行程序。如果说分布式并行编程的难度足以让普通程序员望而生畏,那么开源的 Hadoop 的出现极大降低了门槛。

2. MapReduce 原理

MapReduce 的处理过程主要涉及以下四个部分:

(1)Client 进程:用于提交 MapReduce 任务 Job。

(2)JobTracker 进程:为一个 Java 进程,其 main class 为 JobTracker。

(3)TaskTracker 进程:为一个 Java 进程,其 main class 为 TaskTracker。

(4)HDFS:Hadoop 分布式文件系统,用于在各个进程间共享 Job 相关的文件。

其中 JobTracker 进程作为主控,用于调度和管理其他的 TaskTracker 进程,JobTracker 可以运行于集群中任一台计算机上,通常情况下配置 JobTracker 进程运行在 NameNode 节点之上。TaskTracker 负责执行 JobTracker 进程分配给的任务,其必须运行于 DataNode 上,即 DataNode 既是数据存储节点,也是计算节点。JobTracker 将 Map 任务和 Reduce 任务分发给空闲的 TaskTracker,让这些任务并行运行,并负责监控任务的运行情况。如果某一个 TaskTracker 出了故障,JobTracker 会将其负责的任务转交给另一个空闲的 TaskTracker 重新运行。

3. HDFS 存储的机制

Hadoop 的分布式文件系统 HDFS 是建立在 Linux 文件系统之上的一个虚拟分布式文件系统,它由一个管理节点(NameNode)和 N 个数据节点(DataNode)组成,每个节点均是一台普通的计算机。在使用上同单机上的文件系统非常类似,一样可以创建目录,创建、复制、删除文件,查看文件内容等。但其底层实现上是把文件切割成 Block(块),然后这些 Block 分散地存储于不同的 DataNode 上,每个 Block 还可以复制数份存储于不同的 DataNode 上,达到容错容灾之目的。NameNode 是整个 HDFS 的核心,它通过维护一些数据结构,记录了每一个文件被切割成多少个 Block,这些 Block 可以从哪些 DataNode 中获得,各个 DataNode 的状态等重要信息。

4. HDFS 的数据块

每个磁盘都有默认的数据块大小,这是磁盘进行读写的基本单位。构建于单个磁盘之上的文件系统通过磁盘块来管理该文件系统中的块。该文件系统中的块一般为磁盘块的整数倍。磁盘块一般为 512 B。HDFS 也有块的概念,默认为 64 MB(一个 map 处理的数据大小)。HDFS 上的文件也被划分为块大小的多个分块。与其他文件系统不同的是,HDFS 中小于一个块大小的文件不会占据整个块的空间。

5. 任务粒度——数据切片(Splits)

把原始大数据集切割成小数据集时,通常让小数据集小于或等于 HDFS 中一个 Block 的大小(默认是 64 MB),这样能够保证一个小数据集位于一台计算机上,便于本地计算。有 M 个小数据集待处理,就启动 M 个 Map 任务,注意这 M 个 Map 任务分布于 N 台计算机上并行运行,Reduce 任务的数量 R 则可由用户指定。

HDFS 用块存储带来的第一个好处是一个文件的大小可以大于网络中任意一个磁盘的容量,数据块可以利用磁盘中任意一个磁盘进行存储;第二个好处是简化了系统的设计,将控制单元设置为块,可简化存储管理,计算单个磁盘能存储多少块就相对容易;第三个好处是消除了对元数据的顾虑,如权限信息,可以由其他系统单独管理。

第 **3** 章　AWS云服务基础——计算

云计算简称"Internet 操作系统",它以一种简单的方式通过互联网访问服务器、存储、数据库和各种应用程序服务。像 AWS 这样的云计算提供商,拥有和维护此类应用程序运行所需的联网硬件,用户只需要简单通过 Web 浏览器操作就可以使用和配置所需的资源。"云"是一种可编程资源,它为可以利用其独特能力的用户提供巨大优势,将 IT 资产作为可编程的资源使用,用户能够以传统方法无法实现的方式快速建立和撤销基础设施。"云"具备动态能力,用户只需要点击几次鼠标,就可以提高数据库吞吐量或计算能力,动态实现敏捷性和灵活性。"云"是按使用量付费的,用户可以测试并利用系统而无须承诺长期使用,可以随时停止使用这些服务并更改策略以便满足自己的需求。

3.1　AWS 全球基础设施

3.1.1　数据中心

AWS 数据中心以集群的方式在全球多个区域构建,包括上万台服务器;AWS 定制的网络设备;所有数据中心都在线,不处于"冷"状态;出现故障时,自动化进程会把客户数据流量从受影响的区域移出到正常区域。核心应用程序以 $N+1$ 的配置进行部署,因此,在一个数据中心出现故障时,有足够的容量能够让流量通过负载均衡转移到其他站点。数据中心对用户来说是不可见的,即用户使用服务时不能选择数据中心。

3.1.2　可用区

若干 AWS 数据中心位组成可用区,每个可用区包含一个或多个数据中心,某些可用区拥有多达六个数据中心,但每个数据中心只能属于一个可用区。

每个可用区都设计为独立的故障区,这意味着可用区在典型的大都市区域内是物理上分开的,并且位于风险较低的洪泛平原上(具体的洪泛区分类因区域而异)。除了具有分立的不间断电源和现场备用发电设施外,它们还采用相互独立的电网公司供电,以便进一步减少单点故障。可用区全部以冗余的方式连接至多家第一层 Internet 传输提供商。

用户负责选择自己系统所在的可用区,系统可以跨越多个可用区,避免发生灾难时出现的暂时或长期的可用区故障。将应用程序分布在多个可用区内,可以让应用程序在大多数故障情况下(包括自然灾害或系统故障)保持弹性。

3.1.3　区域

可用区组成 AWS 区域,每个区域包含两个或更多可用区。跨多个可用区分布应用程序时,用户应该注意不同地点的数据隐私和合规性要求,如我国的《中华人民共和国网络安全法》和欧盟的《通用数据保护条例》等要求。在特定区域中存储数据时,数据不会在该区域之外自动复制,AWS 不会将数据移出用户放入的区域。如果业务有跨区域存储需求,用户需要在跨多个区域之间手动复制数据。AWS 提供每个区域所在的国家(地区)及省(州)的相关信息,用户负责根据相关的合规性和网络延迟要求选择存储数据的区域。

AWS 区域与多家 Internet 服务提供商(ISP)连接,实现用户任意接入使用。同时,AWS 区域与其内部专用全球网络主干连接,实现专用全球网络主干的低费用成本、跨区域网络低延迟和高稳定。

3.1.4　全球基础设施

AWS 在全球 22 个地理区域内运营着 69 个可用区,并宣布计划增加开普敦、雅加达和米兰这三个区域,同时再增加九个可用区。

AWS 在逐步拓展全球基础设施,帮助全球用户实现更低的延迟和更高的吞吐量,并确保用户的数据仅驻留在指定的区域。AWS 将持续提供满足用户全球需求的基础设施。

AWS 产品和服务的提供情况取决于具体区域,因此不同区域提供的服务有所不同,细心的用户会发现新建区域的服务不如成熟区域的服务多,每年 AWS 推出的新服务往往先在美洲和欧洲推出使用。

用户可以在一个区域中运行应用程序和服务,以减少终端用户的延迟,同时避免运维多个区域基础设施所产生的前期投资、长期投入和资源扩展等问题。

1. 特殊的区域

(1)GovCloud 区域,美国东部、美国西部两个隔离区域专门服务于美国政府机构,满足当地特定的法律合规性要求,避免将敏感工作负载转移到云中。

(2)大阪区域,日本东京区域处于地震断裂带上,AWS 在大阪构建了只有一个可用区本地区域,用于对当地用户做数据灾备。

(3)AWS 中国区域,包括北京、宁夏两个区域,根据我国法律法规要求,AWS 中国的所有区域与 AWS 全球区域进行隔离,所使用的管理账户也是相互隔离的。

2. 边缘站点

为了以更低的延迟向最终用户提供内容,AWS 使用的全球网络涵盖 191 个网点(180 个边缘站点和 11 个区域性边缘缓存),位于 33 个国家和地区的 73 个城市内。

边缘站点位于北美、欧洲、亚洲、澳大利亚、南美洲、中东和非洲,并支持 Amazon Route 53 和 Amazon CloudFront 等 AWS 服务。AWS 中国区域的边缘站点分布在北京、深圳、上海和中卫。

当用户的内容不被频繁访问所以不足以保留在边缘站点内时,可以使用区域性边缘缓存,该功能默认与 Amazon CloudFront 结合使用。区域边缘缓存会保留这些内容,当用户从原始服务器获取内容时提供一份替代方案。

⏻ **温馨提示**:要想了解更多基础设施信息,可导航到 AWS 官网"了解"→"AWS 全球基础设施"菜单模块。

3.1.5　AWS 全球基础架构安全

1. 物理环境安全

(1)数据中心建设在隐蔽的建筑物内。

(2)使用视频监控、入侵检测等物理安全手段。

(3)授权人员必须通过至少两次双因素认证。

(4)供应商需要授权人员确认和持续陪同。

(5)自动火灾探测和气体灭火系统。

(6)冗余的电力接入。

(7)提供 UPS、发电机等备用电源设备。

(8)实时的温湿度监测和控制。

(9)严格的设备和存储退役流程,防止数据泄露。

2. 业务连续性

(1)数据中心在全球以集群形式建立。

(2)提供全部数据中心的 $N+1$ 高可用部署。

(3)每个可用区都设计成一个独立的故障区,各种基础架构是物理分离的。

(4)7×24 小时的故障支持团队和流程。

(5)多种内外部沟通的渠道和工具,包括用户可订阅的各种支持服务。

3. 网络安全

(1)部署防火墙等网络安全设备对外部网络流量的监视和控制。

(2)AWS 会强制执行基准的 ACL 规则确保基础架构安全。

(3)用户可以在各个管理接口自定义设置各种 ACL 及流量策略。

(4)有限数量的网络接入点便于管理出入站流量。

(5)各个接入点都有专用于连接不同 ISP 的设备。

(6)所有通信都可以支持 SSL 或 HTTPS 连接。

4. 多种网络攻击应对方案

(1)DDoS 攻击:专用的 DDoS 缓解技术。

(2)中间人 MITM 攻击:SSH 主机证书,所有交互都使用 SSL。

(3)IP 欺骗:EC2 不允许发送欺骗性通信,如欺骗性 IP 和 MAC。

(4)端口扫描:AWS 不允许 EC2 进行未经授权的端口扫描行为,同时 EC2 默认关闭所有入站端口以避免被扫描。

(5)数据包嗅探:AWS 不允许以任何形式对未发送给本机的流量进行侦听行为,即便在同一个子网中且将端口置于混杂模式也不行。同时始终建议使用加密流量进行传输。

3.2　AWS 账户与登录

根据我国法律及合规性要求,AWS 全球区域与 AWS 中国区域是隔离的,用户可根据需要可分别在这两个区域注册账户。

温馨提示:注册用户和使用服务时,推荐使用 Chrome 内核的浏览器,并切换语言为中文简体,以便获得最佳用户体验。

1. 注册 AWS 全球区域账户

用户可以通过访问 https://amazonaws-china.com 页面,单击右上角的"创建 AWS 账户"创建账户。具体步骤如下:

(1)填写账户信息,包括电子邮件地址、密码、确认密码和 AWS 账户名称,如图 3-1(a)所示。

(2)填写联系人信息,包括账户类型,电话号码,国家/地区,地址,城市,州、省或地址,邮政编码,以上信息均要求英文或拉丁字符,如图 3-1(b)所示。

（a）填写账户信息　　　　　　　（b）填写联系人信息

图 3-1　创建 AWS 账户

(3)验证信用卡,输入信用卡信息,如图 3-2(a)所示,AWS 全球区域是先使用资源,再由信用卡付费方式,每月提供账单。

(4)确认身份,通过短信验证用户身份,如图 3-2(b)所示。

(5)完成注册。注册完成后,提供基本、开发人员和商业支持等服务计划,初学者可选择从基本计划开始。新账户 12 个月内,拥有每月 750 小时的 EC2 时长,5 GB 的 S3 对象存储空间,750 小时的 RDS 等免费服务,参考 AWS 官网"定价"→"AWS 免费套餐"模块菜单说明。

2. 注册 AWS 中国区域账户

AWS 中国目前只开放公司或组织申请账户,未开通个人申请。用户可以通过访问 https://www.amazonaws.cn 页面,单击右上角的"申请账户"注册账户。具体步骤如下:

(1)填写公司信息、负责人和相关业务信息,如图 3-3(a)所示。

(2)账户申请确认信息:AWS 中国将与用户电话确认企业信息,要求完善统一社会信用代码和营业执照等验证信息,验收通过后将收到 AWS 中国的申请确认开通邮件,如图 3-3(b)所示。

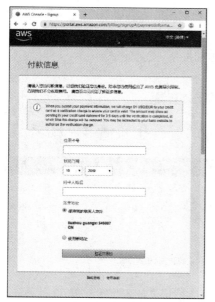

（a）验证信息用卡

（b）确认用户身份

图 3-2　验证账户信息

（a）填写申请信息　　　　　　　　　　（b）账户申请确认信息

图 3-3　验证账户信息

3. AWS 管理控制台

登录 AWS 管理控制台,如图 3-4 所示,控制菜单在页面顶部,主要功能有:

(1)服务:包括 AWS 所有服务和常用服务列表。

(2)资源组:管理跨多个环境的服务资源。

（3）快捷工具栏：自定义工具栏，通过"图钉"按钮管理常用的工具服务。

（4）消息中心：AWS 的消息提醒。

（5）用户中心：账户信息、服务配额、账单管理、订单和发票、安全凭证等。

（6）区域：切换 AWS 区域，不含特殊区域。

（7）支持中心：论坛、文档、培训、其他资源等学习与支持资源。

图 3-4　AWS 控制台

3.3　EC2 基础

3.3.1　EC2 实例介绍

EC2（Amazon Elastic Computer Cloud）在 AWS 中提供计算资源，可简单理解为虚拟服务器。EC2 让用户使用 Web 服务接口启动多种操作系统的实例，通过自定义应用环境加载这些实例，管理用户的网络和存储等资源。

要使用 Amazon EC2 服务，用户需要进行以下操作：

（1）选择一个预配置的系统模板映像（AMI）启动和运行。也可以配置自己专属的 AMI，其包含用户的应用程序、库、数据和相关配置设置等。

（2）在 EC2 实例上配置安全和网络访问权限。

（3）选择实例类型，然后启动、终止和监控用户的 AMI 实例（实例数量可以按照用户的需要增加）。

（4）确定是否使用静态 IP，或将持久性块存储附加在用户的实例上。

（5）支付用户实际消耗的资源成本，如实例运行的时间或数据传输的成本。

EC2 实例(虚拟机)包括以下资源与功能：

1. 实例存储

实例存储是 EC2 实例自带的临时性块级存储,此存储位于物理主机的磁盘上。

2. EBS 卷

EBS(Amazon Elastic Block Store)为 EC2 实例提供持久性存储,通过网络访问使用,能独立于实例的生命周期而存在。EBS 卷是一种可用性和可靠性都非常高的存储卷,可用作 EC2 实例的启动分区,或作为标准块存储设备附加在运行的 EC2 实例上。EBS 提供三种存储卷类型：通用型(SSD)、预配置 IOPS(SSD)和磁性介质。

3. 公有 IP 地址

公有 IP 在 AWS 中又称弹性 IP,用户可向 AWS 申请并控制公有 IP。公有 IP 与用户账户关联,直到用户选择彻底释放该地址为止。对于弹性 IP,用户可以用编程的方法将公有 IP 地址重新映射到账户中的任何实例,从而掩盖实例故障或可用区故障。EC2 可以将用户的弹性 IP 地址快速重新映射到替换实例,这样用户便可以处理实例或软件问题,而不是等待技术人员重新配置或重新放置用户的主机。

4. VPC

VPC(Amazon Virtual Private Cloud)允许用户在 AWS 中预配置出一个在逻辑上独立的网络,即私有网络,用户可以在其网络中启动 AWS 资源。用户可以配置私有网络,包括选择 IP 地址范围、创建子网、配置路由表和网关等。用户可以在公司数据中心和 AWS VPC 之间创建硬件虚拟专用网络(VPN)连接,将 Amazon AWS 云用作公司数据中心的扩展。

5. CloudWatch 监控

Amazon CloudWatch 是一种 Web 服务,用于监控 AWS 云资源和应用程序状态,它可以显示资源利用情况、操作性能和整体需求模式,包括 CPU 利用率、磁盘读取和写入及网络流量等度量值,获得统计数据、查看图表及警告数据,方便用户改进资源使用计划。例如,监控 Amazon EC2 时,应存储所收集的监控数据的历史记录,并与这些历史数据进行比较,识别异常模式,找出解决问题的方法。

6. ELB

ELB(Elastic Load Balancing,负载均衡服务)在多个 EC2 实例间自动分配应用程序的访问流量。它可以让用户实现更大的应用程序容错性能,同时持续提供响应应用程序传入流量所需的负载均衡容量。ELB 可以检测出群体里不健康的实例,并自动更改路由,使其指向健康的实例,直到不健康的实例恢复为止。用户可以在单个可用区或多个可用区中启用 ELB,以提高应用程序性能的一致性。

7. Auto Scaling

Auto Scaling(弹性扩展)根据用户自定义条件扩展 EC2 实例数量,确保用户在需求高峰期实现 EC2 数量无缝增长以保持性能,也可以在需求平淡期自动缩减,以最大程度降低成本。Auto Scaling 特别适合每小时、每天或每周使用率都不同的应用程序。

3.3.2　EC2 实例类型

EC2 提供多种经过优化,适用于不同使用案例的实例类型以供选择。实例类型由 CPU、内存、存储和网络容量组成不同的组合,让用户灵活地选择适当的资源组合,每种实例类型都包括一种或多种实例大小,从而使用户能够扩展资源以满足目标负载的要求。

1. 通用实例

T2 实例是突发性能实例,为 CPU 性能提供基本水平,同时具有短期发挥更高性能的能力。该系列的实例非常适合不经常使用全部 CPU 性能但偶尔需要突然使用的应用程序,如 Web 服务器、开发人员环境及小型数据库等。

M3 和 M4 实例采用 Intel 2.4 GHz Xeon E5-2676 v3 Haswell 处理器,提供固定的性能,并为用户提供成套资源,用于在低成本平台上获得高等级的稳定处理性能。此系列中的实例非常适合要求均衡 CPU 和内存性能的应用。该类实例典型应用于编码、高流量内容管理系统及其他企业应用。

2. 计算优化型实例

C4 实例采用 Intel Xeon E5-2666 v3(Haswell)处理器,其设计宗旨是提供 Amazon EC2 中最高等级的计算性能。

C3 实例采用高频 Intel Xeon E5-2680 v2(Ivy Bridge)处理器,其设计目标是运行计算密集型应用程序。

3. GPU 实例

该系列的实例向用户提供高度并行化图形处理器(GPU),应用于 3D 图形、HPC、渲染和媒体处理等应用程序情景。

4. 内存优化型实例

X1 实例提供高性能内存,适合用于运行内存数据库、大数据处理引擎及高性能计算应用程序。

R3 实例适合用于运行高性能数据库、分布式内存缓存、内存中分析、基因组装配与分析、Microsoft SharePoint,以及其他企业应用程序。

5. 存储优化型实例

该系列实例提供极高的磁盘 I/O 性能,适合需要对大数据集进行高顺序 I/O 访问的应用程序。

3.3.3 AMI 镜像

Amazon 系统映像(AMI)提供启动实例所需的信息。在启动实例时,用户必须指定 AMI。在需要具有相同配置的多个实例时,用户可以从单个 AMI 启动多个实例。

1. AMI 包括的内容

(1)一个或多个 EBS 快照。

(2)如果为实例存储的 AMI,则包括一个用于实例根卷的模板(操作系统、应用程序服务器和应用程序)。

(3)使用 AMI 启动实例的 AWS 账户权限。

(4)数据块设备映射,指定在实例启动时要附加到实例的卷。

图 3-5 所示为 AMI 生命周期。当创建并注册一个 AMI 之后,用户可以将其用于启动新实例。用户可以在不同区域复制 AMI。不再需要某个 AMI 时,可以将其取消注册。从 AMI 启动实例后,用户可以连接到该实例,当连接到某个实例之后,用户可以像使用任何其他服务器那样使用该实例。

2. 创建用户自己的 AMI

用户可把现有启用的实例更新配置为自定义的 AMI,其类型包括支持 EBS 的 AMI 和支持实例存储的 AMI。用户可以为 AMI 分配自定义标签,帮助用户对 AMI 进行分类和管理。

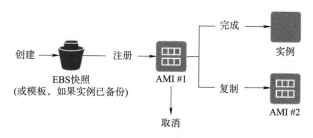

图 3-5　AMI 生命周期

3. 购买、共享和出售 AMI

创建 AMI 之后,用户可以将其设为私有,这样只有用户才能使用它,也可以与指定的 AWS 账户列表进行共享。用户还可以选择公开用户的自定义 AMI,以供社区使用。

用户可以从第三方组织购买 AMI,如 Red Hat 组织提供的 AMI。用户也可以把 AMI 出售给其他 EC2 用户。

4. 取消注册用户的 AMI

当用户取消注册 AMI 之后,便无法将其用于启动新实例,但已从 AMI 启动的现有实例不受影响。

3.4　EBS 基础

1. EBS 基础简介

EBS(Amazon Elastic Block Store)为 EC2 实例提供块级存储卷。EBS 卷类似于原始、未格式化的块储存设备。用户可以将这些卷作为设备挂载在实例上,可以在同一实例上挂载多个卷,但每个卷一次只能附加到一个实例。可以在这些 EBS 卷上创建文件系统,或者以使用块存储设备(如硬盘)的任何方式使用这些卷,并且用户可以动态更改附加到实例的卷的配置。

EBS 卷是高度可用、可靠的存储卷,用户可以将其附加到同一可用区域中任何正在运行的实例。EBS 卷为公开为独立于 EC2 实例生命周期存在的存储卷,用户可以按实际用量付费。

如果数据必须能够快速访问且需要长期保存,建议使用 Amazon EBS。EBS 卷也特别适合用作文件系统和数据库的主存储,适合依赖随机读写操作的数据库式应用程序,以及执行长期持续读写操作的吞吐量密集型应用程序。

2. EBS 备份

用户可以通过拍摄时间点快照将 EBS 卷上的数据备份到 Amazon S3。快照属于增量备份,这意味着仅保存设备上在最新快照之后更改的数据块。由于无须复制数据,将最大限度缩短创建快照所需的时间和节省存储成本。删除快照时,仅会删除该快照特有的数据。每个快照都包含将数据(拍摄快照时存在的数据)还原到新 EBS 卷所需的所有信息。

快照可用于创建关键工作的备份,如跨多个 EBS 卷的大型数据库或文件系统。利用多卷快照,用户可以跨附加到 EC2 实例的多个 EBS 卷拍摄准确的时间点、数据协调和崩溃一致性快照。用户不再需要停止实例或在多个卷之间协调来确保崩溃一致性,因为快照将跨多个 EBS 卷自动进行拍摄。

3.5　第一个 AWS 服务

EC2 实例在 AWS 中相当于虚拟服务器,用户可以使用 Amazon EC2 来创建和配置在实例上运行的操作系统和应用程序。接下来,将开始创建第一个 AWS 应用服务,创建一台 EC2 实例主机,安装 LAMP(Linux + Apache + MariaDB + PHP)环境,并测试连接到 Linux 实例和 MariaDB 数据库,对 PHP 环境进行验证,通过本实验的步骤启动、连接及使用 Linux 实例来掌握 EC2 基本操作。

3.5.1 创建 EC2 实例

(1)登录 AWS 控制台,选择"服务"→"EC2",选择启动实例,如图 3-6 所示。

图 3-6 开始创建 EC2

(2)在"选择一个 Amazon 系统映像(AMI)"页面显示一组称为 Amazon 系统映像(AMI)的基本配置,作为用户的实例模板。选择 HVM 版本的 Amazon Linux 2,如图 3-7 所示,建议实验时选中"仅免费套餐"复选框。

图 3-7 选择一个 Amazon 系统映像(AMI)

（3）在"选择一个实例类型"页面,可以选择实例的硬件配置,选择 t2. micro 类型(默认情况下的选择),并单击"下一步:配置实例详细信息"按钮,如图 3-8 所示。

图 3-8　选择一个实例类型

（4）在"配置实例详细信息"页面中,可配置以下的参数(可选),本实验使用默认配置。

①配置 EC2 的类型。

②配置 VPC 网络。

③配置 IAM 角色。

展开高级详细信息,添加用户数据,输入以下 Bash 脚本(必需):

```
#!/bin/bash
yum install- y httpd mariadb- server
amazon- linux- extras install- y php7. 2
chkconfig httpd on
chkconfig mariadb on
systemctl start httpd
systemctl start mariadb
```

用户数据在 EC2 创建完成后,仅自动执行一次,帮助用户完成系统初始化相关的工作,这是一项非常有用的功能。例如,在 AutoScaling 弹性自动扩展时,它能确保 EC2 主机开启自动完成环境部署。以上配置如图 3-9 所示,单击"下一步:添加存储"按钮。

（5）在"添加存储"页面中,使用默认配置,如图 3-10 所示单击"下一步:添加标签"按钮。

（6）在"添加标签"页面中,用户可以自定义 EC2 的附加属性,其采用 key:value 格式定义。在此添加一个键为 Name、值为 HelloWorld 的标签,用于标识 EC2 的名称,如图 3-11 所示,单击"下一步配置安全组"按钮。

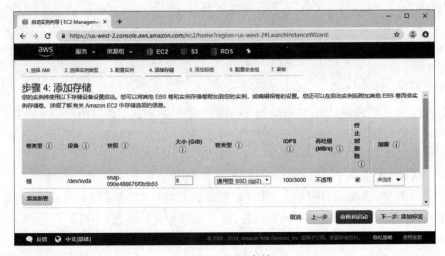

图 3-9　配置实例详细信息

图 3-10　添加存储

图 3-11　添加标签

⏻ **温馨提示**：养成给资源添加标签的习惯，同样适用于其他 AWS 服务，方便用户在资源池中查找想要的资源。

（7）在"配置安全组"页面中，用户相当于配置访问 EC2 前的一个安全防火墙，控制网络端口的入站和出站，添加 SSH（22 端口）、HTTP（80 端口）和 MYSQL/Aurora（3306 端口）的入站访问，如图 3-12 所示，单击"审核和启动"按钮。

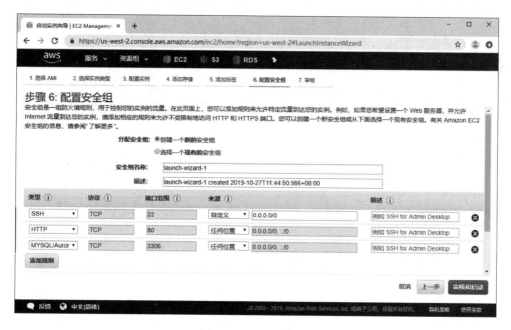

图 3-12　配置安全组

（8）在"审核和启动"页面中，单击"启动"按钮，弹出"选择现有密钥对或创建新密钥对"对话框，选择"创建新密钥对"选项，输入密钥对名称为 HelloWorld-Key，单击"下载密钥对"按钮，下载完成后单击"启动实例"按钮，如图 3-13 所示。

图 3-13　创建密钥对

注意：密钥对是管理 EC2 主机的唯一凭证，新密钥对创建时有且只有一次下载机会，务必妥善保管，AWS 不支持找回密钥对功能。

（9）在"启动状态"页面中，显示操作 EC2 的相关帮助文档，单击"查看实例"按钮，如图 3-14 所示。

图 3-14　启动状态

（10）在"查看实例"页面中，等待几分钟直到实例启动完成，如图 3-15 所示，在"状态检查"项中显示检查已完成信息。在"描述"选项卡，查看实例的配置信息，包括公有 DNS、公有 IP、私有 DNS、私有 IP 等；在"状态检查"选项卡，检测可能会影响此实例运行应用程序的问题；在"监控"选项卡，查看 EC2 的 CPU、内存、存储等监控指标；在"标签"选项卡，存在"添加标签"步骤的 Name 标签，也可添加或编辑标签。

图 3-15　查看实例

3.5.2　测试 EC2 实例

通过下载的密钥对连接实例主机，常见的连接工具有 Putty、Xshell 和 MobaXterm，以下以 Putty 为例介绍。

1. 转换私有密钥

（1）安装 Putty，官网下载地址为 https://www.putty.org。

（2）使用 PuTTYgen 转换私有密钥，打开 Putty 安装目录，运行 PuTTYgen. exe，在 Type of key to generate 下选择 RSA。

（3）选择 Load。默认情况下，PuTTYgen 仅显示扩展名为 .ppk 的文件。要找到 .pem 文件，应选择显示所有类型的文件选项。

（4）选择在启动实例时指定的密钥对的 .pem 文件，然后选择 Open。选择 OK 关闭确认对话框。

（5）选择 Save private key，保存私有密钥。PuTTYgen 显示一条关于在没有口令的情况下保存密钥的警告，选择是。

（6）为该密钥指定名称（如 HelloWorld- Key）。PuTTY 自动添加 .ppk 文件扩展名，生成 HelloWorld-Key. ppk 私钥。

2. 启动 PuTTY 会话

（1）启动 PuTTY，在 Category 窗格中，选择 Session 并填写以下字段：

①在 Host Name 文本框中输入 ec2-user@ public_dns_name，其中 ec2-user 为 EC2 默认用户名，

视　频

创建EBS卷
并附加到
Linux实例上

public_dns_name 为公有 DNS 或公有 IPv4 地址。

②在 Connection type 下,选择 SSH 单选按钮。

③确保 Port 为 22。

配置信息如图 3-16(a)所示。

(2)在 Category 窗格中,展开 Connection,再展开 SSH,然后选择 Auth。完成以下操作:

①选择 Browse。

②选择为密钥对生成的 . ppk 文件,然后选择 Open。

③勾选 Allow agent forwarding 选项,启用代理。

④保存此会话信息以便以后使用。在 Category 树中选择 Session,在 Saved Sessions 中输入会话名称 HelloWorld-Session,然后选择 Save(必需,下一步内容将用到)。

⑤选择 Open 开始打开 PuTTY 会话。

配置信息如图 3-16(b)所示。

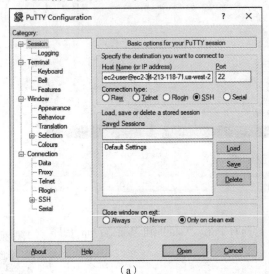 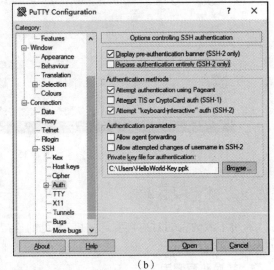

(a)　　　　　　　　　　　　　　　　(b)

图 3-16　配置 PuTTY

(3)如果这是第一次连接到此实例,PuTTY 会显示安全警告对话框,询问是否信任要连接到的主机。选择"是",此时会打开一个窗口并且连接到了实例主机,如图 3-17 所示,此时已连接到 EC2 的 Linux 实例。如果连接失败,检查 EC2 安全组是否允许 22 端口入站规则。

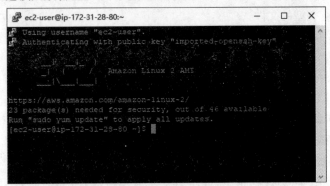

图 3-17　连接成功

⏻ **温馨提示：**

①关注系统更新信息，如图 3-17 中的 23 个 packages 更新包，执行 sudo yum update 进行系统更新；

②root 用户安全，默认 root 密码为空，应及时更换。

3. 测试 MariaDB 数据库

1）使用 EC2 连接

（1）检查 MariaDB 系统服务，在图 3-17 所示的 Shell 控制台中输入 ps aux | grep mariadb，看到图 3-18(a) 所示的 MariaDB 运行状态信息，包括进程 ID、安装路径、日志路径等，说明 MariaDB 运行正常。

（2）连接 MariaDB，输入命令 mysql-u root-p，直接按 Enter 键空密码登录到 MariaDB > 界面，输入显示数据库 show databases 命令，如图 3-18(b) 所示，说明数据连接成功。

（a）查看MariaDB进程

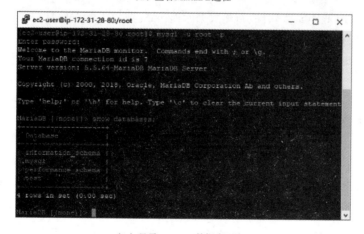

（b）显示MariaDB数据库列表

图 3-18　使用 EC2 连接 MariaDB

2）使用 Navicat for MySQL 连接

（1）关闭 PuTTY 工具，再重新打开，在 Category 的 Connection 窗口中，选中 HelloWorld-Session 连接会话，单击 Load 按钮加载配置信息。

（2）配置端口转发，展开 Connection，再展开 SSH，然后选择 Tunnels，在 Add new forward port 中完成以下操作：

①Source port：3306。

②Destination:"DNS:端口号",DNS 是 EC2 的公有 DNS 和公有 IPv4 地址,端口号是 MariaDB 的端口(默认 3306),如 ec2-34-223-223-44. us-west-2. compute. amazonaws. com:3306。

③单击 Add 按钮。

以上配置如图 3-19 所示,单击 Open 按钮,实现把本地 3306 端口转发到 EC2 的 3306 端口。

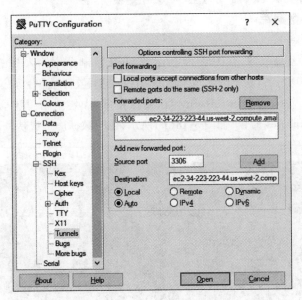

图 3-19　配置端口转发

(3)打开 Navicat for MySQL 软件,新建数据库连接,完成以下配置信息:

①连接名:HelloWorld-DB。

②主机名或 IP 地址:localhost。

③端口:3306。

④用户名:root。

⑤密码:空(不输入)。

配置完成后,单击"连接测试"按钮,显示连接成功提示对话框,如图 3-20(a)所示,单击"确定"按钮关闭对话框。

(4)在 Navicat for MySQL 软件主界面中,双击 HelloWorld-DB 连接信息,显示 MariaDB 连接成功的窗口,如图 3-20(b)所示。如果连接失败,检查 EC2 安全组是否允许 3306 端口入站规则。

4. 测试 Apache

打开浏览器,在地址栏中输入 EC2 的公有 DNS 或公有 IPv4,测试 Apache,如图 3-21(a)所示。如果打开失败,检查 EC2 安全组是否允许 80 端口入站规则。

5. 测试 PHP

(1)用 PuTTY 的连接 EC2,编写一个 PHP 探针程序,在 Shell 控制台中完成以下操作,

①切换到 root 用户:sudo-i。

②切换到 PHP 的应用目录:cd/var/www/html。

③新建 phpinfo. php:vi phpinfo. php。

④在 vi 编辑器中输入以下语句:< ?php phpinfo(); ? >,保存退出。

（a）配置MySQL连接

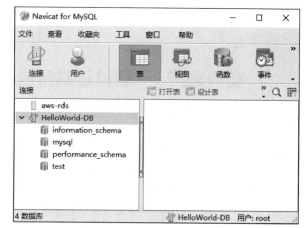

（b）连接成功

图 3-20　Navicat for MySQL 连接 MariaDB

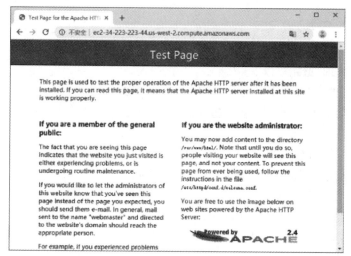

（a）测试Apache服务

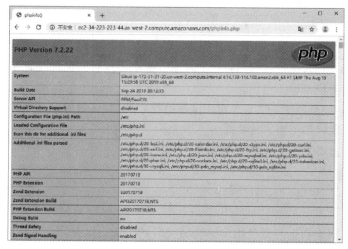

（b）测试PHP服务

图 3-21　测试 Apache 和 PHP 服务

（2）在浏览器中输入EC2的公有DNS（或者公有IPv4）/phpinfo. php，测试PHP，如图3-21（b）所示。

实验案例1 通过控制台或CLI描述区域和可用区

视 频

通过控制台
或CLI描述区
域和可用区

1. 实验简介

AWS云在全球多个地点提供服务。这些地点由区域和可用区构成。每个区域都是一个独立的地理区域。每个区域都有多个相互隔离的位置，称为可用区。Amazon EC2让用户可以在多个位置放置资源（如实例）和数据。

本实验将让用户登录AWS控制台，查看区域和可用区以及可用服务列表。

2. 主要使用服务

AWS账户及控制台，EC2。

3. 预计实验时间

30分钟。

4. 先决条件

在开始本教程之前，请完成以下步骤：

（1）拥有可使用的AWS北京区域或宁夏账户及IAM用户。

（2）IAM用户可以创建EC2实例（可选）。

（3）登录AWS管理控制台

①单击"启动实验"开始实验。

②单击"登录网址"，到达AWS管理控制台登录界面。

③使用以下证书登录控制台：

• 在登录界面的"用户名"文本框中，输入用户名。

• 在"密码"文本框中，输入密码。

④单击"登录"按钮。

5. 实验步骤

步骤 1 AWS区域和可用区的基础

Amazon运行着具有高可用性的先进数据中心。数据中心有时会发生影响托管于同一位置的所有实例的可用性的故障，虽然这种故障极少发生。如果将所有实例都托管在受此类故障影响的同一个位置，则所有实例都将不可用。

每一个区域都是完全独立的。每个可用区都是独立的，但区域内的可用区通过低延迟连接相连。图3-22阐明了区域和可用区的关系。

Amazon EC2资源要么具有全球性，要么与区域或可用区相关联。

1）区域

每个Amazon EC2区域都被设计为与其他Amazon EC2区域完全隔离。这可实现最大限度地容错能力和稳定性。

当查看资源时，只会看到与自己指定的区域关联的资源。这是因为区域间彼此隔离，而且不会自动跨区域复制资源。

当启动实例时，必须选择位于同一地区的AMI。如果AMI在其他区域，可将该AMI复制到自

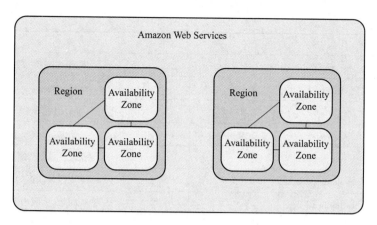

图 3-22　区域和可用区的关系

已使用的区域。

2）可用区

当启动实例时,可以自己选择一个可用区或让系统自动选择。如果实例分布在多个可用区且其中的某个实例发生故障,则可对应用程序进行相应设计,以使另一可用区中的实例可代为处理相关请求。

可用区由区域代码后跟一个字母标识符表示,如 cn-north-1。为确保资源分配到区域的各可用区,将可用区独立映射到每个账户的标识符。

随着可用区中内容的增加,对其进行扩展的能力会逐渐受限。如果发生此情况,可能会阻止用户在扩展能力受限的可用区内启动实例,除非用户在此可用区中已拥有实例。最终,还可能将扩展能力受限的可用区从新用户的可用区列表中删除。因此,用户的不同账户在一个区域中可用的可用区数量可能不同。

只能通过 Amazon AWS（中国）账户访问中国（北京）或中国（宁夏）区域。表 3-1 列出的是 AWS 账户在中国提供服务的区域。

表 3-1　AWS 账户在中国提供服务的区域

代　　码	名　　称
cn-north-1	中国（北京）
cn-northwest-1	中国（宁夏）

表 3-2 列出的是 AWS 账户在全球提供服务的区域（需单独开通 AWS 全球账号）。

表 3-2　AWS 账户在全球提供服务的区域

代　　码	名　　称
us-east-1	美国东部（弗吉尼亚北部）
us-east-2	美国东部（俄亥俄州）
us-west-1	美国西部（加利福尼亚北部）
us-west-2	美国西部（俄勒冈）
ca-central-1	加拿大（中部）

代　码	名　称
eu-central-1	欧洲(法兰克福)
eu-west-1	欧洲(爱尔兰)
eu-west-2	欧洲(伦敦)
eu-west-3	欧洲(巴黎)
ap-northeast-1	亚太区域(东京)
ap-northeast-2	亚太区域(首尔)
ap-northeast-3	亚太区域(大阪当地)
ap-southeast-1	亚太区域(新加坡)
ap-southeast-2	亚太区域(悉尼)
ap-south-1	亚太地区(孟买)
sa-east-1	南美洲(圣保罗)

步骤 2 描述区域和可用区

使用控制台查找区域和可用区。

(1)打开 Amazon EC2 控制台 https://console.amazonaws.cn/ec2(以中国区域为例)。

(2)从导航栏中,查看区域选择器中的选项。

单击页面中右上角的区域选择器,查看可以使用的区域,如图 3-23 所示。

中国区域如图 3-24 所示。

全球区域如图 3-25 所示。

图 3-23　查看区域　　　　　图 3-24　中国区域　　　图 3-25　全球区域

（3）查看可用服务列表：

方法一：可在管理控制台的搜索框中输入服务名称，如图 3-26 所示。

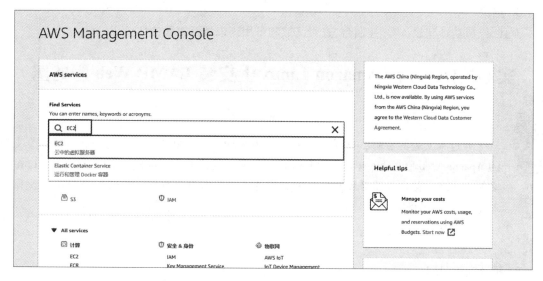

图 3-26　查看可用服务列表

方法二：单击导航栏中"服务"下拉列表框后进行查找，如图 3-27 所示。

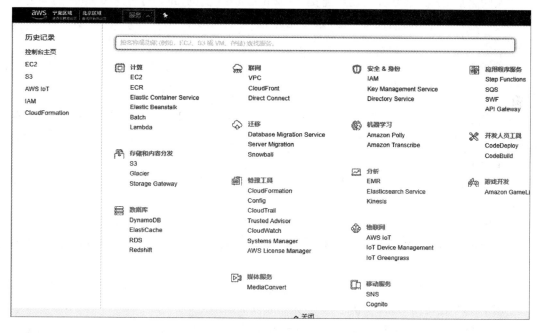

图 3-27　查找服务

步骤 3 关闭实验

遵循以下步骤关闭控制台，结束实验。

（1）在 AWS 管理控制台的导航栏中，单击 UPT15xxxxxxxxxx@＜AccountNumber＞，然后单击"注销"按钮。

（2）在云平台的实验页面上，单击"结束实验"按钮。

（3）在确认消息中，单击"确定"按钮。

6. 结论

至此，已成功地登录 AWS 控制台，查看区域和可用区以及可用服务列。

实验案例 2　在 Amazon Linux 上安装 LAMP Web 服务器

● 视　频

在Amazon
Linux上安装
LAMP Web
服务器

1. 实验简介

通过本实验的步骤，可以将带 PHP 和 MariaDB（一个由社区开发的 MySQL 分支）支持的 Apache Web 服务器（有时称为 LAMP Web 服务器或 LAMP 堆栈）安装到 Amazon Linux 2 实例上。可以使用此服务器来托管静态网站或部署能对数据库中的信息执行读写操作的动态 PHP 应用程序。

2. 主要使用服务

EC2。

3. 预计实验时间

60 分钟。

4. 先决条件

本实验假定用户已经掌握启动和连接 Amazon Linux 2 实例，并具有可从 Internet 访问的公有 DNS 名称。并且了解如何配置安全组，以便允许 SSH（端口 22）、HTTP（端口 80）和 HTTPS（端口 443）连接。

5. 实验步骤

步骤 1　准备 LAMP 服务器

💡 注意：以下过程将安装 Amazon Linux 2 上可用的最新 PHP 版本（当前为 PHP 7.2）。如果计划使用本书中所述的 PHP 应用程序之外的 PHP 应用程序，则应检查其与 PHP 7.2 的兼容性。

1）准备 LAMP 服务器

（1）创建并连接到 AmazonLinux2 实例。（单击"启动实验"后，请稍等几分钟，系统创建初始资源需要一些时间，如图 3-28 所示）

（2）当页面中的进度条加载完成，并且页面上出现图 3-29 所示信息时，说明实验已经成功启动。

将页面中的"公有 DNS"保存到本地，单击"密钥下载"按钮，将启动实例时指定的密钥对的. pem 文件下载到本地。

有几种方法可以连接到 Linux 实例。在此实验中将使用 PuTTY（Windows）连接到实例。

使用 PuTTY 连接到 Linux 实例之前，应先完成以下操作：

①安装 PuTTY。下载并解压 PuTTY 软件到本机目录中。获得实例的公有 DNS 名称。复制实验平台上的启动实例的"公有 DNS"。

②查找私有密钥。使用启动实例时指定的密钥对的. pem 文件在计算机中位置的完全限定路径。

③获取用于启动实例的 AMI 的默认用户名称。对于 Amazon Linux 2 或 Amazon Linux AMI，用户名称是 ec2 - user。

图 3-28　启动实验

图 3-29　实验成功启动

2）使用 PuTTYgen 转换私有密钥

PuTTY 本身不支持 Amazon EC2 生成的私有密钥格式(.pem)。PuTTY 有一个名为 PuTTYgen 的工具,可将密钥转换成所需的 PuTTY 格式(.ppk)。必须将私有密钥转换为 .ppk 格式,然后才能尝试使用 PuTTY 连接到实例。

转换私有密钥的步骤如下:

（1）启动 PuTTYgen（例如,在"开始"菜单中,选择 AllPrograms→PuTTY→PuTTYgen）。

（2）在 Type of key to generate 下,选择 RSA 单选按钮,如图 3-30 所示。

图 3-30　选择 RSA

如果使用的是旧版本的 PuTTYgen,则应选择 SSH-2 RSA。

（3）选择 Load。默认情况下,PuTTYgen 仅显示扩展名为 .ppk 的文件。要找到 .pem 文件,应选择显示所有类型文件选项,如图 3-31 所示。

File name:		PuTTY Private Key Files (*.ppk) ▼
		PuTTY Private Key Files (*.ppk)
		All Files (*.*)

图 3-31　选择所有类型

（4）选择启动实例时指定的密钥对的 .pem 文件，然后选择 Open。选择 OK 关闭确认对话框。

（5）选择 Saveprivatekey，以 PuTTY 可以使用的格式保存密钥。PuTTYgen 显示一条关于在没有口令的情况下保存密钥的警告，选择"是"。

💡 **注意**：私有密钥的口令是一层额外保护，即使私有密钥被泄露，在没有口令的情况下，该密钥仍不可用。使用口令的缺点是让自动化变得更难，因为登录到实例或复制文件到实例需要进行人为干预。

（6）为该密钥指定与密钥对相同的名称（如 my-key-pair）。PuTTY 自动添加 .ppk 文件扩展名。

至此，私有密钥格式是正确的 PuTTY 使用格式。现在可以使用 PuTTY 的 SSH 客户端连接到实例。

3）启动 PuTTY 会话

通过以下过程使用 PuTTY 连接到 Linux 实例，需要使用为私有密钥创建的 .ppk 文件。

启动 PuTTY 会话的步骤如下：

（1）启动 PuTTY（在"开始"菜单中，选择 AllPrograms→PuTTY→PuTTY）。

（2）在 Category 窗格中，选择 Session 并填写以下字段：

①在 Host Name 文本框中，输入 ec2-user@ public_dns_name。确保为 AMI 指定相应的用户名。例如，对于 AmazonLinux2 或 AmazonLinuxAMI，用户名称是 ec2-user。

②在 Connection type 下，选择 SSH 单选按钮。

③确保 Port 为 22，如图 3-32 所示。

（3）（可选）可以配置 PuTTY 以定期自动发送"保持连接"数据，将会话保持为活动状态。要避免由于会话处于不活动状态而与实例断开连接，这是非常有用的。在 Category 窗格中，选择 Connection，然后在 Secondsbetweenkeepalives 字段中输入所需的间隔。例如，如果会话在处于不活动状态 10 分钟后断开连接，则输入 180 以将 PuTTY 配置为每隔 3 分钟发送一次保持活动数据。

（4）在 Category 窗格中，展开 Connection，再展开 SSH，然后选择 Auth。完成以下操作：

①选择 Browse。

②选择为密钥对生成的 .ppk 文件，然后选择 Open。

③（可选）如果打算稍后重新启动此会话，则可以保存此会话信息以便日后使用。在 Category 树中选择 Session，在 Saved Sessions 中输入会话名称，然后选择 Save。

④单击 Open 按钮以便开始 PuTTY 会话，如图 3-33 所示。

（5）如果这是第一次连接到此实例，PuTTY 会显示安全警告对话框，询问是否信任要连接到的主机。

（6）选择"是"。此时会打开一个窗口并且连接到了实例。

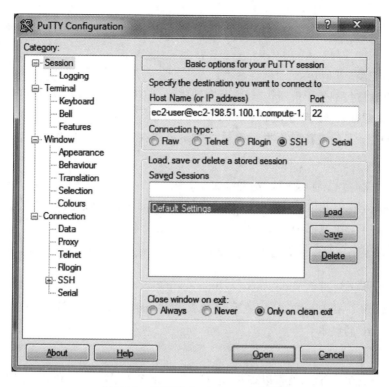

图 3-32　PuTTY Configuration 对话框

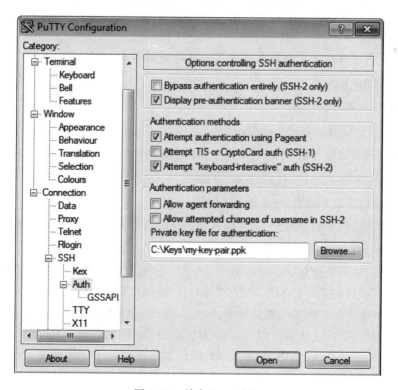

图 3-33　单击 Open 按钮

注意：如果在将私有密钥转换成 PuTTY 格式时指定了口令，当登录到实例时，必须提供该口令。

4）快速软件更新

为确保所有软件包都处于最新状态，应对实例执行快速软件更新。此过程可能需要几分钟的时间，但必须确保拥有最新的安全更新和缺陷修复。

（1）参数选项-y 安装更新时不提示确认。如果希望在安装前检查更新内容，则可以忽略该选项。

```
[ec2-user ~] $ sudo yum update-y
```

（2）安装 lamp-mariadb10.2-php7.2 和 php7.2 Amazon Linux Extras 存储库，以获取适用于 Amazon Linux 2 的 LAMP MariaDB 和 PHP 程序包的最新版本。

```
[ec2-user ~] $ sudo amazon-linux-extras install-y lamp-mariadb10.2-php7.2
```

 注意：如果收到指示 sudo:amazon-linux-extras:command not found 的错误，则表示实例未与 Amazon Linux 2 AMI 一起启动（也许可以改用 Amazon Linux AMI）。可以使用以下命令查看 Amazon Linux 的版本：

```
cat/etc/system-release
```

（3）实例处于最新状态后，便可以安装 Apache Web 服务器、MariaDB 和 PHP 软件包。

使用 yum install 命令可同时安装多个软件包和所有相关依赖项。

```
[ec2-user ~] $ sudo yum install-y httpd mariadb-server
```

 注意：可以使用以下命令查看这些程序包的当前版本。

```
yum info package_name
```

（4）启动 Apache Web 服务器。

```
[ec2-user ~] $ sudo systemctl start httpd
```

（5）使用 systemctl 命令可将 Apache Web 服务器配置为在每次系统启动时启动。

```
[ec2-user ~] $ sudo systemctl enable httpd
```

可以通过运行以下命令验证 httpd 是否已启用：

```
[ec2-user ~] $ sudo systemctl is-enabled httpd
```

（6）如果尚未这样做，应添加安全规则以允许与实例的入站 HTTP（端口 80）连接。默认情况下，初始化期间将为实例设置 launch-wizard-N 安全组。此组包含一条允许 SSH 连接的规则。（本实验的预置环境已提前配置好安全组，开放 22 端口及 80 端口）

（7）测试 Web 服务器。在 Web 浏览器中，输入实例的公有 DNS 地址（或公有 IP 地址）。如果/var/www/html 中没有内容，应该会看到 Apache 测试页面，如图 3-34 所示。可以使用 Amazon EC2 控制台获取实例的公有 DNS（选中 Public DNS 列）；如果此列处于隐藏状态，可选择 Show/Hide Columns（齿轮状图标）并选择 Public DNS。

如果未能看到 Apache 测试页面，应检查使用的安全组是否包含允许 HTTP（端口 80）流量的规则。

💡 **注意**：如果不是 Amazon Linux，则还可能需要在实例上配置防火墙才能允许这些连接。有关如何配置防火墙的更多信息，请参阅适用于特定分配的文档。

5）设置文件权限

Apache httpd 提供的文件保存在称为 Apache 文档根目录的目录中。Amazon Linux Apache 文档根为/var/www/html，默认情况下归根用户所有。

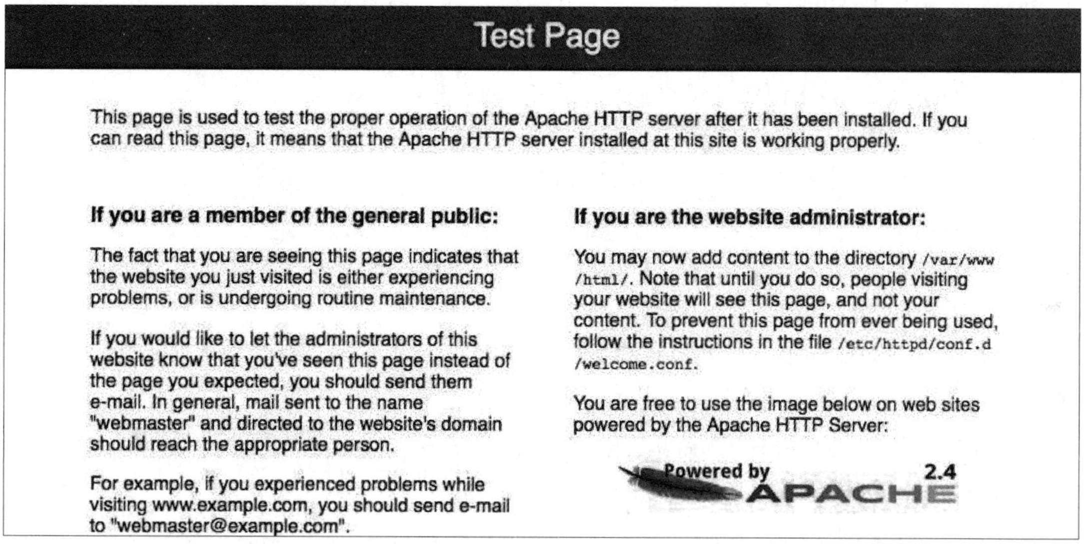

图 3-34　Apache 测试页面

要允许 ec2-user 账户操作此目录中的文件，必须修改其所有权和权限。有多种方式可以完成此任务。在本书中，可将 ec2-user 添加到 apache 组，将/var/www 目录的所有权授予 apache 组，并为该组指定写入权限。

设置文件权限的步骤如下：

（1）将用户（这里指 ec2-user）添加到 apache。

```
[ec2-user ~] $ sudo usermod-a-G apacheec2-user
```

（2）先退出再重新登录以选取新组，然后验证成员资格。

①退出（使用 exit 命令或关闭终端窗口）：

```
[ec2-user ~] $ exit
```

②要验证是否为 apache 组的成员，应重新连接到实例，然后运行以下命令：

```
[ec2-user ~]
$ groups
ec2-user adm wheel apache systemd-journal
```

（3）将/var/www 及其内容的组所有权更改到 apache 组。

```
[ec2-user ~] $ sudo chown-R ec2-user:apache/var/www
```

（4）要添加组写入权限及设置未来子目录上的组 ID，应更改/var/www 及其子目录的目录权限。

```
[ec2-user ~] $ sudo chmod 2775/var/www && find/var/www-type d-exec sudo chmod 2775 {}\;
```

（5）要添加组写入权限，应递归地更改/var/www 及其子目录的文件权限。

```
[ec2-user ~] $ find/var/www-type f-exec sudo chmod 0664 {}\;
```

至此，ec2-user（和 apache 组的任何未来成员）可以添加、删除和编辑 Apache 文档根目录中的文件，允许添加内容，如静态网站或 PHP 应用程序。

步骤 2 测试 LAMP 服务器

如果服务器已安装并运行，且文件权限设置正确，则 ec2-user 账户应该能够在/var/www/html 目录（可从 Internet 访问）中创建 PHP 文件。

测试 LAMP 服务器：

```
[ec2-user ~] $ echo"< ?php phpinfo();? >">/var/www/html/phpinfo. php
```

（1）在 Apache 文档根目录中创建一个 PHP 文件。

尝试运行该命令时，如果出现"Permission denied（权限被拒绝）"错误，应尝试先注销，再重新登录，以获取在设置文件权限中配置的适当组权限。

（2）在 Web 浏览器中，输入刚刚创建的文件的 URL。此 URL 是实例的公用 DNS 地址，后接正斜杠和文件名。例如：

```
http://my. public. dns. amazonaws. com/phpinfo. php
```

此时应该会看到 PHP 信息页面，如图 3-35 所示。

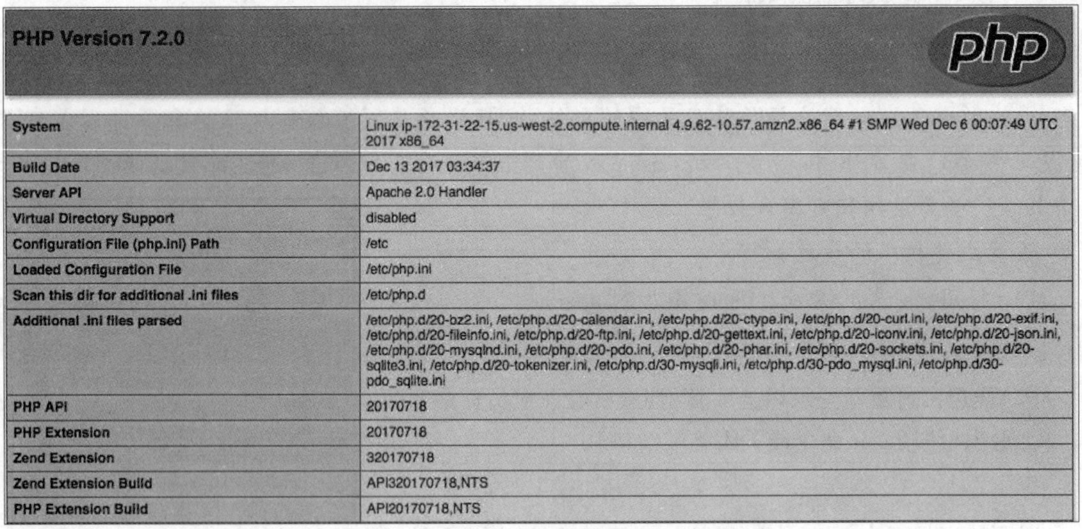

PHP Version 7.2.0	*php*
System	Linux ip-172-31-22-15.us-west-2.compute.internal 4.9.62-10.57.amzn2.x86_64 #1 SMP Wed Dec 6 00:07:49 UTC 2017 x86_64
Build Date	Dec 13 2017 03:34:37
Server API	Apache 2.0 Handler
Virtual Directory Support	disabled
Configuration File (php.ini) Path	/etc
Loaded Configuration File	/etc/php.ini
Scan this dir for additional .ini files	/etc/php.d
Additional .ini files parsed	/etc/php.d/20-bz2.ini, /etc/php.d/20-calendar.ini, /etc/php.d/20-ctype.ini, /etc/php.d/20-curl.ini, /etc/php.d/20-exif.ini, /etc/php.d/20-fileinfo.ini, /etc/php.d/20-ftp.ini, /etc/php.d/20-gettext.ini, /etc/php.d/20-iconv.ini, /etc/php.d/20-json.ini, /etc/php.d/20-mysqlnd.ini, /etc/php.d/20-pdo.ini, /etc/php.d/20-phar.ini, /etc/php.d/20-sockets.ini, /etc/php.d/20-sqlite3.ini, /etc/php.d/20-tokenizer.ini, /etc/php.d/30-mysqli.ini, /etc/php.d/30-pdo_mysql.ini, /etc/php.d/30-pdo_sqlite.ini
PHP API	20170718
PHP Extension	20170718
Zend Extension	320170718
Zend Extension Build	API320170718,NTS
PHP Extension Build	API20170718,NTS

图 3-35 PHP 信息页面

如果未看到 PHP 信息页面，应验证上一步中是否已正确创建/var/www/html/phpinfo. php 文件。还可以使用以下命令验证已经安装了所有必需的程序包。

```
[ec2-user ~] $ sudo yum list installed httpd mariadb-server php-mysqlnd
```

如果输出中未列出任何必需的程序包，应使用 sudo yum install package 命令安装它们。

另请验证在 amazon-linux-extras 命令的输出中启用了 php7.2 和 lamp-mariadb10.2-php7.2 Extras。

（3）删除 phpinfo. php 文件。尽管此信息可能很有用，但出于安全考虑，不应将其传播到 Internet。

```
[ec2-user ~] $ rm/var/www/html/phpinfo. php
```

至此，有了一个功能完善的 LAMP Web 服务器。如果将内容添加到 Apache 文档根目录（位于/var/www/html），应该能够在实例的公有 DNS 地址中看到该内容。

步骤 3　确保数据库服务器的安全

MariaDB 服务器的默认安装提供有多种功能，这些功能对于测试和开发都很有帮助，但对于产品服务器，应禁用或删除。mysql_secure_installation 命令可引导用户设置根密码并删除安装中的不安全功能。即使用户不打算使用 MariaDB 服务器，也建议执行此步骤。

保护 MariaDB 服务器：

```
[ec2-user ~] $ sudo systemctl startmariadb
```

（1）启动 MariaDB 服务器。

（2）运行 mysql_secure_installation。

```
[ec2-user ~] $ sudo mysql_secure_installation
```

在提示时，输入根账户的密码：

①输入当前根密码。默认情况下，根账户没有设置密码。按 Enter 键即可。

②输入 Y 设置密码，然后输入两次安全密码。有关创建安全密码的更多信息，请访问 https://identitysafe. norton. com/password-generator/。

确保将此密码存储在安全位置。

💡 **注意**：设置 MariaDB 根密码仅是保护数据库的最基本措施。在构建或安装数据库驱动的应用程序时，通常可以为该应用程序创建数据库服务用户，并避免使用根账户执行除数据库管理以外的操作。

①输入 Y 删除匿名用户账户。

②输入 Y 禁用远程根登录。

③输入 Y 删除测试数据库。

④输入 Y 重新加载权限表并保存您的更改。

（3）（可选）如果不打算立即使用 MariaDB 服务器，应停止它。可以在需要时再次重新启动。

```
[ec2-user ~] $ sudo systemctl stop mariadb
```

（4）（可选）如果希望每次启动时 MariaDB 服务器都启动，应输入以下命令。

```
[ec2-user ~] $ sudo systemctl enable mariadb
```

步骤 4　（可选）安装 phpMyAdmin

phpMyAdmin 是一种基于 Web 的数据库管理工具，可用于在 EC2 实例上查看和编辑 MySQL 数据库。按照下述步骤操作，在 Amazon Linux 实例上安装和配置 phpMyAdmin。

除非在 Apache 中启用了 SSL/TLS，否则不建议使用 phpMyAdmin 访问 LAMP 服务器。如果使用 phpMyAdmin，数据库管理员密码和其他数据将无法安全地通过 Internet 传输。

安装 phpMyAdmin：

```
[ec2-user ~] $ sudo yum install php-mbstring-y
```

（1）安装所需的依赖项。

```
[ec2-user ~] $ sudo systemctl restarthttpd
```

（2）重启 Apache。

```
[ec2-user ~] $ sudo systemctl restart php-fpm
```

（3）重启 php-fpm。

```
[ec2-user ~] $ cd/var/www/html
```

（4）导航到位于/var/www/html 的 Apache 文档根。

```
[ec2-user html] $ wget https://www.phpmyadmin.net/downloads/phpMyAdmin-latest-all
-languages.tar.gz
```

（5）从 https://www.phpmyadmin.net/downloads 选择最新 phpMyAdmin 发行版的源软件包。要将文件直接下载到实例,应复制链接并将其粘贴到 wget 命令,如本示例中所述:

```
[ec2-user html] $ mkdir phpMyAdmin && tar-xvzf phpMyAdmin-latest-all-languages.tar.gz
-CphpMyAdmin-strip-components 1
```

（6）创建 phpMyAdmin 文件夹并将程序包提取到其中。

（7）删除 phpMyAdmin-latest-all-languages.tar.gz tarball。

```
[ec2-user html] $ rmphpMyAdmin-latest-all-languages.tar.gz
```

（8）（可选）如果 MySQL 服务器未运行,应立即启动它。

```
[ec2-user ~] $ sudo systemctl start mariadb
```

（9）在 Web 浏览器中,输入 phpMyAdmin 安装的 URL。此 URL 是实例的公有 DNS 地址(或公有 IP 地址),后接正斜杠和安装目录的名称。例如:

```
http://my.public.dns.amazonaws.com/phpMyAdmin
```

至此,应该会看到 phpMyAdmin 登录页面。

（10）使用先前创建的 root 用户名和 MySQL 根密码登录到 phpMyAdmin 安装。

安装仍需进行配置,然后才能投入使用。要配置 phpMyAdmin,可以手动创建配置文件、使用设置控制台或者结合这两种方法。

故障排除

本部分提供了解决在设置新 LAMP 服务器时可能遇到的常见问题的建议。如果无法使用 Web 浏览器连接到服务器。可以执行以下检查以查看 Apache Web 服务器是否正在运行且可以访问。

（1）Web 服务器正在运行吗?

可以通过运行以下命令验证 httpd 是否已启用:

```
[ec2-user ~] $ sudo systemctl is-enabled httpd
```

如果 httpd 进程未运行,应重复准备 LAMP 服务器中描述的步骤。

（2）防火墙是否配置正确?

如果未能看到 Apache 测试页面,应检查使用的安全组是否包含允许 HTTP(端口 80)流量的规则。

6. 结论

至此,已成功地:

（1）将带 PHP 和 MariaDB（一个由社区开发的 MySQL 分支）支持的 Apache Web 服务器（有时称为 LAMP Web 服务器或 LAMP 堆栈）安装到 Amazon Linux 2 实例上。

（2）可以使用此服务器来托管静态网站或部署能对数据库中的信息执行读写操作的动态 PHP 应用程序。

实验案例 3 安装及配置 AWS CLI 命令行工具

1. 实验简介

AWS CLI 是一个在 AWS SDK for Python（Boto）之上构建的开源工具，可提供与 AWS 服务交互的命令。仅需最小的配置，用户就可以从终端程序开始使用 AWS 管理控制台提供的所有功能。

视频
安装及配置
AWS CLI
命令行工具

（1）Linuxshell：使用常见的 Shell 程序（如 Bash、Zsh 和 tsch）在 Linux、OSX、UNIX 中运行命令。

（2）Windows 命令行：在 Microsoft Windows 上，在 PowerShell 或 Windows 命令处理程序中运行命令。

（3）远程：通过远程终端（如 PuTTY 或 SSH）在 Amazon EC2 实例上运行命令，或者使用 Amazon EC2 系统管理器运行命令。

本实验学习如何在 Windows 或 Mac OS 安装 CLI 并配置访问 S3（可选）。

2. 主要使用服务

CLI、S3。

3. 预计实验时间

60 分钟。

4. 先决条件

在开始本教程之前，请完成以下步骤：

（1）需要有 AWS 中国区域的 AccessKey。

（2）配置 IAM 权限可以访问或列出 S3 的存储桶 Bucket（可选）。

5. 登录 AWS 管理控制台

（1）单击"启动实验"开始实验。

（2）单击"登录网址"，到达 AWS 管理控制台登录界面。

（3）使用以下证书登录控制台：

①在登录界面的"用户名"文本框中，输入用户名。

②在"密码"文本框中，输入密码。

（4）单击"登录"按钮。

6. 实验步骤

步骤 1 在 Microsoft Windows 上安装 AWS CLI

如果使用 Mac OS 系统，可直接进入步骤 2。

1）MSI 安装程序

Microsoft Windows XP 及更高版本支持 AWS CLI。对于 Windows 用户，MSI 安装程序包提供了一种熟悉而方便的方式来安装 AWS CLI，且无须安装其他任何必备软件。

CLI 更新发布后,必须重复安装过程以获取最新版本的 AWS CLI。

使用 MSI 安装程序安装 AWS CLI 的步骤如下:

(1)下载相应的 MSI 安装程序。

①下载适用于 Windows(64 位)的 AWSCLIMSI 安装程序。

②下载适用于 Windows(32 位)的 AWSCLIMSI 安装程序。

(2)运行下载的 MSI 安装程序。

(3)按显示的说明执行操作。

CLI 默认情况下安装到 C:\Program Files\Amazon\AWSCLI(64 位)或 C:\Program Files(x86)\Amazon\AWSCLI(32 位)。要确认安装,可在命令提示符下使用 aws--version 命令(如果不确定命令提示符安装在何处,可打开"开始"菜单并搜索 cmd)。

```
> aws--version
aws-cli/1.11.84 Python/3.6.2 Windows/7 botocore/1.5.47
```

输入命令时,请勿包含提示符符号(>)。程序列表中包含这些符号是为了区分输入的命令与 CLI 返回的输出。除非是特定于 Windows 的命令,否则本书其余部分使用通用提示符符号" $ "。

安装完成后需要将 CLI 的安装目录加入 PATH 环境变量中,将 AWS CLI 可执行文件添加到命令行路径。

2)卸载 ASW CLI

要卸载 AWS CLI,可打开"控制面板"并选择程序和功能。选择名为 AWS CommandLine Interface(AWS 命令行界面)的条目,并单击"卸载"启动卸载程序。收到提示时,确认要卸载 AWS CLI。

还可以使用以下命令,从命令行启动程序和功能菜单:

```
> appwiz.cpl
```

3)在 Windows 上安装 Python、pip 和 AWS CLI

在 Windows 上使用 Python 和 pip 安装 AWS CLI。

(1)安装 Python 3.6 和 pip(Windows)的步骤如下:

①从 Python.org 的下载页面下载 Python 3.6 Windows x86-64 可执行文件安装程序。

②运行安装程序。

③选择 Add Python 3.6 to PATH。

④选择 Install Now。

安装程序在用户文件夹中安装 Python 并将其可执行文件目录添加到用户路径。

(2)随 pip 安装 AWS CLI(Windows)。

①从"开始"菜单打开 Windows 命令处理程序。

②使用以下命令验证 Python 和 pip 是否均已正确安装:

```
C:\Windows\System32 > python-version
Python 3.6.2
C:\Windows\System32 > pip--version
pip 9.0.1
fromc:\users\myname\appdata\local\programs\python\python36\lib\site-packages
(python3.6)
```

③使用 pip 安装 AWS CLI:

```
C:\Windows\System32 > pip installawscli
```

④验证 AWS CLI 是否已正确安装：

```
5. C:\Windows\System32 >aws--version
aws-cli/1.16.256 Python/3.6.0 Windows/10 botocore/1.12.246
```

要升级到最新版本,应重新运行安装命令：

```
C:\Windows\System32 >pip install--user--upgrade awscli
```

（3）将 AWS CLI 可执行文件添加到命令行路径。

在使用 pip 进行安装后,将 AWS 可执行文件添加到操作系统的 PATH 环境变量。对于 MSI 安装,此操作将自动执行,但如果 AWS 命令不可用,则可能需要手动设置它。

```
Python 3.6 和 pip-% USERPROFILE% \AppData\Local\Programs\Python\Python36\Scripts
```

MSI 安装程序（64 位）- C:\ProgramFiles\Amazon\AWSCLI。

MSI 安装程序（32 位）- C:\ProgramFiles(x86)\Amazon\AWSCLI。

（4）修改 PATH 变量（Windows）的步骤如下：

①按 Windows 键并输入环境变量。

②选择 Editenvironmentvariablesforyouraccount。

③选择 PATH,然后选择 Edit。

④向 Variablevalue 字段添加路径,中间用分号隔开。例如:C:\existing\path;C:\new\path。

⑤选择 OK 两次以应用新设置。

⑥关闭任何运行的命令提示符并重新打开。

步骤 2　在 macOS 上安装 AWS CLI

在 macOS 上安装 AWS CLI 的推荐方法是使用捆绑安装程序。捆绑安装程序包含所有依赖项,并可以离线使用。

先决条件:Python 2 版本 2.6.5 + 或 Python 3 版本 3.3 + 。

检查 Python 安装：

```
$ python--version
```

如果计算机上还没有安装 Python,或者希望安装 Python 的其他版本,可按照在 Linux 上安装 AWS Command Line Interface 中的过程执行操作。

1）使用捆绑安装程序安装 AWS CLI

使用捆绑安装程序,在命令行中执行以下步骤来安装 AWS CLI。

（1）下载 AWS CLI 捆绑安装程序。

```
$ curl"file- edu. s3. cn- north- 1. amazonaws. com. cn/experiment20/awscli-bundle. zip"- o"
awscli-bundle. zip"
```

（2）解压缩程序包。

```
$ unzip awscli-bundle. zip
```

注意:如果没有 unzip,可使用 Linux 发行版的内置程序包管理器进行安装。

（3）运行安装可执行文件。

```
$ sudo. /awscli-bundle/install-i/usr/local/aws-b/usr/local/bin/aws
```

注意:默认情况下,安装脚本在系统默认版本的 Python 下运行。如果已安装 Python

的可选版本并希望使用该版本安装 AWS CLI,可使用该版本按 Python 可执行文件的绝对路径运行安装脚本。例如:

```
$ sudo/usr/local/bin/python2.7 awscli-bundle/install-i/usr/local/aws-b
/usr/local/bin/aws
```

安装程序在/usr/local/aws 中安装 AWS CLI,并在/usr/local/bin 目录中创建符号链接 aws。使用-b 选项创建符号链接将免除在用户的 $ PATH 变量中指定安装目录的需要。这应该能让所有用户通过在任何目录下输入 aws 来调用 AWS CLI。

要查看-i 和-b 选项的说明,可使用-h 选项:

```
$ ./awscli-bundle/install-h
```

2)使用 pip 在 macOS 上安装 AWS CLI

也可以直接使用 pip 安装 AWS CLI。如果没有 pip,可按照主要安装主题中的说明执行操作。运行 pip--version 可查看 macOS 版本是否已包含 Python 和 pip。

```
$ pip--version
```

在 macOS 上安装 AWS CLI 的步骤如下:

(1)从 Python. org 的下载页面下载并安装 Python 3. 6。

(2)使用 Python 打包权威机构提供的脚本安装 pip。

```
$ curl-O https://bootstrap.pypa.io/get-pip. py
$ python3 get-pip. py--user
```

使用 pip 安装 AWS CLI。

```
$ pip3 install awscli--upgrade—user
```

(3)验证 AWS CLI 是否已正确安装。

```
$ aws--version
AWS CLI 1. 11. 84( Python 3. 6. 1)
```

如果未找到可执行文件,则将它添加到命令行路径。

要升级到最新版本,可重新运行安装命令:

```
$ pip3 install awscli--upgrade--user
```

(4)将 AWS CLI 可执行文件添加到命令行路径

在使用 pip 进行安装后,需要将 aws 可执行文件添加到操作系统的 PATH 环境变量中。可执行文件的位置取决于 Python 的安装位置。

AWS CLI 安装位置:带 Python 3. 6 和 pip(用户模式)的 macOS。

```
~/Library/Python/3. 6/bin
```

如果不知道 Python 的安装位置,可运行 which python 命令。

```
$ whichpython
/usr/local/bin/python
```

输出可能是符号链接的路径,而不是实际的可执行文件。运行 ls -al 命令以查看所指向的路径。

```
$ ls -al/usr/local/bin/python
~/Library/Python/3. 6/bin/python3. 6
```

pip 将可执行文件安装到包含 Python 可执行文件的同一文件夹。将此文件夹添加到 PATH 变量中。

（5）修改 PATH 变量（Linux、OS X、UNIX）的步骤如下：

①在用户文件夹中查找 Shell 的配置文件脚本。如果不能确定所使用的 Shell，应运行 echo $ Shell 命令。

② $ ls -a ~

```
... .bash_logout .bash_profile .bashrc Desktop Documents Downloads
```

- Bash-. bash_profile、. profile 或 . bash_login。
- Zsh-. zshrc
- Tcsh-. tcshrc、. cshrc 或 . login。

```
export PATH = ~/. local/bin: $ PATH
```

③向配置文件脚本中添加导出命令。在本示例中，此命令将路径 ~/. local/bin 添加到当前 PATH 变量中。

```
$ source ~/. bash_profile
```

④将配置文件加载到当前会话。

```
$ source ~/. bash_profile
```

步骤 3 登录 AWS 控制台创建 AK SK，快速配置 CLI。

（1）登录 AWS 控制台。单击"服务"下的 IAM，如图 3-36 所示。

图 3-36　单击 IAM

（2）在控制面板中单击"用户"，如图 3-37 所示。

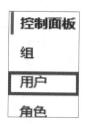

图 3-37　选择用户

(3)选择自己的登录账户,确认以 UPT 开头,图 3-38 所示。

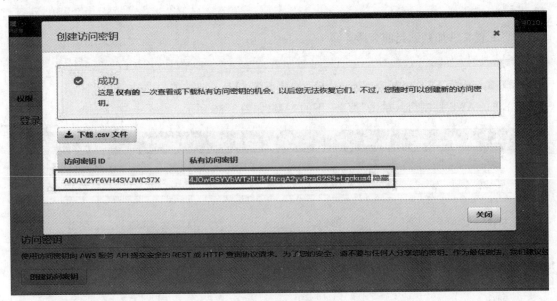

图 3-38　选择登录账户

(4)单击"安全凭证",并单击创建"访问密钥",创建成功后,保存密钥 ID(AK)和密钥(SK),如图 3-39 所示。

图 3-39　保存访问密钥

(5)返回到本地 cmd 进行配置。

对于一般用途,aws configure 命令是设置 AWS CLI 安装的最快方法。

```
$ aws configure
AWS Access Key ID[ None] :AKIAIOSFODNN7EXAMPLE(示例)
AWS Secret Access Key[ None]:wJalrXUtnFEMI/K7MDENG/bPxRfiCYEXAM(示例)
Default region name[ None] :cn-northwest-1
Default output format[ None] :json
```

步骤 **4**　(可选)学习使用 CLI 操作 S3 对象存储

(1)在 AWS 控制台中创建 S3 存储桶,并使用 CLI 操作,在导航条中单击服务选择的 S3,单击"创建存储桶"按钮,如图 3-40 所示。在"存储桶名称"处输入存储桶名称,区域选择"中国(宁夏)",单击"创建"按钮,如图 3-41 所示。

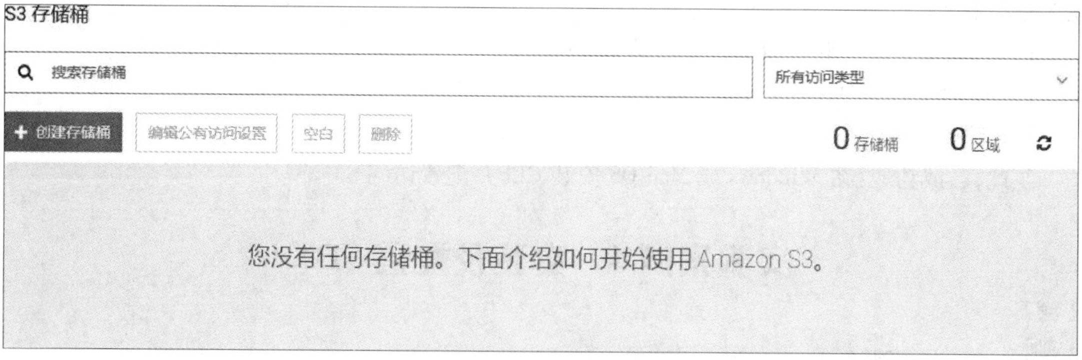

图 3-40　创建存储桶

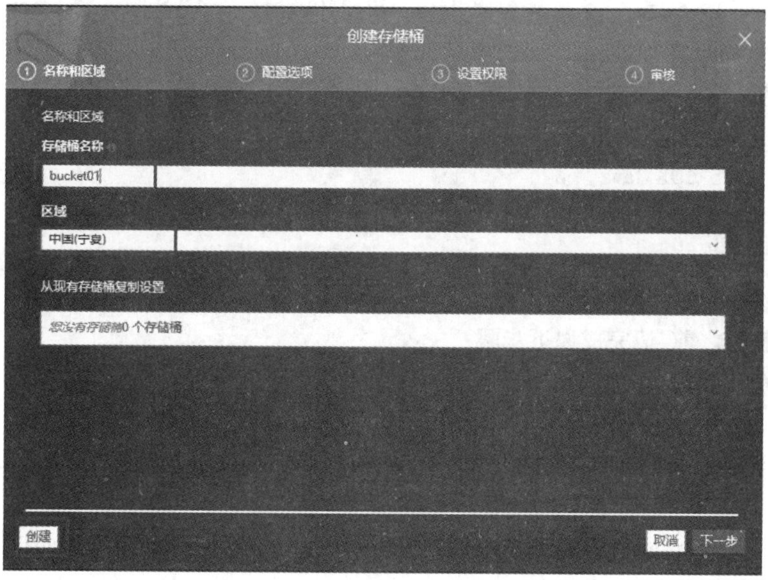

图 3-41　创建 S3 存储桶

(2)创建一个存储桶后返回本地的 cmd 进行操作。AWS S3 CP 提供了一个类似于 Shell 的命令,可以查看 S3 存储段,或者执行分段上传,以快速、弹性地传输大型文件。

查看 S3:

```
$ aws s3 ls
2018-10-27 20:27:09 s3-bucket1
2018-10-27 23:22:36 s3-bucket2
2018-10-27 23:29:34 s3-tk-bucket3
```

复制上传本地任意文件 test. txt 到 S3 指定的存储桶中:

```
$ aws s3 cp test. txt s3://mybucket
upload:. /test. txt to s3://mybucket/test. txt
```

步骤 5　结束实验

遵循以下步骤关闭控制台,结束实验。

（1）在 AWS 管理控制台的导航栏中,单击"UPT15xxxxxxxxxxx@ ＜ AccountNumber ＞",然后单击"注销"按钮。

（2）在云平台的实验页面上,单击"结束实验"按钮。

（3）在确认消息中,单击"确定"按钮。

7. 结论

至此,已成功地:在 Windows 或 Mac OS 安装 CLI 并配置访问 S3。

实验案例4 安装及配置 SDK

● 视 频

安装及配置
SDK

1. 实验简介

AWS 开发工具包 SDK 提供适用于编程语言或平台的 API,在应用程序的开发中简化使用 AWS 服务,该开发工具包将 Java API 提供给许多 AWS 服务,如 Amazon S3、Amazon EC2、DynamoDB 等,以避免进行复杂的编码。

本实验将在您的计算机中安装 Java 适用的 SDK 及开发工具(IDE)。

2. 主要使用服务

AWS IAM、AWS SDK Java。

3. 预计实验时间

60 分钟。

4. 先决条件

在开始本教程之前,请完成以下步骤:

（1）根据平台提供的 AWS 账户创建访问密钥。

（2）需要安装适用的 Java 开发环境。AWS SDK for Java 要求使用 Java SE Development Kit 6. 0 或更高版本。下载最新的 Java 软件,下载网址为 http://www. oracle. com/technetwork/java/javase/downloads/。

（3）建议安装 EclipseIDE 的最新支持版本:https://www. eclipse. org/downloads/。

5. 实验步骤

步骤 1 在项目中使用开发工具包

要在项目中使用开发工具包,可根据编译系统或 IDE 使用以下方法之一:

（1）ApacheMaven(可选):如果使用 ApacheMaven,可以将整个开发工具包(或开发工具包的特定组件)指定为项目的依赖项。

（2）Gradle(可选):如果使用 Gradle,可在 Gradle 项目中导入 Maven 材料清单(BOM),以便自动管理开发工具包依赖项。

（3）Eclipse IDE(建议):如果使用 Eclipse IDE,应下载并安装。(使用之前应确认是否安装完成 JDK,如没有应下载并安装)。用户可能希望安装和使用 AWS Toolkit for Eclipse,它会自动下载、安装和更新 Java 开发工具包。

1）安装工具包

（1）打开 Eclipse IDE 的"Help"→"InstallNewSoftware"。

（2）在对话框顶部标有 Workwith 的文本框中,输入 https://aws. amazon. com/eclipse。

（3）从列表中选择所需的 AWS Core Management Tools 和其他可选项。

（4）单击 Next 按钮。Eclipse 将引导完成剩余的安装步骤。

2）下载和提取开发工具包的最新版本

（1）从 https://sdk-for-java.amazonwebservices.com/latest/aws-java-sdk.zip 下载开发工具包。

（2）下载开发工具包之后，将内容提取到本地目录中。

开发工具包包含以下目录：

①documentation：包含 API 文档（同时在 Web 上提供适用于 Java 的 AWS 开发工具包 API 参考）。

②lib：包含开发工具包 .jar 文件。

③samples：包含说明如何使用开发工具包的实用示例代码。

④third-party/lib：包含开发工具包使用的第三方库，如 ApacheCommons 日志记录、AspectJ 和 Spring 框架。

要使用开发工具包，将完整路径添加到 lib，并将 third-party 目录添加到编译文件中的依赖项，然后将它们添加到 Java CLASS PATH 以运行代码。

为了让使用适用于 Java 的 AWS 开发工具包的基于服务器的应用程序获得最佳性能，建议使用 Java 虚拟机（JVM）的 64 位版本。此 JVM 仅在服务器模式下运行，即使在运行时指定了-Client 选项也是如此。

在运行时将 JVM 的 32 位版本与 Server 选项一起使用可以提供与 64 位 JVM 相当的性能。

3）登录 AWS 管理控制台

（1）单击“启动实验”开始实验。

（2）单击“登录网址”，到达 AWS 管理控制台登录界面。

（3）使用这些证书登录控制台。

（4）在登录界面的“用户名”框中，输入“用户名”。

（5）在“密码”框中，输入“密码”。

（6）单击“登录”。

步骤 2　设置用于开发的 AWS 凭证和区域

要使用 AWS SDK Java 连接到任何支持的服务，必须提供 AWS 凭证。本实验将使用 Eclipse IDE 进行设置。

1）登录控制台创建 AK 和 SK

（1）登录 AWS 控制台。单击“服务”下的 IAM，如图 3-42 所示。

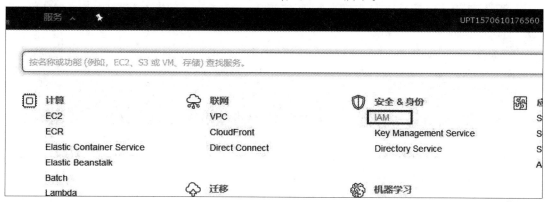

图 3-42　选择 IAM

（2）在控制面板中单击"用户"，如图3-43所示。

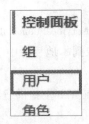

图3-43　选择用户

（3）选择自己的登录账户，确认以 UPT 开头，如图3-44所示。

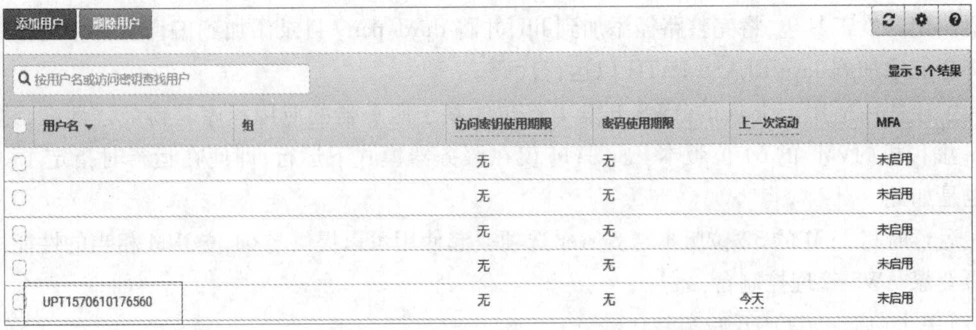

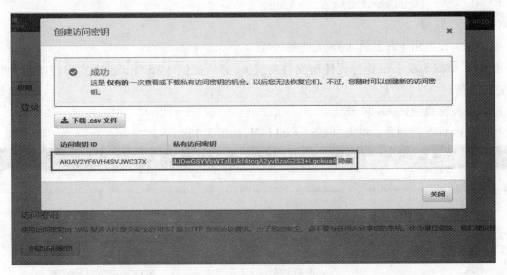

图3-44　选择账户

（4）单击"安全凭证"，并单击创建"访问密钥"，创建成功后，将密钥 ID（AK）和密钥（SK）保存到本地，如图3-45所示。

图3-45　保存访问密钥

2）将 AWS 访问密钥添加到 AWS Toolkit for Eclipse

AWS Toolkit for Eclipse 用于查找和使用 AWS 访问密钥的系统与 AWS CLI 和 AWS Java 开发工具包使用的系统相同。在 Eclipse IDE 中输入的访问密钥已保存到主目录内 . aws 子目录中的共享

AWS 凭证文件(名为 credentials)中。

💡 **注意**：如果已使用 AWS CLI 设置了 AWS 凭证，Eclipse Toolkit 将自动检测并使用这些凭证。

将访问密钥添加到 AWS Toolkit for Eclipse 的步骤如下：

(1)打开 Eclipse 的 Preferences 对话框，然后在边栏中单击 AWS Toolkit。

(2)在 Access Key ID 文本框中输入或粘贴 AWS 访问密钥 ID。

(3)在 Secret Access Key 文本框中输入或粘贴 AWS 秘密访问密钥。

(4)单击 Apply 或 OK 按钮存储访问密钥信息。

图 3-46 为一组已配置的默认凭证示例。

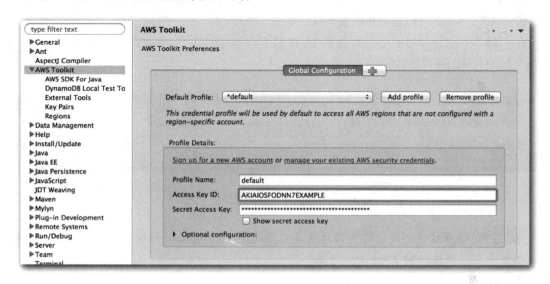

图 3-46　已配置的凭证示例

3)将多个 AWS 账户与 AWS Toolkit for Eclipse 配合使用

在 Preferences 对话框中，可以添加多个 AWS 账户的信息。多个账户可能会很有用，如为开发人员和管理员提供分别用于开发和发行/发布的资源。

不同的 AWS 凭证集以配置文件的形式存储在共享 AWS 凭证文件中，这些文件在将访问密钥添加到 AWS Toolkit for Eclipse 中予以介绍。所有已配置的配置文件均可在 AWS Toolkit Preferences Global Configuration 屏幕顶部的下拉框中查看，带有 Default Profile 标签。

添加一组新的访问密钥的步骤如下：

(1)在 Eclipse 的 Preferences 对话框内的 AWSToolkitPreferences 屏幕上，单击 Add profile 按钮。

(2)将新账户信息添加到 ProfileDetails 部分。为 Profile Name 选择一个描述性名称，然后在 Access Key ID 和 Secret Access Key 框中输入访问密钥信息。

(3)单击 Apply 或 OK 按钮存储访问密钥信息。

可以重复此过程输入所需的任意组数量的 AWS 账户信息。

输入所有 AWS 账户信息之后，通过从 Default Profile 下拉列表框中选择一个账户来选择默认账户，如图 3-47 所示。AWS Explorer 会显示与默认账户关联的资源，当通过 AWS Toolkit for Eclipse 创建新应用程序时，该应用程序将这些凭证用于已配置的默认账户。

图3-47　选择账户

4）更改 AWS 凭证文件的位置

在 AWS Toolkit for Eclipse 的 Preferences 屏幕上，可以更改 Toolkit 用来存储和加载凭证的位置。

设置 AWS 凭证文件位置的步骤如下：

在 AWS Toolkit 的 Preferences 对话框中，找到 Credentials file location 部分，然后输入要存储 AWS 凭证的文件的路径名，如图3-48 所示。

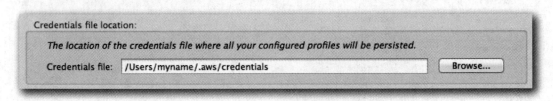

图3-48　设置 AWS 凭证文件的位置

💡 **注意**：强烈建议不要在任何网络共享目录或任何源代码控制管理的项目中存储 AWS 凭证信息。务必严格控制 AWS 访问密钥。

步骤 3　运行 AWS SDK Java 代码示例

AWS SDK for Java 附带代码示例，这些示例在可构建且可运行的程序中演示了该开发工具包的许多功能。可以使用 AWS SDK for Java 学习或修改这些程序以实施自己的 AWS 解决方案。

1）获取示例

AWS SDK for Java 示例代码在开发工具包的 samples 目录中提供。如果已使用设置适用于 Java 的 AWS 开发工具包中的信息下载并安装开发工具包，则系统中已包含示例。

在安装 AWS Toolkit for Eclipse 后，建议使用安全凭证配置此工具包。可以随时通过以下方式执行此操作：从 Eclipse 中的 Window 菜单选择 Preferences，然后选择 AWS Toolkit 部分。

2）运行示例

使用 AWS Toolkit for Eclipse 运行示例的步骤如下：

（1）打开 Eclipse。

（2）创建新的 AWS Java 项目。在 Eclipse 中的 File 菜单上，选择 New，然后单击 Project。NewProject 向导随即打开。

（3）展开 AWS 类别，然后选择 AWS Java Project。

（4）选择 Next。项目设置页面随即显示。

（5）在 Project Name 文本框中输入名称。适用于 Java 的 AWS 开发工具包示例组显示该开发工具包中可用的示例。

（6）通过选中各复选框，选择要包含在项目中的示例。

（7）输入 AWS 凭证。如果已使用凭证配置 AWS Toolkit for Eclipse，则将自动填入该凭证。

（8）选择 Finish。这将创建项目并将其添加到 Project Explorer。

3）运行项目

（1）选择要运行的示例 .java 文件。例如，对于 AmazonS3 示例，选择 S3Sample.java。

（2）从 Run 菜单中选择 Run。

4）将开发工具包添加到现有项目

（1）右击 Project Explorer 中的项目，指向 Build Path，然后选择 Add Libraries。

（2）选择 AWS Java SDK，然后选择 Next，并按照其余的屏幕说明执行操作。

5）设置 AWS 凭证（非使用 Eclipse IDE 的配置方法，仅供参考）

可通过多种方式设置将由 AWS SDK for Java 使用的凭证。建议使用以下方式：

（1）在本地系统上的 AWS 凭证配置文件中设置凭证，该配置文件位于：Linux、macOS、UNIX 中的 ~/.aws/credentials，或 Windows 中的 C:\Users\USERNAME\.aws\credentials。

此文件应包含以下格式的行：

```
[default]
aws_access_key_id = your_access_key_id
aws_secret_access_key = your_secret_access_key
```

用自己的 AWS 凭证值替换值 your_access_key_id 和 your_secret_access_key。

（2）设置 AWS_ACCESS_KEY_ID 和 AWS_SECRET_ACCESS_KEY 环境变量。要在 Linux、macOS、UNIX 上设置这些变量，应使用 export：

```
exportAWS_ACCESS_KEY_ID = your_access_key_id
exportAWS_SECRET_ACCESS_KEY = your_secret_access_key
```

要在 Windows 上设置这些变量，应使用 set：

```
setAWS_ACCESS_KEY_ID = your_access_key_id set AWS_SECRET_ACCESS_KEY = your_secret_
access_key
```

在使用上述方法来设置 AWS 凭证后，AWS SDK for Java 将使用默认凭证提供程序链自动加载这些凭证。

6）设置 AWS 区域（如使用 Eclipse IDE，忽略此步骤）

应使用适用于 Java 的 AWS 开发工具包设置将用于访问 AWS 服务会的默认 AWS 区域。

💡**注意**：可以使用类似的方法设置凭证以设置默认 AWS 区域：

①在本地系统上的 AWS Config 文件中设置 AWS 区域，该文件位于：Linux、macOS、UNIX 中的 ~/.aws/config，或 Windows 中的 C:\Users\USERNAME\.aws\config。

此文件应包含以下格式的行：

```
[default]
region = your_aws_region
```

用所需的 AWS 区域（如 cn-north-1）替换 your_aws_region。

②设置 AWS_REGION 环境变量。

在 Linux、macOS、UNIX 上，应使用 export：

```
exportAWS_REGION = your_aws_region
```

在 Windows 上,应使用 set:

```
set AWS_REGION = your_aws_region
```

其中,your_aws_region 是所需的 AWS 区域名称。

步骤4 结束实验

遵循以下步骤关闭控制台、结束实验。

(1)在 AWS 管理控制台的导航栏中,单击 UPT15xxxxxxxxxxx@ < AccountNumber >,然后单击"注销"按钮。

(2)在云平台的实验页面上,单击"结束实验"按钮。

(3)在确认消息中,单击"确定"按钮。

6. 结论

至此,已成功地:

(1)在计算机安装 Java 适用的 SDK 及开发工具。

(2)运行 AWS SDK Java 代码示例。

实验案例5 使用 CloudWatch 创建及发送 电子邮件(CPU 利用率报警)

1. 实验简介

本实验将创建一个 CloudWatch 警报,该警报在状态从 OK 变为 ALARM 时使用 Amazon SNS 发送电子邮件。当 EC2 实例的平均 CPU 利用率在连续指定时段内超出指定阈值时,警报将变为 ALARM 状态。

2. 主要使用服务

CloudWatch、SNS、EC2。

3. 预计实验时间

60 分钟。

4. 先决条件

在开始本教程之前,请完成以下步骤:

(1)启动或有已经启动的 EC2 实例。

(2)可以使用 CloudWatch 和 SNS 的服务。

5. 登录 AWS 管理控制台

(1)单击"启动实验"开始实验。

(2)单击"登录网址",到达 AWS 管理控制台登录界面。

(3)使用这些证书登录控制台:

(4)在登录界面的"用户名"文本框中,输入用户名。

(5)在"密码"文本框中,输入密码。

(6)单击"登录"按钮。

6. 实验步骤

步骤1 使用 AWS 管理控制台设置 CPU 利用率警报

● 视 频
使用CloudWatch
创建及发送
电子邮件

创建根据 CPU 利用率发送电子邮件的警报的步骤如下：

（1）通过以下网址打开 CloudWatch 控制台：https://console. amazonaws. cn/cloudwatch/。

（2）在导航窗格中，依次选择警报和创建警报。

在"全部指标"里应包含 EC2 指标，如图 3-49 所示。如果未显示，请等待一两分钟并刷新页面。

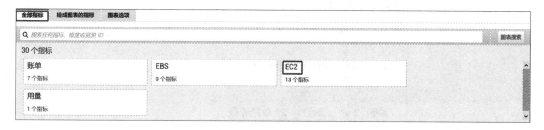

图 3-49　EC2 指标

（3）在 EC2 指标下面，选择一个指标类别（如每个实例的指标）。

（4）按以下所示选择指标：

①选择包含实例和 CPUUtilization 指标的行。

②对于统计数据，选择平均值，然后选择一个预定义百分位数，或指定自定义百分位数（如 p95.45）。

③选择时段（如 5 分钟）。

④选择选择指标。

（5）定义警报，如图 3-50 所示。

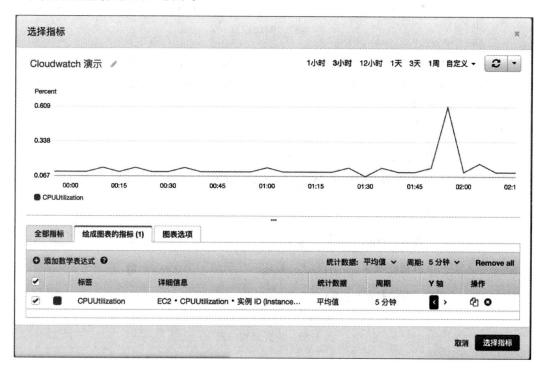

图 3-50　定义警报

①在警报详细信息下,输入警报的唯一名称(如 myHighCpuAlarm)和警报的描述(如"CPU 利用率超过 70%"),如图 3-51 所示。警报名称必须仅包含 ASCII 字符。

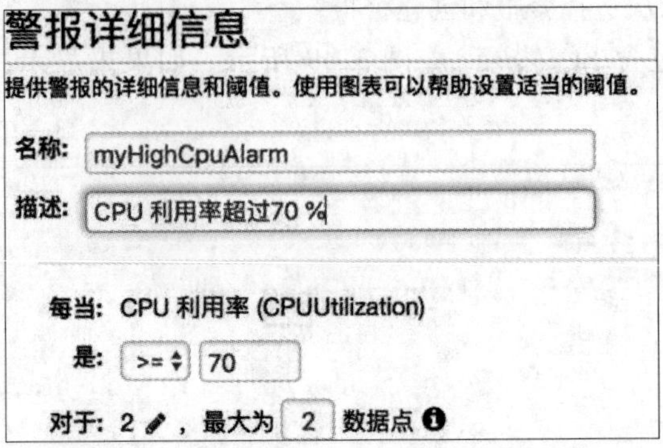

警报详细信息

提供警报的详细信息和阈值。使用图表可以帮助设置适当的阈值。

名称: myHighCpuAlarm

描述: CPU 利用率超过70 %

每当: CPU 利用率 (CPUUtilization)

是: >= ⬍ 70

对于: 2 ✎ , 最大为 2 数据点 ❶

图 3-51 输入警报名称和描述

②在"每当"下,为"是"选择 > 并输入 70。对于"对于",输入 2。这指定如果连续两个采样周期的 CPU 利用率高于 70%,则会触发警报。

③在附加设置下,对于将缺失的数据作为以下内容处理,选择不良(超出阈值),因为缺失数据点可能表示实例发生故障。

④在操作下,单击"＋通知",如图 3-52 所示。

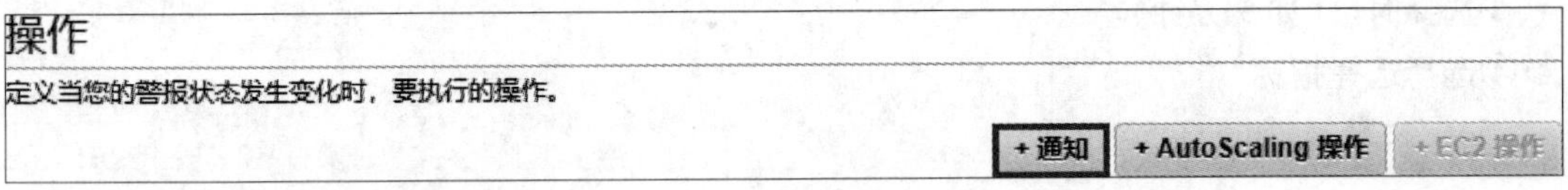

操作

定义当您的警报状态发生变化时,要执行的操作。

＋通知　＋ AutoScaling 操作　＋ EC2 操作

图 3-52 附加设置

为"每当此警报"选择"状态为'警报'"。对于"发送通知到",选择一个现有新建列表创建一个新 SNS 主题。输入主题名称(如 myHighCpuAlarm),并为电子邮件输入在警报状态变为 ALARM 时要将通知发送到的一系列电子邮件地址(用逗号分隔),如图 3-53 所示。将向每个电子邮件地址发送一封主题订阅确认电子邮件。

操作

定义当您的警报状态发生变化时,要执行的操作。

通知

每当此警报: 状态为"警报" ⬍

发送通知到: myHighCpuAlarm 选择列表 ❶

电子邮件列表: kai@example.com

图 3-53 设置通知信息

 注意:必须登录邮箱,在收到的邮件中确认订阅,然后才会发送通知。

⑤选择创建警报。

步骤 **2**　使用 SNS 设置主题(可选)

此步骤将完成如何使用 SNS 服务创建一个主题,然后订阅此主题,并可以选择将测试消息发布到此主题。

1)创建 SNS 主题

(1)复制以下网址,在浏览器中粘贴网址链接,打开 Amazon SNS 控制台:

https://console. amazonaws. cn/sns/v2/home。

(2)在 Amazon SNS 控制面板上的常用操作下,选择创建主题。

(3)在"创建新主题"对话框中,为主题名称输入主题名(如 my-topic)。

(4)选择创建主题,如图 3-54 所示。

| ☑ | **my-topic** | arn:aws-cn:sns:cn-north-1:2 ⬚ :my-topic |

图 3-54　选择创建主题

(5)创建成功后,为下一个任务复制主题 ARN(如 arn:aws-cn:sns:cn-north-1:111122223333:my-topic)。

2)订阅 SNS 主题

(1)在导航窗格中,依次选择订阅和创建订阅。

(2)在"创建订阅"对话框中,为主题 ARN 粘贴在上一任务中创建的主题 ARN。

(3)对于协议,选择 Email。

(4)对于终端节点,输入用于接收通知的电子邮件地址,然后选择创建订阅。

(5)在电子邮件应用程序中,打开来自 AWS 通知的消息并确认订阅,如图 3-55 所示。

图 3-55　打开通知消息并确认订阅

(6)Web 浏览器将显示来自 Amazon SNS 的确认响应,如图 3-56 所示。

3)向 SNS 主题发布测试消息

(1)在导航窗格中,选择主题。

(2)在"主题"页上,选择一个主题,然后选择发布到主题。

(3)在"发布消息"页面上,为"主题"输入消息的主题行,为"消息"输入简短消息。

(4)单击"发布消息"按钮,如图 3-57 所示。

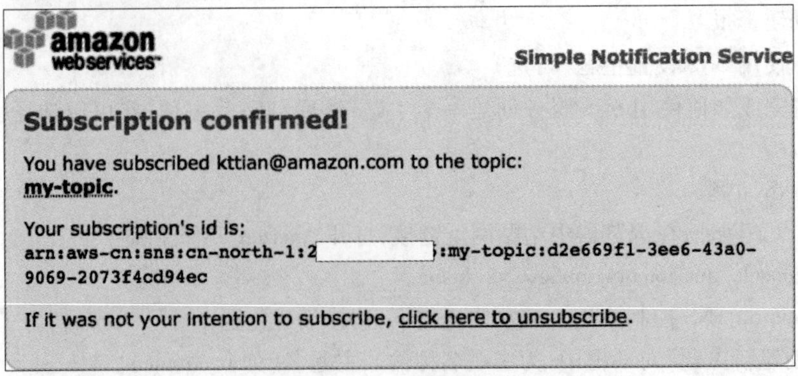

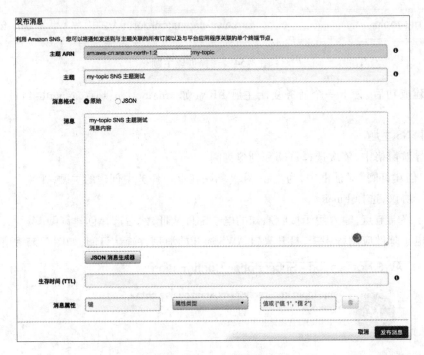

图 3-56　确认响应

图 3-57　发布消息

（5）查看电子邮件，确认已收到消息，如图 3-58 所示。

图 3-58　查看电子邮件

步骤3　结束实验

遵循以下步骤关闭控制台,结束实验。

(1)在 AWS 管理控制台的导航栏中,单击 UPT15xxxxxxxxxxx@ ＜AccountNumber＞,然后单击"注销"按钮。

(2)在云平台的实验页面上,单击"结束实验"按钮。

(3)在确认消息中,单击"确定"按钮。

7. 结论

至此,已成功地:

(1)创建一个 CloudWatch 警报,该警报在状态从 OK 变为 ALARM 时使用 Amazon SNS 发送电子邮件。

(2)创建 SNS 主题,向 SNS 主题发布测试消息。

第④章 AWS云服务基础——存储

4.1 实例存储

实例存储为用户的 EC2 实例提供临时性块级存储,此存储位于物理服务器的附加磁盘上。EC2 在停止再重启后会导致实例存储数据的丢失,因此实例存储不适合持久化数据存储。但实例存储是一种理想的临时存储解决方案,非常适合存储需要经常更新的信息,如缓存、缓冲、临时数据和其他临时内容。实例存储由一个或多个块存储设备的实例存储卷组成。并非每种类型实例都提供实例存储,具体参考 AWS 官方文档,实例存储的大小及可用设备的数量因实例类型而异。

用户只能在启动实例时指定实例的实例存储卷,而无法将实例存储卷与一个实例分离并将该卷附加到另一个实例。实例存储内的数据仅在与关联的实例的生命周期内保留,如果实例重启,实例存储内的数据都会保留下来。然而,在以下任一情况下,实例存储中的数据会丢失:

(1)底层磁盘驱动器发生故障。

(2)实例停止。

(3)实例终止。

因此,切勿依赖实例存储来持久保存的数据,应使用更持久的数据存储,如 Amazon S3、Amazon EBS 或 Amazon EFS。当停止或终止一个实例时,将重置实例存储中的每个存储数据块。因此,无法通过另一实例的实例存储访问用户的数据。如果从实例创建 AMI,则从此 AMI 中启动实例时,实例存储卷上的数据不能保存且不会出现在实例存储卷上。

4.2 块存储 EBS

视频

创建并连接 Amazon Linux实例

Amazon EBS 提供多种卷类型,各种类型性能特点和价格不同,因此用户可根据应用程序要求定制所需的存储性能和相应成本。卷类型归入两大类别:

(1)支持 SSD 的卷,针对涉及小型 I/O 的频繁读/写操作的事务性工作负载进行了优化,其中管理性能属性为 IOPS。

(2)支持 HDD 的卷,针对吞吐量(以 MB/s 为单位)优于 IOPS(每秒的读写次数)的性能指标的大型流式处理工作负载进行了优化。

有多种因素会影响 EBS 卷的性能,如实例配置、I/O 特性和工作负载需求。

表 4-1 列出了每个卷类型的使用案例和性能特点。AWS 默认卷类型为通用型 SSD(gp2)。

表 4-1　存储卷分类

卷类型	固态硬盘（SSD）		硬盘驱动器（HDD）	
	通用型 SSD（gp2）	预配置 IOPS SSD（io1）	吞吐优化 HDD（st1）	Cold HDD（sc1）
描述	平衡价格和性能的通用 SSD 卷，可用于多种工作负载	最高性能 SSD 卷，可用于任务关键型低延迟或高吞吐量工作负载	为频繁访问的吞吐量密集型工作负载设计的低成本 HDD 卷	为不常访问的工作负载设计的最低成本 HDD 卷
使用案例	建议用于大多数工作负载 系统引导卷 虚拟桌面 低延迟交互式应用程序 开发和测试环境	需要持续 IOPS 性能或每卷高于 16,000 IOPS 或 250 MiB/s 吞吐量的关键业务应用程序 大型数据库工作负载，如： MongoDB Cassandra Microsoft SQL Server MySQL PostgreSQL Oracle	以低成本流式处理需要一致、快速的吞吐量的工作负载 大数据 数据仓库 日志处理 不能是引导卷	适合大量不常访问的数据、面向吞吐量的存储 最低存储成本至关重要的情形 不能是引导卷
API 名称	gp2	io1	st1	sc1
卷大小	1 GB ~ 16 TB	4 GB ~ 16 TB	500 GB ~ 16 TB	500 GB ~ 16 TB
每个卷的最大 IOPS	16 000（16 KB I/O）①	64 000（16 KB I/O）	500（1 MB I/O）	250（1 MB I/O）
每个卷的最大吞吐量	250 MB/s①	1 000 MB/s②	500 MB/s	250 MB/s
每个实例的最大 IOPS	80 000	80 000	80 000	80 000
每个实例的最大吞吐量	2 375 MB/s	2 375 MB/s	2 375 MB/s	2 375 MB/s
管理性能属性	IOPS	IOPS	MB/s	MB/s

注：①吞吐量限制介于 128 ~ 250 MB/s 之间，具体取决于卷大小。小于 170 GB 的卷提供最大 128 MB/s 的吞吐量。如果有突增积分可用，大于 170 GB 但小于 334 GB 的卷将提供 250 MB/s 的最大吞吐量。大于或等于 334 GB 的卷提供 250 MB/s 的吞吐量，不论是否有突增积分。除非用户修改较旧的 gp2 卷，否则该卷可能无法实现完全性能。

②仅保证在基于 Nitro 的实例上，实现最大 IOP 和吞吐量。其他实例保证最高为 32 000 IOPS 和 500 MB/s。除非用户修改较旧的 io1 卷，否则该卷可能无法实现完全性能。

1. 通用型 SSD（gp2）卷

通用型 SSD（gp2）卷提供经济实惠的存储，是广泛工作负载的理想选择。这些卷可以提供几毫秒的延迟，能够突增至 3 000 IOPS 并维持一段较长的时间。在最小 100 IOPS（以 33.33 GB 及以下）和最大 16 000 IOPS（以 5 334 GB 及以上）之间，基准性能以每 GB 卷大小 3 IOPS 的速度线性扩展。AWS 对 gp2 卷进行了设计，以在 99% 的时间内提供 90% 的预配置性能。gp2 卷的大小范围为 1 GB 到 16 TB。

2. I/O 积分和突增性能

gp2 卷的性能与卷大小关联，卷大小确定卷的基准性能水平及积累 I/O 积分的速度；卷越大，基准性能级别就越高,I/O 积分积累速度也就越快。I/O 积分表示用户的 gp2 卷在需求超过基准性能时可用来突增大量 I/O 的可用带宽。用户的卷拥有的 I/O 点数越多,它在需要更高性能时可以超过其基准性能水平的突增时间就越长,表现也就越好。

3. 预配置 IOPS SSD(io1)卷

预配置 IOPS SSD(io1)卷旨在满足 I/O 密集型工作负载(尤其是数据库工作负载)的需要,这些工作负载对存储性能和一致性非常敏感。与使用存储桶和积分模型计算性能的 gp2 不同,io1 卷允许用户在创建卷时指定一致的 IOPS 速率,并且 Amazon EBS 在超过 99.9% 的时间里可提供预配置的 IOPS 性能。

4.3 对象存储

4.3.1 S3

Amazon S3 在 Internet 上提供了近乎无限的存储空间。以下介绍如何使用 AWS 管理控制台(基于浏览器的图形用户界面)与 AWS 服务交互,从而管理 Amazon S3 中的存储桶、对象和文件夹。

1. 创建和配置 S3 存储桶

要向 Amazon S3 上传数据(照片、视频、文档等),必须首先在其中一个 AWS 区域中创建 S3 存储桶。然后,可以将数据对象上传到存储桶。

存储于 Amazon S3 中的每个对象都存储在存储桶中。如同通过目录对文件系统中的文件进行分组一样,也可以使用存储桶对相关对象进行分组。

Amazon S3 在指定的 AWS 区域中创建存储桶。用户可以选择在地理上靠近任何 AWS 区域,以便优化延迟,尽可能降低成本或满足法规要求。例如,如果位于欧洲,那么可能会发现在欧洲(爱尔兰)或欧洲(法兰克福)区域创建存储桶十分有利。

(1)登录 AWS 管理控制台并通过以下网址打开 Amazon S3 控制台 https://console.aws. amazon.com/s3/。

(2)选择 Create bucket(创建存储桶)如图 4-1 所示。

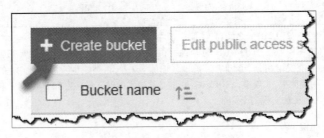

图 4-1　选择 Create bucket

(3)在 Name and region 页面上,输入存储桶名称,然后选择要将存储桶放置到的 AWS 区域。完成此页面上的字段。

①对于 Bucket name,为新存储桶输入一个符合 DNS 标准的唯一名称。遵循以下命名准则:

● 名称在 Amazon S3 中的所有现有存储桶名称中必须是唯一的。

● 名称不得包含大写字符。

- 名称必须以小写字母或数字开头。
- 名称必须在 3～63 个字符之间。
- 创建存储桶后，将无法更改名称。
- 选择反映存储桶中对象的存储桶名称，因为存储桶名称在指向将置于存储桶中的对象的 URL 中是可见的。

②对于 Region，选择要将存储桶放置到的 AWS 区域。选择一个靠近区域可最大限度地减少延迟和成本或满足法规要求。在某一地区存储的对象将一直留在该地区，除非特意将其转移到其他地区。

③可选操作：如果已设置一个存储桶，该存储桶的设置与要用于将创建的新存储桶的设置相同，则可以通过选择 Copy settings from an existing bucket，然后选择要复制其设置的存储桶来快速进行设置。

将会复制以下存储桶属性的设置：版本控制、标签和日志记录。

④执行下列操作之一：

- 如果已复制另一个存储桶中的设置，则选择 Create。若已完成此操作，则可跳过以下步骤。
- 如果没有，则单击 Next 按钮，如图 4-2 所示。

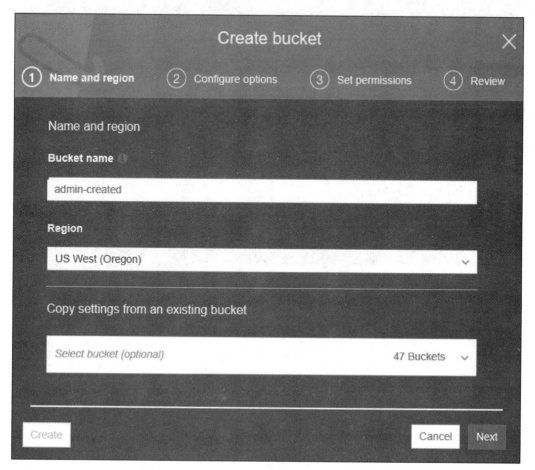

图 4-2　Name and region 页面

（4）在 Configure options（配置选项）页面上，可以为存储桶配置以下属性和 Amazon CloudWatch 指标。也可以在创建存储桶后再配置这些属性和 CloudWatch 指标。

①版本控制。要对存储桶启用对象版本控制，可选择 Keep all versions of an object in the same bucket.。

②Server access logging（服务器访问日志记录）。要对存储桶启用服务器访问日志记录，可选择 Log requests for access to your bucket。

服务器访问日志记录详细地记录了对存储桶提出的各种请求，如图 4-3 所示。

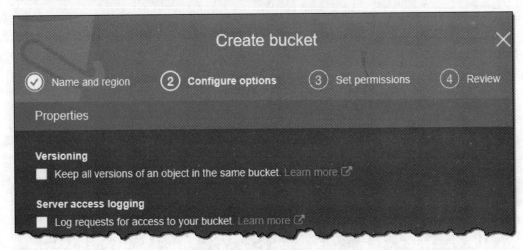

图 4-3　Configure options 页面

③标签。要添加成本分配存储桶标签，可输入 Key 和 Value。单击 Add another（添加另一个）按钮可添加另一个标签。

可以使用成本分配存储桶标签，注释存储桶使用账单。每个标签就是一个键值对，用来表示分配给存储桶的标记，如图 4-4 所示。

图 4-4　Tags 页面

④Object-level logging（对象级别日志记录）。要启用使用 CloudTrail 的对象级别日志记录，可选择 Record object-level API activity by using AWS CloudTrail for an additional cost，如图 4-5 所示。

⑤Default encryption（默认加密）。要对存储桶启用默认加密，可选择 Automatically encrypt objects when they are stored in S3。

可以对存储桶启用默认加密，以便对存储桶中存储的所有对象进行加密，如图 4-5 所示。

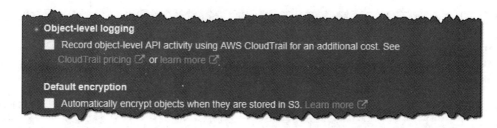

图 4-5　Object-level logging 和 Default encryption 页面

⑥对象锁定。如果希望能够锁定存储桶中的对象,可选择 Permanently allow objects in this bucket to be locked。

对象锁定要求对存储桶启用版本控制。

⑦CloudWatch request metrics(CloudWatch 请求指标)。要为存储桶配置 CloudWatch 请求指标,可选择 Monitor requests in your bucket for an additional cost,如图 4-6 所示。

图 4-6　配置 CloudWatch 请求指标

(5)单击 Next 按钮。

(6)在 Set permissions(设置权限)页面上,可以管理创建的存储桶上设置的权限。

在 Block public access(bucket settings)[阻止公有访问(存储桶设置)]下,建议不要更改 Block all public access(阻止所有公有访问)下所列的默认设置。可以在创建存储桶后更改权限。

💡 注意:强烈建议对创建的存储桶保留阻止公有访问的默认访问设置。公有访问意味着世界上的任何人都可以访问该存储桶中的对象。如果打算使用存储桶来存储 Amazon S3 服务器访问日志,可在 Manage system permissions(管理系统权限)列表(见图 4-7)中,选择 Grant Amazon S3 Log Delivery group write access to this bucket(为此存储桶授予 Amazon S3 日志传输组写入权限)。在存储桶上配置完权限后,单击 Next 按钮。

(7)在 Review(审核)页面上,验证设置。如果要更改某些内容,请选择 Edit(编辑)。如果当前设置正确,请选择 Create bucket。

2. 上传对象

对象可以是任何类型的文件,如图像、备份、数据和电影等。一个存储桶中可以有无限量的对象。可使用 Amazon S3 控制台上传的文件的最大大小为 160 GB。要上传大于 160 GB 的文件,可使用 AWS CLI、AWS 开发工具包或 Amazon S3 REST API。

(1)在 Bucket name 列表中,选择要将文件夹和文件上传到的存储桶的名称,如图 4-8 所示。

(2)在控制台窗口以外的窗口中,选择要上传的文件和文件夹。然后,将选择的内容拖动到列出目标存储桶中对象的控制台窗口,如图 4-9 所示。

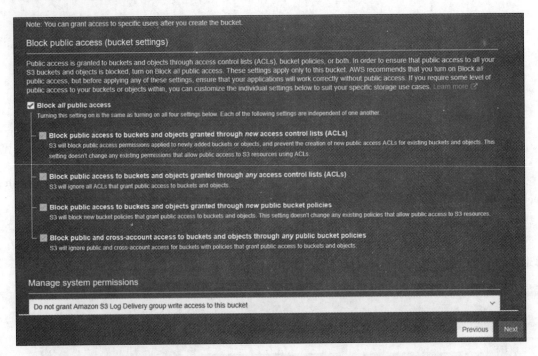

图 4-7　Block public access(bucket settings)页面

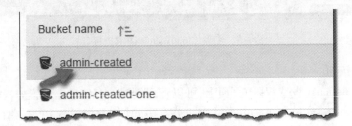

图 4-8　Bucket name 列表

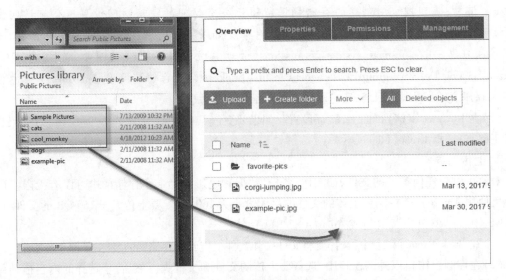

图 4-9　拖动文件

（3）Upload 对话框中将列出所选文件。在 Upload 对话框中,执行下列操作之一:

● 将更多文件和文件夹拖放到显示 Upload 对话框的控制台窗口中。要添加更多文件,还可以选择 Add more files。此选项仅适用于文件,不适用于文件夹。

● 要立即上传列出的文件和文件夹,而无须授予或解除特定用户的权限或正在上传的所有文件设置公共权限,则选择 Upload。

● 要为正在上传的文件设置权限或属性,则单击 Next 按钮,如图 4-10 所示。

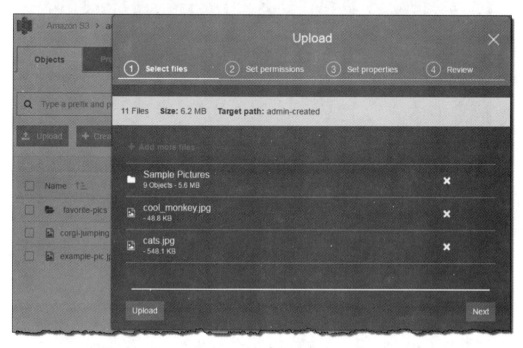

图 4-10　Upload 对话框

在 Set permissions 页面上的 Manage users 下面,可以更改 AWS 账户所有者的权限。所有者是指 AWS 账户根用户,而不是 AWS Identity and Access Management(IAM)用户。

选择 Add account(添加账户)可向其他 AWS 账户授予访问权限。

在 Manage public permissions 下面,可以向一般公众(世界上的每一个人)授予对象的读取访问权限,使其能够获取正在上传的所有文件。授予公有读取访问权限适用于一小部分的用例(如存储桶用于网站时)。建议不要更改默认设置 Do not grant public read access to this object(s)。用户始终可以在上传对象后更改对象权限。配置完权限后,单击 Next 按钮,如图 4-11 所示。

在 Set properties 页面上,选择要用于正在上传的文件的存储类和加密方法,如图 4-12 所示。还可以添加或修改元数据。

● 为正在上传的文件选择存储类。

● 为正在上传的文件选择加密类型。如果不想加密,则选择 None。

● 要使用由 Amazon S3 托管的密钥加密上传的文件,则选择 Amazon S3 master-key(Amazon S3 主密钥)。

● 要使用 AWS Key Management Service(AWS KMS)加密上传的文件,则选择 AWS KMS master-key。然后,从 AWS KMS CMK 列表中选择客户主密钥(CMK)。

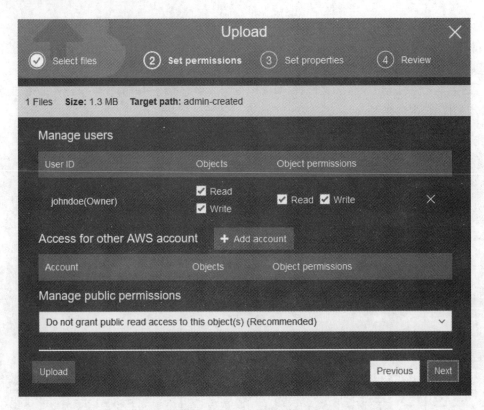

图 4-11　Set permissions 页面

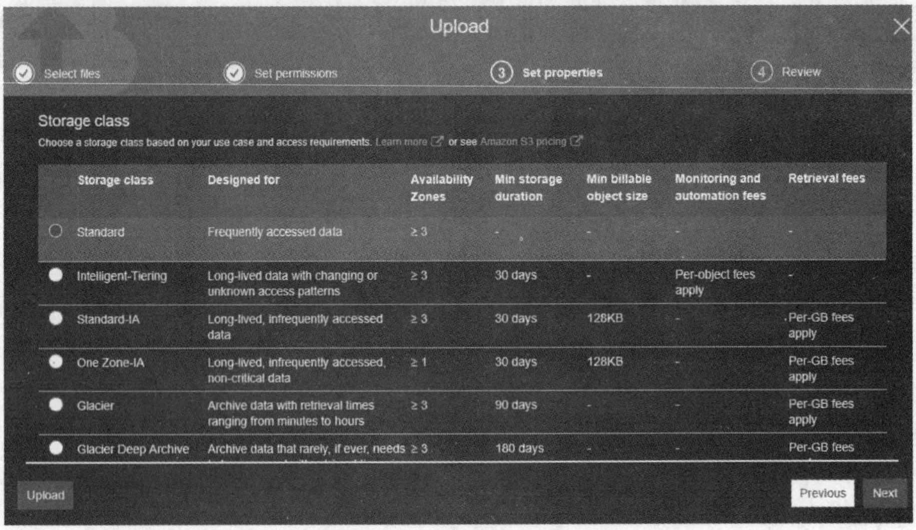

图 4-12　Set properties 页面

💡 **注意**：要加密存储桶中的对象，只能使用存储桶所在相同 AWS 区域提供的 CMK。

可以授权外部账户使用由 AWS KMS CMK 保护的对象。为此，可从列表中选择 Custom KMS ARN，然后输入外部账户的 Amazon 资源名称（ARN）。对由 AWS KMS CMK 保护的对象有使用权限的外部账户管理员可以通过创建资源级 IAM 策略进一步限制访问。

Amazon S3 的元数据对象由一个值名称(密钥值对)表示。有两种元数据:系统定义的元数据和用户定义的元数据。

如果要将 Amazon S3 系统定义的元数据添加到所有正在上传的对象,可为 Header(标头)选择标头。可以选择通用的 HTTP 标头,如 Content-Type 和 Content-Disposition。为标头输入值,然后单击 Save 按钮,如图 4-13 所示。

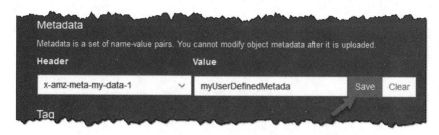

图 4-13 添加元数据

以前缀 x-amz-meta- 开头的任何元数据都被视为用户定义的元数据。用户定义元数据会与对象存储在一起,并会在用户下载该对象时返回。

要将用户定义的元数据添加到所有正在上传的对象,可在 Header 字段中输入 x-amz-meta- 及自定义元数据名称。为标头输入值,然后选择 Save。密钥及其值均必须符合 US-ASCII 标准。用户定义元数据最大可为 2 KB。

对象标签提供了对存储进行分类的方法。每个标签都是一个键值对。键和标签值区分大小写。对于每个对象,最多可以有 10 个标签。

要向上传的所有对象添加标签,可在 Key(键)字段中输入标签名称。为标签输入值,然后单击 Save 按钮,如图 4-14 所示。标签键的长度最大可以为 128 个 Unicode 字符,标签值的长度最大可以为 255 个 Unicode 字符。

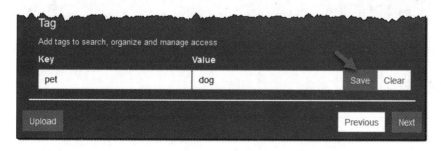

图 4-14 添加标签

(4)单击 Next 按钮。

(5)在 Upload 审核页面上,验证设置是否正确,然后单击 Upload 按钮。要进行更改,应选择 Previous。

(6)要查看上传进度,可选择浏览器窗口底部的 In progress,如图 4-15 所示。

图 4-15 查看上传进度

显示上传进度如图4-16所示。

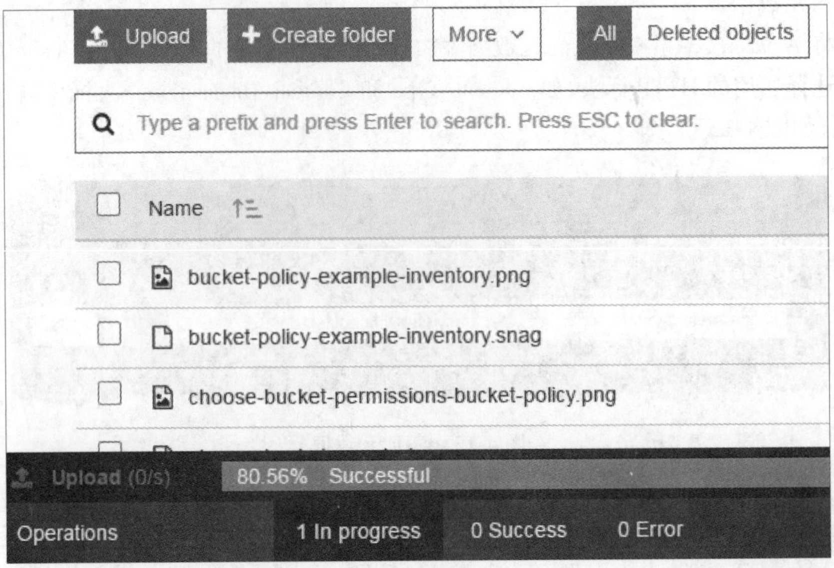

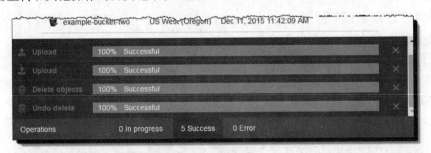

图4-16 上传进度

要查看上传和其他操作的历史记录,可选择Success,如图4-17所示。

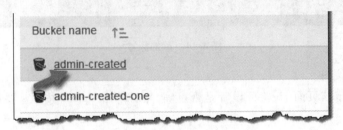

图4-17 查看历史记录

3. 下载对象

(1)在Bucket name列表中,选择要从中下载对象的存储桶的名称,如图4-18所示。

图4-18 Bucket name列表

(2)可以使用以下任一方式从S3存储桶下载对象:

①在Name列表中,选中要下载的对象旁边的复选框,然后在显示的对象描述页面上单击Download按钮,如图4-19所示。

图 4-19　选择并下载对象

②选择要下载的对象名称,如图 4-20 所示。

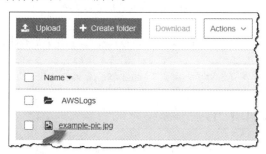

图 4-20　选择对象

在 Overview 页面上,单击 Download 按钮,如图 4-21 所示。

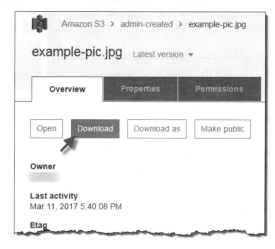

图 4-21　下载对象

③选择要下载的对象名称,然后在 Overview 页面上单击 Download as 按钮,如图 4-22 所示。

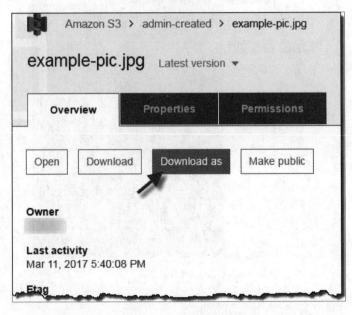

图 4-22　单击 Download as 按钮

④选择要下载的对象的名称。选择 Latest version,然后单击下载图标,如图 4-23 所示。

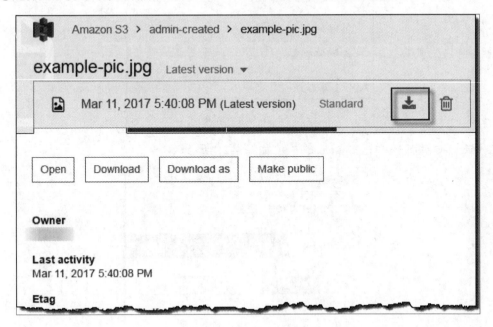

图 4-23　单击下载图标

4. S3 存储桶创建生命周期策略

可以使用声明周期策略来定义希望 Amazon S3 在对象的生命周期内执行的操作(例如,将对象转化为另一个存储类别、检索它们,或在指定时间段后删除它们)。可以使用共享前缀为存储桶中的所有对象或一部分对象(即其名称以通用字符串开头的对象)定义生命周期策略。

启用了版本控制的存储桶可以具有同一对象的许多版本,也就是一个当前版本和零个或零个以上非当前(以前)版本。使用生命周期策略,可以定义特定于当前和非当前对象版本的操作。

(1)在 Bucket name 列表中,选择要为其创建生命周期策略的存储桶的名称,如图 4-24 所示。

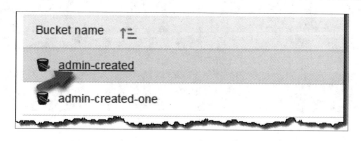

图 4-24 Bucket name 列表

(2)选择 Management 选项卡,然后选择 Add lifecycle rule,如图 4-25 所示。

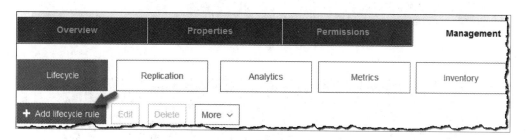

图 4-25 选择 Add lifecycle rule

(3)在 Lifecycle rule 对话框中,输入规则的名称以帮助稍后标识规则。在该存储桶内,此名称必须是唯一的。按如下所示配置规则:

①要将此生命周期规则应用于具有指定名称前缀的所有对象(即其名称以通用字符串开头的对象),则在框中输入一个前缀,从下拉列表中选择此前缀,然后按 Enter 键。

②要将此生命周期规则应用于具有一个或多个对象标签的所有对象,则在框中输入一个标签,从下拉列表中选择此标签,然后按 Enter 键。重复上述过程以添加其他标签。也可以组合前缀和标签。

③要将此生命周期规则应用于存储桶中的所有对象,则单击 Next 按钮,如图 4-26 所示。

(4)通过定义规则来将生命周期规则配置为将对象转换为 Standard-IA、One Zone-IA、Glacier 和 Deep Archive 存储类。

可以为当前对象版本和/或之前的对象版本定义转换。版本控制允许在一个存储桶中保留多个版本的对象。

①选择当前版本可定义应用于对象的当前版本的转换。选择先前版本可定义应用于对象的所有先前版本的转换,如图 4-27 所示。

②选择 Add transitions 并指定下列转换之一:

● 选择 Transition to Standard-IA after,然后输入希望在创建对象后要应用此转换的天数(如 30 天)。

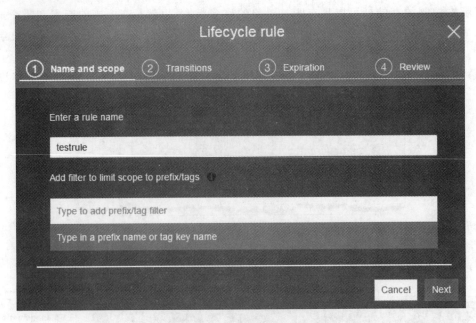

图 4-26　Lifecycle rule 页面

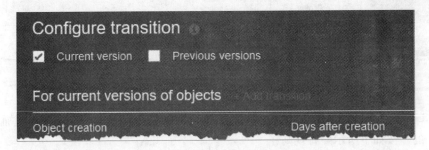

图 4-27　Configure transition 页面

● 选择 Transition to One Zone-IA after,如图 4-28 所示,然后输入希望在创建对象后要应用此转换的天数(如 30 天)。

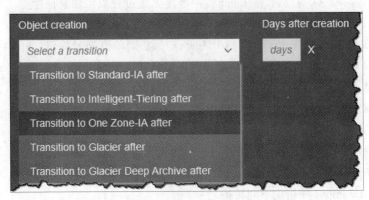

图 4-28　选择 Transition to One Zone-IA after

- 选择 Transition to Glacier after（在以下时间后转换到 Glacier），然后输入希望在创建对象后要应用此转换的天数（如 100 天）。

- 选择 Transition to Glacier Deep Archive after（在以下时间后转换到 Glacier Deep Archive），然后输入希望在创建对象后要应用此转换的天数（100 天）。

如果选择 Glacier 或 Glacier Deep Archive 存储类，则对象将在 Amazon S3 中保留，将无法直接通过单独的 Amazon S3 Glacier 服务访问它们。

（5）配置完转换后，单击 Next 按钮，如图 4-29 所示。

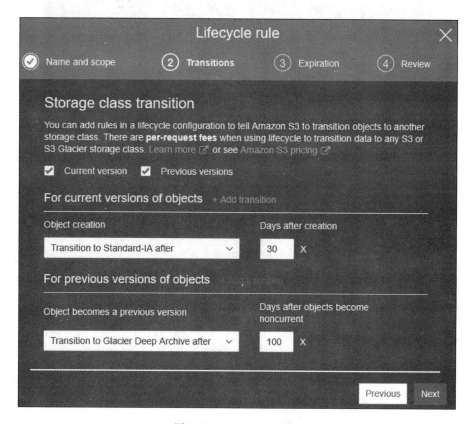

图 4-29　Transitions 页面

（6）对于此示例，同时选择当前版本和先前版本。

（7）选择使对象的当前版本过期，然后输入创建对象后的天数，在该天数后将删除对象（如 395 天）。如果选择此过期选项，则无法选择该选项清理过期的删除标记。

（8）选择永久删除以前版本，然后输入对象变为之前版本后的天数，在该天数后将永久删除对象（如 465 天）。

（9）建议的最佳实践是始终选择 Clean up incomplete multipart uploads。例如，输入 7 天可指示要在分段上传启动 7 天后结束并清理所有未完成的分段上传。

（10）单击 Next 按钮，如图 4-30 所示。

（11）对于 Review，验证规则设置。如果需要进行更改，则选择 Previous。否则，选择 Save。

（12）如果规则不包含任何错误，它将在 Lifecycle 页面上列出并启用，如图 4-31 所示。

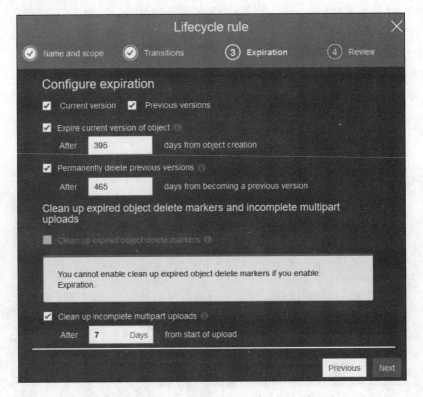

图 4-30 Expiration 页面

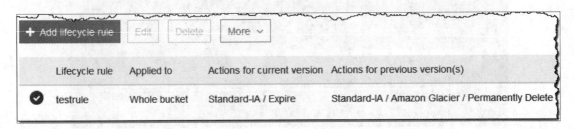

图 4-31 Lifecycle 页面

4.3.2 Glacier

Amazon S3 Glacier(S3 Glacier)是成本极低的存储服务,用于为数据存档和备份提供具备安全功能的持久性存储。使用 S3 Glacier,用户可以将自己的数据经济高效地存储数月、数年,甚至数十年。S3 Glacier 可让客户卸下操作及将存储扩展到 AWS 的管理负担,这样,他们就不必担心容量规划、硬件配置、数据复制、硬件故障检测和恢复,或者耗时的硬件迁移等问题。

文件库是用于存储档案的容器,档案是存储在文件库中的任何对象(如照片、视频或文档)。档案是 S3 Glacier 中的基本存储单位。S3 Glacier 提供了一个控制台,用户可以使用它来创建和删除文件库。但是,与 S3 Glacier 的所有其他交互活动要求用户使用 AWS Command LineInterface(AWS CLI)或编写代码。例如,要上传照片、视频和其他文档等数据,用户必须使用 AWS CLI 或编写代码发起请求(可直接利用 REST API 或使用 AWS 软件开发工具包)。

1. 创建文件库

（1）登录 AWS 管理控制台并通过以下网址打开 S3 Glacier 控制台 https：//console. aws. amazon. com/glacier。

（2）从 AWS 区域选择器选择一个区域。在此练习中，将使用美国西部（俄勒冈）区域。

（3）如果是首次使用 S3 Glacier，则单击 Get started。（否则单击 Create Vault），如图 4-32 所示。

图 4-32　Get started

（4）在 Vault Name 文本框中输入 examplevault 作为文件库名称，然后单击 Next Step 按钮，如图 4-33 所示。

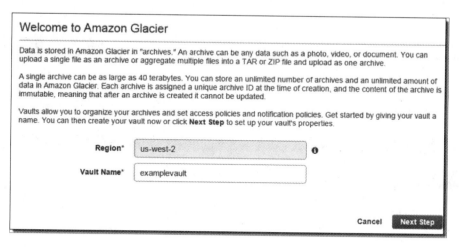

图 4-33　输入文件库名称

（5）选择 Do not enable notifications 单选按钮。对于此练习，不会为文件库配置通知，如图 4-34 所示。

如果希望每当某些 S3 Glacier 工作完成时向用户或用户的应用程序发生通知，则可选择启用通知和创建新 SNS 主题或启用通知和使用现有 SNS 主题来设置 Amazon Simple Notification Service（Amazon SNS）通知。在后续的步骤中，会使用 AWS 开发工具包的高级 API 上传文件，然后下载它。使用高级 API 时，不需要配置文件库通知来取回数据。

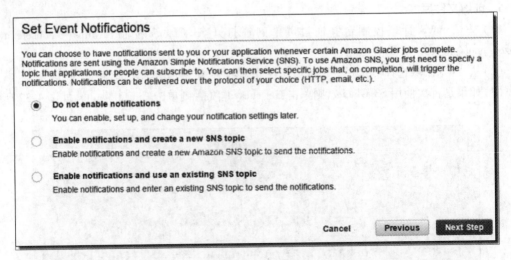

图 4-34　选择 Do not enable notifications

（6）如果 AWS 区域和文件库名称正确,则单击 Submit 按钮,如图 4-35 所示。

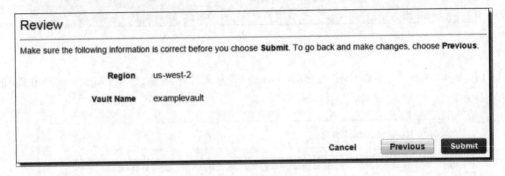

图 4-35　Review 页面

（7）用户的新文件库将会显示在 Amazon Glacier Vaults 页面上,如图 4-36 所示。

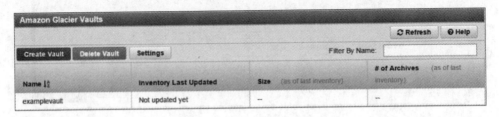

图 4-36　Amazon Glacier Vaults 页面

2. 将档案上传到文件库

以下 Java 代码示例使用 AWS SDK for Java 高级 API 将示例档案上传到文件库。在代码示例中,请注意以下情况:

（1）以下示例创建 AmazonGlacierClient 类的实例。

（2）该示例使用了 ArchiveTransferManager 类的 upload 方法,该类属于 AWS SDK for Java 高级 API。

（3）该示例使用美国西部（俄勒冈）区域（us-west-2）匹配之前在 Amazon S3 Glacier 中创建文件库中创建文件库的位置。

💡 **注意** Amazon S3 Glacier(S3 Glacier) 在文件库中保留一份所有档案的清单。当用户上传以下示例中的档案时，该档案直到文件库清单已更新后才会在管理控制台的文件库中显示。此更新通常每天进行一次。

```java
import java.io.File;
import java.io.IOException;
import java.util.Date;
import com.amazonaws.auth.profile.ProfileCredentialsProvider;
import com.amazonaws.services.glacier.AmazonGlacierClient;
import com.amazonaws.services.glacier.transfer.ArchiveTransferManager;
import com.amazonaws.services.glacier.transfer.UploadResult;
public class AmazonGlacierUploadArchive_GettingStarted {
    public static String vaultName = "examplevault2";
    public static String archiveToUpload = "* * * provide name of file to upload* * * ";
    public static AmazonGlacierClient client;
    public static void main(String[] args) throws IOException{
ProfileCredentialsProvider credentials = new ProfileCredentialsProvider();
        client = new AmazonGlacierClient(credentials);
        client.setEndpoint("https://glacier.us-west-2.amazonaws.com/");
        try{
                ArchiveTransferManager atm = new ArchiveTransferManager(client,
credentials);
                UploadResult result = atm.upload(vaultName, "my archive" + (new Date()), new
File(archiveToUpload));
                System.out.println("Archive ID: " + result.getArchiveId());
        }catch(Exception e)
        {
                System.err.println(e);
        }
    }
}
```

3. 从文件库下载档案

以下 Java 代码示例使用 AWS SDK for Java 高级 API 来下载在之前的步骤中上传的档案。在代码示例中，请注意以下情况：

（1）以下示例创建 AmazonGlacierClient 类的实例。

（2）该代码使用美国西部（俄勒冈）区域（us-west-2）匹配在 Amazon S3 Glacier 中创建文件库中创建文件库的位置。

（3）该示例使用了 ArchiveTransferManager 类的 download 方法，该类属于 AWS SDK for Java 高级 API。该示例创建了 Amazon SNS 主题及订阅该主题的 Amazon Simple Queue Service 队列。如果按照开始使用 Amazon S3 Glacier 之前中的说明创建了 IAM 管理用户，则用户具有必要的 IAM 权限以创建和使用 Amazon SNS 主题和 Amazon SQS 队列。

```
import java.io.File;
import java.io.IOException;
import com.amazonaws.auth.profile.ProfileCredentialsProvider;
import com.amazonaws.services.glacier.AmazonGlacierClient;
import com.amazonaws.services.glacier.transfer.ArchiveTransferManager;
import com.amazonaws.services.sns.AmazonSNSClient;
import com.amazonaws.services.sqs.AmazonSQSClient;
public class AmazonGlacierDownloadArchive_GettingStarted {
    public static String vaultName = "examplevault";
    public static String archiveId = "* * * provide archive ID * * * ";
    public static String downloadFilePath = "* * * provide location to download
archive * * * ";
    public static AmazonGlacierClient glacierClient;
    public static AmazonSQSClient sqsClient;
    public static AmazonSNSClient snsClient;
    public static void main(String[] args) throws IOException {
    ProfileCredentialsProvider credentials = new ProfileCredentialsProvider();
        glacierClient = new AmazonGlacierClient(credentials);
        sqsClient = new AmazonSQSClient(credentials);
        snsClient = new AmazonSNSClient(credentials);
        glacierClient.setEndpoint("glacier.us-west-2.amazonaws.com");
        sqsClient.setEndpoint("sqs.us-west-2.amazonaws.com");
        snsClient.setEndpoint("sns.us-west-2.amazonaws.com");
        try {
            ArchiveTransferManager atm = new ArchiveTransferManager(glacierClient,
sqsClient, snsClient);
            atm.download(vaultName, archiveId, new File(downloadFilePath));
        } catch(Exception e)
        {
            System.err.println(e);
        }
    }
}
```

4.4 网络存储 EFS

Amazon Elastic File System(Amazon EFS)提供简单的可扩展文件存储以供与 Amazon EC2 配合使用。使用 AmazonEFS,存储容量会随着添加和删除文件而自动弹性增长和收缩,因此应用程序可在需要时获得所需存储。Amazon EFS 具有简单的 Web 服务界面,可让用户快速方便地创建和用户配置文件系统。该服务为用户管理所有文件存储基础设施,这意味着用户可以避免部署、修补和维护复杂文件系统配置的复杂性。

Amazon EFS 支持网络文件系统版本 4(NFSv4.1 和 NFSv4.0)协议,因此当前使用的应用程序和工具可以与 Amazon EFS 无缝融合。多个 Amazon EC2 实例可以同时访问 Amazon EFS 文件系统,为在多个实例或服务器上运行的工作负载和应用程序提供通用数据源。

有了 Amazon EFS,用户仅需为文件系统使用的存储付费,无最低费用或设置费用。Amazon EFS 提供两种存储类别:Standard 和 InfrequentAccess。Standard 存储类别用于存储经常访问的文件。Infrequent Access(IA)存储类别是一种成本更低的存储类别,旨在以经济高效的方式存储长时间存在的、不经常访问的文件。

Amazon EFS 旨在提供各种工作负载所需的吞吐量、IOPS 和低延迟。有了 Amazon EFS,就可以从两种性能模式和两种吞吐量模式中进行选择:

(1)默认通用性能模式非常适合对延迟敏感的使用案例,如 Web 服务环境、内容管理系统、主目录和一般文件服务。最大 I/O 模式下的文件系统可以扩展到更高级别的聚合吞吐量和每秒操作数,但代价是稍高的文件操作延迟。

(2)使用默认突增吞吐量模式,吞吐量随着文件系统的增长而扩展。使用预置吞吐量模式,可以指定与存储的数据量无关的文件系统的吞吐量。

💡 **注意**不支持将 Amazon EFS 与基于 Microsoft Windows 的 Amazon EC2 实例结合使用。

1. 创建 Amazon EFS 文件系统

(1)通过以下网址打开 Amazon EFS 管理控制台 https://console. aws. amazon. com/efs/。

(2)选择 Create file system(创建文件系统)。

(3)对于 VPC,选择默认 VPC。它应该类似于 vpc- xxxxxxx(172. 31. 0. 0/16)(default)。记下 VPC ID(在后面的步骤需要此 ID)。

(4)选中所有可用区对应的复选框。确保它们全都选择了默认子网、自动 IP 地址和默认安全组。这些是挂载目标。如图 4-37 所示。

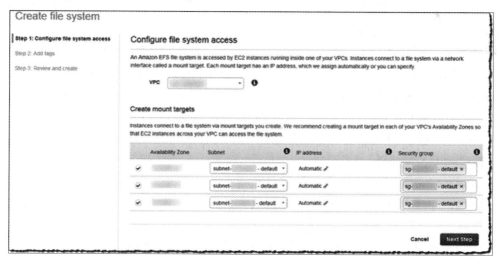

图 4-37　选择可用区

(5)单击 Next Step 命令。

(6)为文件系统命名,并添加任何其他标签以帮助描述和管理文件系统。

(7)保留 General Purpose(通用型)和 Bursting(突增)选定为默认性能和吞吐量模式。

(8)(可选)选择 Enable encryption of data at rest(启用静态数据加密)可加密文件系统上的所有数据。只能在创建文件系统时进行该项设置。

（9）（可选）选择 Enable Lifecycle Management（启用生命周期管理）可让文件系统使用成本较低的 Infrequent Access 存储类别。单击 Next Step 按钮。

（10）检查文件系统配置，然后选择 Create File System（创建文件系统）。

（11）从列表中选择文件系统，并记下 File system ID（文件系统 ID）值。接下来需要用到此值。

2. 启动 EC2 实例并装载 EFS 文件系统

在启动并连接到 Amazon EC2 实例之前，如果还没有密钥对，则需要创建一个密钥对。

（1）打开 Amazon EC2 控制台 https://console. aws. amazon. com/ec2/。

（2）选择 Launch Instance。

（3）在步骤 1：选择一个 Amazon 系统映像（AMI）中，在列表顶部找到一个 Amazon Linux AMI，然后选择。

（4）在步骤 2：选择一个实例类型中，选择下一步：配置实例详细信息。

（5）在步骤 3：配置实例详细信息中，提供以下信息：

①对于 Network（网络），为在步骤 1：创建您的 Amazon EFS 文件系统中创建的 EFS 文件系统时记下的同一 VPC 选择条目。

②对于 Subnet（子网），在任何可用区中选择一个默认子网。

③对于 File systems（文件系统），请确保选择在步骤 1：创建 Amazon EFS 文件系统中创建的 EFS 系统。文件系统 ID 旁边显示的路径是 EC2 实例将使用的装载点，可以更改此装载点。选择 Add to user data（添加到用户数据）以在启动 EC2 时装载文件系统。

④在 Advanced Details（高级详细信息）下，确认 User data（用户数据）中提供了用户数据。

（6）选择 Next：Add Storage。

（7）选择 Next：Add Tags。

（8）命名实例，然后选择下一步：配置安全组。

（9）在步骤 6：配置安全组中，将 Assign a security group（分配安全组）设置为 Select an existing security group（选择现有安全组）。选择默认安全组以确保它能够访问您的 EFS 文件系统。

（10）选择 Review and Launch。

（11）选择 Launch。

（12）选中创建的密钥对的复选框，然后选择启动实例。

3. 挂载 EFS 文件系统

以下以 Linux 实例上挂载 Amazon EFS 文件系统。此外，还可以了解如何使用 fstab 文件在任何系统重新启动后自动重新挂载文件系统。在具有 Amazon EFS 挂载帮助程序之前，建议使用标准 Linux NFS 客户端挂载 Amazon EFS 文件系统。

（1）通过安全 Shell（SSH）访问实例的终端，然后使用相应的用户名登录。

（2）运行以下命令以挂载文件系统：

```
sudo mount-t efs fs-12345678:/ /mnt/efs
```

如果要使用传输中的数据加密，可以使用以下命令挂载文件系统。

```
sudo mount -t efs -o tls fs-12345678:/ /mnt/efs
```

也可以选择在/etc/fstab 文件中添加条目以自动进行挂载。在使用/etc/fstab 进行自动挂载时，必须添加_netdev 挂载选项。

实验案例　在 Linux 上使用 EBS 实现 RAID 配置

1. 实验简介

通过 Amazon EBS,可以使用可与传统裸机服务器结合使用的任何标准 RAID 配置即可,只要实例的操作系统支持该特定 RAID 配置即可。这是因为,所有 RAID 都是在软件级别上实现的。为取得比通过单个卷取得的 I/O 性能更高的 I/O 性能,RAID 0 可将多个卷组合在一起;为取得实例上的冗余,RAID 1 可将两个卷镜像在一起。

本实验将使用 EBS 在 AWS 上实现 RAID 的存储方式。

视 频

在Linux 上使用EBS实现RAID配置

2. 主要使用服务

EC2、EBS。

3. 预计实验时间

60 分钟。

4. 先决条件

在开始本教程之前,请完成以下步骤:

(1)启动 EBS 支持的 Amazon Linux 2 实例。

(2)创建两个 EBS 卷,并挂载到 Linux 使其状态可用。

5. 登录 AWS 管理控制台

(1)单击"启动实验"开始实验。

(2)单击"登录网址",到达 AWS 管理控制台登录界面。

(3)使用这些证书登录控制台:

①在登录界面的"用户名"文本框中,输入用户名。

②在"密码"文本框中,输入密码。

(4)单击"登录"按钮。

6. 实验步骤

步骤 1　了解 RAID 配置选项

表 4-2 比较了常见的 RAID 0 和 RAID 1 选项。

表 4-2　常见的 **RAID 0** 和 **RAID 1** 选项

配　　置	使　　用	优　　点	缺　　点
RAID 0	当 I/O 性能比容错能力更重要时,如在频繁使用的数据库中(其中已单独设置数据复制)	I/O 在卷内以条带状分布。如果添加卷,则会直接增加吞吐量	条带的性能受限于该集合中的最差的执行卷。丢失单个卷会导致完全丢失阵列的数据
RAID 1	当容错能力比 I/O 性能更重要时,如在关键应用程序中	在数据持久性方面更具安全性	不提供写入性能改进;需要比非 RAID 配置更大的 Amazon EC2 到 Amazon EBS 带宽,因为数据将同时写入多个卷

💡 **注意:** 不建议对 Amazon EBS 使用 RAID 5 和 RAID 6,因为这些 RAID 模式的奇偶校验写入操作会使用卷的一些可用 IOPS。根据 RAID 阵列配置,这些 RAID 模式提供的可用 IOPS 比 RAID 0 配置少 20%~30%。成本增加也是与这些 RAID 模式有关的一个因素;在使用相同

的卷大小和速度时,一个2卷RAID 0阵列明显胜过两倍成本的4卷RAID 6阵列。

相比在单个Amazon EBS卷上配置,通过创建RAID 0阵列,文件系统可以获得更高性能。为获得额外冗余性,RAID 1阵列提供了数据的一个"镜像"。在执行此步骤之前,需要确定RAID阵列的大小以及需要配置多少IOPS。

RAID 0阵列的最终大小是阵列中各个卷的大小之和,带宽是阵列中各个卷的可用带宽之和。RAID 1阵列的最终大小和带宽等于阵列中各个卷的大小和带宽。例如,预配置IOPS为4 000的两个500 GB Amazon EBS io1卷将创建可用带宽为8 000 IOPS、吞吐量为1 000 MB/s的1 000 GB RAID 0阵列,或创建可用带宽为4 000 IOPS、吞吐量为500 MB/s的500 GB RAID 1阵列。

本文档提供基本的RAID设置示例。有关RAID配置、性能和恢复的更多信息,请参阅Linux RAID Wiki,网址为 https://raid. wiki. kernel. org/index. php/Linux_Raid。

步骤 2 在Linux上创建RAID阵列

在Linux上创建RAID阵列的步骤如下:

(1)登录AWS控制台,创建AmazonLinux2实例(如已经有运行的实例,则忽略此步骤)。

(2)为阵列创建AmazonEBS卷。

💡 **注意**:为阵列创建两个具有相等大小和IOPS性能值的卷。确保不创建超过EC2实例的可用带宽的阵列。

(3)将AmazonEBS卷附加到要承载该阵列的实例。

(4)使用SSH连接到实例。

单击"实例",选择当前运行的实例,将下方"公有DNS(IPv4)"保存到本地,如图4-38所示。

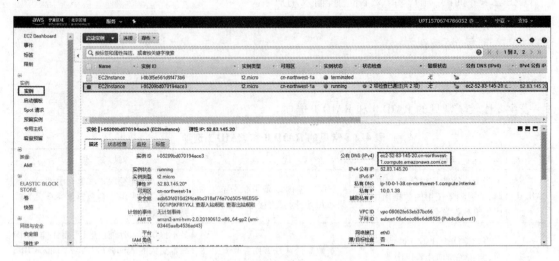

图4-38 保存公有DNS

(5)使用mdadm命令从新附加的AmazonEBS卷创建逻辑RAID设备。用阵列中的卷数替换number_of_volumes,用阵列中每个卷的设备名称(如/dev/xvdf)替换device_name。还可以将MY_RAID替代为阵列的唯一名称。

💡 **注意：**可以使用 lsblk 命令列出实例上的设备以找到设备名称。

（仅限 RAID 0）要创建 RAID 0 阵列，则执行以下命令（注意，--level = 0 选项用于将阵列条带化）：

```
[ec2-user ~]$ sudo mdadm --create--verbose/dev/md0--level = 0--name = MY_RAID--raid-devices = number_of_volumes device_name1device_name2
```

（仅限 RAID 1）要创建 RAID 1 阵列，则执行以下命令（注意，--level = 1 选项用于将阵列镜像化）：

```
[ec2-user ~]$ sudo mdadm --create--verbose/dev/md0--level = 1--name = MY_RAID--raid-devices = number_of_volumes device_name1device_name2
```

（6）给 RAID 阵列一些时间进行初始化和同步。可以借助下面的命令跟踪这些操作的进度：

```
[ec2-user ~]$ sudo cat /proc/mdstat
```

下面是示例输出：

```
Personalities:[raid1]
md0: active raid1 xvdg[1] xvdf[0]
    20955008 blocks super 1.2 [2/2][UU]
    [ = = = = = = = = = >..........] resync = 46.8% (9826112/20955008)finish = 2.9min
speed = 63016K/sec
```

通常可以通过下面的命令显示有关 RAID 阵列的详细信息：

下面是示例输出：

```
/dev/md0:
Version:1.2
   Creation Time: Mon Jun 27 11:31:28 2016
   Raid Level: raid1
   Array Size:20955008(19.98 GiB 21.46GB)
   Used Dev Size:20955008(19.98 GiB 21.46 GB)
Raid Devices:2
Total Devices:2
Persistence: Superblock ispersistent
Update Time: Mon Jun 27 11:37:02 2016 State: clean
...
...
...
NumberMajorMinorRaidDeviceState
0  202  80  0  activesync  /dev/sdf
1  202  96  1  activesync  /dev/sdg
```

（7）在 RAID 阵列上创建一个文件系统，并为该文件系统分配一个稍后在装载该文件系统时使用的标签。例如，要使用标签 MY_RAID 创建 ext4 文件系统，则执行以下命令：

```
[ec2-user ~]$ sudo mkfs.ext4 -LMY_RAID/dev/md0
```

根据应用程序的要求或操作系统的限制，可以使用其他文件系统类型，如 ext3 或 XFS。

（8）要确保 RAID 阵列在启动时自动重组，则创建一个包含 RAID 信息的配置文件：

```
[ec2-user ~]$ sudo mdadm --detail--scan | sudo tee-a/etc/mdadm.conf
```

💡 **注意**：如果使用的是 Linux 发行版而不是 Amazon Linux，则此文件可能需要被放在不同的位置。

（9）创建新的 RamdiskImage 以为新的 RAID 配置正确地预加载块储存设备模块：

```
[ec2-user ~] $ sudo dracut -H -f /boot/initramfs- $ ( uname -r). img $ ( uname -r)
```

（10）为 RAID 阵列创建装载点。

```
[ec2-user ~] $ sudo mkdir-p/mnt/raid
```

（11）在已创建的装载点上安装 RAID 设备：

```
[ec2-user ~] $ sudo mount LABEL = MY_RAID/mnt/raid
```

RAID 设备现已准备就绪，可供使用。

（12）（可选）要在每一次系统重启时装载此 Amazon EBS 卷，可在/etc/fstab 文件中为该设备添加一个条目。

①创建/etc/fstab 文件的备份，当进行编辑时意外损坏或删除了此文件的情况下，可以使用该备份。

②使用常用的文本编辑器（如 nano 或 vim）打开/etc/fstab 文件。

③注释掉任何以"UUID ="开头的行，然后，在文件末尾，使用以下格式为 RAID 卷添加新行：

```
device_label   mount_point file_system_type fs_mntops fs_freq fs_passno
```

此行的最后三个字段分别是文件系统装载选项、文件系统转储频率和启动时的文件系统检查顺序。如果不知道这些值应该是什么值，可以使用下面的示例中的值（defaults, nofail 0 2）。有关/etc/fstab 条目的更多信息，可参阅 fstab 手册页（通过在命令行上输入 man fstab）。例如，要在设备上的装载点/mnt/raid 装载带 MY_RAID 标签的 ext4 文件系统，则将以下条目添加到/etc/fstab。

```
LABEL = MY_RAID /mnt/raid ext4 defaults, nofail  0  2
```

💡 **注意**：如果要在未附加该卷的情况下启动实例（以便该卷可以在不同实例之间向后和向前移动），则应添加 nofail 装载选项，该选项允许实例即使在卷装载过程中出现错误时也可启动。Debian 衍生物（如 Ubuntu）还必须添加 nobootwait 装载选项。

④在将新条目添加到/etc/fstab 后，需要检查条目是否有效。运行 sudo mount - a 命令，以便安装/etc/fstab 中的所有文件系统。

```
[ec2-user ~] $ sudo mount-a
```

如果上述命令未产生错误，说明/etc/fstab 文件正常，文件系统会在下次启动时自动装载。如果该命令产生了任何错误，则检查这些错误并尝试更正/etc/fstab。

💡 **注意**：/etc/fstab 文件中的错误可能显示系统无法启动。请勿关闭/etc/fstab 文件中有错误的系统。

⑤（可选）如果无法确定如何更正/etc/fstab 错误，则始终可以使用以下命令还原备份/etc/fstab 文件。

```
[ec2-user ~] $ sudo mv/etc/fstab. orig/etc/fstab
```

步骤 3　结束实验

遵循以下步骤关闭控制台,结束实验。

(1)在 AWS 管理控制台的导航栏中,单击 UPT15xxxxxxxxxxx@ ＜ AccountNumber ＞,然后单击"注销"按钮。

(2)在云平台的实验页面上,单击"结束实验"按钮。

(3)在确认消息中,单击"确定"按钮。

7. 结论

至此,已成功地使用 EBS 在 AWS 上实现 RAID 的存储方式。

第5章 AWS云服务基础——网络

5.1 VPC 概述

5.1.1 VPC 基本概念

Amazon Virtual Private Cloud(Amazon VPC)私有云网络,允许用户在 AWS 中创建自己的私有子网,并可在自定义的虚拟网络内启动 AWS 资源。这个虚拟网络与用户在数据中心运行的传统网络极其相似,并会为用户提供使用 AWS 的可扩展基础设施的优势。包括以下主要概念:

(1)Virtual Private Cloud(VPC),是仅适用于 AWS 账户的虚拟网络。

(2)子网,是用户的 VPC 内的 IP 地址范围。

(3)路由表,其中包含一系列被称为"路由"的规则,可用于判断网络流量的导向目的地。

(4)互联网网关,是一种横向扩展、支持冗余且高度可用的 VPC 组件,可实现 VPC 中的实例与 Internet 之间的通信。它不会对网络流量造成可用性风险或带宽限制。

(5)VPC 终端节点,使用户能够将 VPC 私密地连接到支持的 AWS 服务和 VPC 终端节点服务(由 PrivateLink 提供支持),而无须互联网网关、NAT 设备、VPN 连接或 AWS Direct Connect 连接。VPC 中的实例无须公有 IP 地址便可与服务中的资源通信。VPC 和其他服务之间的通信不会离开 Amazon 网络。

5.1.2 创建和配置 VPC

1. 使用控制台创建 VPC

(1)打开 Amazon VPC 控制台 https://console.aws.amazon.com/vpc/。

(2)在导航窗格中,依次选择 Your VPCs、Create VPC。

(3)根据需要指定以下 VPC 详细信息,然后选择 Create(创建)。

①Name tag:可以选择为 VPC 提供名称。这样做可创建具有 Name 键及您指定值的标签。

②IPv4 CIDR block:为 VPC 指定 IPv4 CIDR 块。建议参照 RFC 1918 中指定的私有(非公有可路由)IP 地址范围,从中指定一个 CIDR 块,例如 10.0.0.0/16 或 192.168.0.0/16。

💡 注意:可以指定公共可路由 IPv4 地址的范围,但目前不支持从 VPC 中的公共可路由 CIDR 块直接访问 Internet。如果启动到范围从 224.0.0.0 到 255.255.255.255(类 D 和类 E IP

地址范围)的 VPC,Windows 实例将无法正常启动。

③IPv6 CIDR block:可通过选择 Amazon-provided IPv6 CIDR block 向 VPC 关联 IPv6 CIDR 块。

④租赁:选择一个租赁选项。专用租赁可确保实例在单租户专用硬件上运行。有关更多信息,请参阅 Amazon EC2 用户指南(适用于 Linux 实例)中的 Dedicated Instances。

2. 在 VPC 中创建子网

要向 VPC 中添加新的子网,必须为 VPC 范围中的子网指定 IPv4 CIDR 块。可以指定要在其中放置子网的可用区。用户可以在同一可用区内具有多个子网。

(1)在导航窗格中,选择 Subnets(子网)、Create subnet(创建子网)。

(2)根据需要指定子网详细信息,然后选择 Create(创建)。

①Name tag:可以选择为子网提供一个名称。这样做可创建具有 Name 键及指定的值的标签。

②VPC:选择要为哪个 VPC 创建子网。

③可用区:(可选)选择将子网放置在哪个可用区或本地区域中,或保留默认的无首选项让 AWS 选择可用区。

有关支持本地区域的信息,请参阅 Amazon EC2 用户指南(适用于 Linux 实例)中的可用区域。

④IPv4 CIDR block:为子网指定 IPv4 CIDR 块,如 10.0.1.0/24。有关更多信息,请参阅针对 IPv4 的 VPC 和子网大小调整。

⑤IPv6 CIDR block:(可选)如果 VPC 已关联 IPv6 CIDR 块,请选择 Specify a custom IPv6 CIDR。指定子网的十六进制对值或保留默认值。

(3)(可选)如果需要,请重复上述步骤以在 VPC 中创建更多子网。

3. 关联辅助 IPv4 CIDR 块与 VPC

(1)在导航窗格中,选择 Your VPCs。

(2)选择 VPC,然后选择 Actions 和 Edit CIDRs。

(3)选择 Add IPv6 CIDR。添加 IPv6 CIDR 块后,选择 Close。

4. 路由表

路由表中包含一组被称为路由的规则,用于确定来自用户的子网或网关的网络流量的导向何处,包括以下内容:

(1)主路由表:随 VPC 自动生成的路由表。它控制未与任何其他路由表显式关联的所有子网的路由。

(2)自定义路由表:为 VPC 创建的路由表。

(3)边缘关联:用于将入站 VPC 流量路由到设备的路由表。需要将路由表与 Internet 网关或虚拟私有网关相关联,并将设备的网络接口指定为 VPC 流量的目标。

(4)路由表关联:路由表与子网、互联网网关或虚拟私有网关之间的关联。

(5)子网路由:与子网关联的路由表。

(6)网关路由表:与互联网网关或虚拟私有网关关联的路由表。

(7)本地网关路由表:与 Outposts 本地网关相关联的路由表。

(8)目的地:希望流量流向的目的地 CIDR。例如,具有 172.16.0.0/12 CIDR 的外部公司网络。

(9)目标:向其发送目的地流量的目标。例如,互联网网关。

(10)本地路由:VPC 内通信的默认路由。

VPC 具有隐式路由器,可以使用路由表来控制网络流量的流向。用户的 VPC 中的每个子网必须与一个路由表关联,该路由表控制子网的路由(子网路由表)。可以将子网与特定路由表显式关联。否则,子网将与主路由表隐式关联。一个子网一次只能与一个路由表关联,但可以将多个子网与同一子网路由表关联。

5.2 网络访问方式

5.2.1 Internet 网关

要为 VPC 子网中的实例启用 Internet 访问,必须执行以下操作:

(1)将 Internet 网关附加到 VPC。

(2)确保子网的路由表指向 Internet 网关。

(3)确保子网中的实例具有全局唯一 IP 地址(公有 IPv4 地址、弹性 IP 地址或 IPv6 地址)。

(4)确保网络访问控制和安全组规则允许相关流量在实例中流入和流出。

要使用 Internet 网关,子网的路由表必须包含将 Internet 绑定流量定向到该 Internet 网关的路由。可以将路由范围设定为路由表未知的所有目标(IPv4 为 0.0.0.0/0,IPv6 为/0),也可以将路由范围设定为一个较小的 IP 地址范围。例如,公司在 AWS 以外的公有终端节点的公有 IPv4 地址,或VPC 以外的其他 Amazon EC2 实例的弹性 IP 地址。如果子网的关联路由表包含指向 Internet 网关的路由,则该子网称为公有子网。

在图 5-1 中,VPC 中的子网 1 与自定义路由表相关联,该路由表将所有 Internet 绑定的 IPv4 流量指向一个 Internet 网关。实例具有弹性 IP 地址,可以与 Internet 通信。

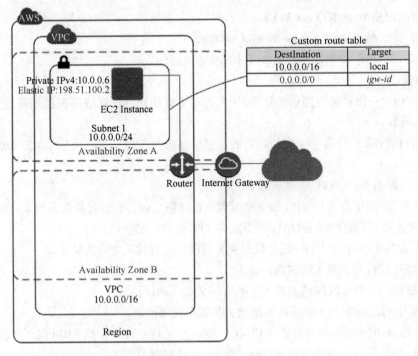

图 5-1　Internet 网关

使用 Internet 网关,要为实例提供 Internet 访问,而不为其分配公有 IP。

（1）打开 Amazon VPC 控制台 https：//console. aws. amazon. com/vpc/。

（2）在导航窗格中,选择 Internet Gateways(Internet 网关),然后选择 Create internet gateway(创建 Internet 网关)。

（3）（可选）为 Internet 网关命名,然后选择 Create(创建)。

（4）选择刚刚创建的 Internet 网关,然后选择 Actions,Attach to VPC(操作,附加到 VPC)。

（5）从列表中选择 VPC,然后选择 Attach(附加)。

5.2.2　NAT 网关

可以使用 NAT 设备允许私有子网中的实例连接到 Internet(如为了进行软件更新)或其他 AWS 服务,但阻止 Internet 发起与实例的连接。NAT 设备将来自私有子网中实例的流量转发到 Internet 或其他 AWS 服务,然后将响应发回给实例。当流量流向 Internet 时,源 IPv4 地址替换为 NAT 设备 的地址;同样,当响应流量流向这些实例时,NAT 设备将地址转换为这些实例的私有 IPv4 地址。

要创建 NAT 网关,用户必须指定 NAT 网关应处于哪个公有子网中。还必须在创建 NAT 网关 时指定与该网关关联的弹性 IP 地址。一旦将弹性 IP 地址与 NAT 网关关联,便无法更改它。创建 NAT 网关之后,必须更新与一个或多个私有子网关联的路由表,以将 Internet 绑定流量指向该 NAT 网关。这使私有子网中的实例可以与 Internet 通信。

图 5-2 演示了一个包含 NAT 网关的 VPC 架构。主路由表将 Internet 流量从私有子网中的实例 发送到 NAT 网关。NAT 网关通过使用自身的弹性 IP 地址作为源 IP 地址,将流量发送到 Internet 网关。

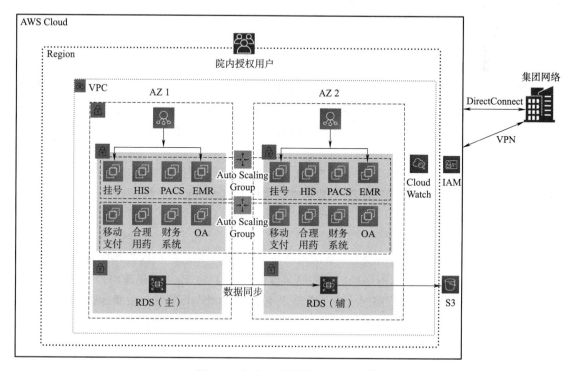

图 5-2　包含 NAT 网关的 VPC 架构

1. 创建 NAT 网关

(1)打开 Amazon VPC 控制台 https://console. aws. amazon. com/vpc/。

(2)在导航窗格中,依次选择 NAT Gateways、Create NAT Gateway。

(3)指定要在其中创建 NAT 网关的子网,并选择要与该 NAT 网关关联的弹性 IP 地址的分配 ID。完成后,选择 Create a NAT Gateway。

(4)NAT 网关会显示在控制台中。片刻之后,其状态会更改为 Available,此后它即准备好以供使用。

如果 NAT 网关变为 Failed 状态,则表示在创建过程中发生了错误。

2. 更新路由表

创建 NAT 网关之后,必须更新私有子网的路由表以将 Internet 流量指向该 NAT 网关。可以使用与流量匹配的最明确路由以判断数据流的路由方式(最长前缀匹配)。

为 NAT 网关创建路由:

(1)打开 Amazon VPC 控制台 https://console. aws. amazon. com/vpc/。

(2)在导航窗格中,选择 Route Tables。

(3)选择与私有子网关联的路由表,然后依次选择 Routes、Edit。

(4)选择 Add another route。对于 Destination,输入 0. 0. 0. 0/0。对于 Target,选择 NAT 网关的 ID。

💡 注意:若在从 NAT 实例进行迁移,则可以将指向该 NAT 实例的当前路由替换为指向 NAT 网关的路由。

(5)选择 Save(保存)。

5.2.3　VPC 对等网络

VPC 对等连接是两个 VPC 之间的网络连接,可通过此连接不公开地在这两个 VPC 之间路由流量。这两个 VPC 中的实例可以彼此通信,就像它们在同一网络中一样。可以在自己的 VPC 之间、自己的 VPC 与另一个 AWS 账户中的 VPC 或与其他 AWS 区域中的 VPC 之间创建 VPC 对等连接。

AWS 使用 VPC 的现有基础设施来创建 VPC 对等连接;该连接既非网关也非 AWS Site-to-Site VPN 连接,且不依赖某个单独的物理硬件,没有单点通信故障也没有带宽瓶颈。

5.2.4　弹性 IP 地址

弹性 IP 地址是专门用于进行动态云计算的静态、公有 IPv4 地址。可以将弹性 IP 地址与您账户中的任意 VPC 的任何实例或网络接口相关联。借助弹性 IP 地址,可以迅速将地址重新映射到 VPC 中的另一个实例,从而屏蔽实例故障。注意,将弹性 IP 地址与网络接口关联,而不直接与实例关联的优势在于,只需一步,即可将网络接口的所有属性从一个实例移至另一个。

创建和使用弹性 IP 的步骤如下:

(1)打开 Amazon VPC 控制台 https://console. aws. amazon. com/vpc/。

(2)在导航窗格中,选择 Elastic IPs。

(3)要筛选显示列表,可以在搜索框中输入为其分配该地址的实例的弹性 IP 地址或 ID 的一部分。

（4）选择分配用于 VPC（Scope 列的值为 vpc）的弹性 IP 地址，选择 Actions，然后选择 Associate address。

（5）选择 Instance 或 Network interface，然后选择实例 ID 或网络接口 ID。选择要与弹性 IP 地址关联的私有 IP 地址。选择 Associate。

💡 **注意：** 网络接口可能有几个属性，包括弹性 IP 地址。可以创建网络接口，并在 VPC 中将它连接到实例或断开其与实例的连接。与直接将弹性 IP 地址与实例关联相比，使用弹性 IP 地址作为网络接口的属性的优势在于，只需要一步就可以将网络接口的所有属性从一个实例移动到另一个实例。

5.2.5　VPC 的安全组

安全组充当实例的虚拟防火墙以控制入站和出站流量。当在 VPC 中启动实例时，可以为该实例最多分配五个安全组。安全组在实例级别运行，而不是子网级别。因此，在 VPC 的子网中的每个实例都归属于不同的安全组集合。如果在启动时没有指定具体的安全组，实例会自动归属到 VPC 的默认安全组。

对于每个安全组，可以添加规则以控制到实例的入站数据流，以及另外一套单独规则以控制出站数据流。此部分描述了需要了解的有关 VPC 的安全组及其规则的基本信息。

添加的规则类型可能取决于安全组的用途。表 5-1 介绍了与 Web 服务器关联的安全组的示例规则。Web 服务器可接收来自所有 IPv4 和 IPv6 地址的 HTTP 及 HTTPS 流量，并可将 SQL 或 MySQL 流量发送到数据库服务器。

表 5-1　与 Web 服务器关联的安全组的示例规则

Source	Protocol	Port Range	Description
Inbound 入站			
0.0.0.0/0	TCP	80	允许从所有 IPv4 地址进行入站 HTTP 访问
::/0	TCP	80	允许从所有 IPv6 地址进行入站 HTTP 访问
0.0.0.0/0	TCP	443	允许从所有 IPv4 地址进行入站 HTTPS 访问
::/0	TCP	443	允许从所有 IPv6 地址进行入站 HTTPS 访问
网络的公有 IPv4 地址范围	TCP	22	允许从网络中的 IPv4 IP 地址对 Linux 实例进行入站 SSH 访问（通过互联网网关）
网络的公有 IPv4 地址范围	TCP	3389	允许从网络中的 IPv4 IP 地址对 Windows 实例进行入站 RDP 访问（通过互联网网关）
Outbound 出站			
Microsoft SQL Server 数据库服务器的安全组的 ID	TCP	1433	允许 Microsoft SQL Server 出站访问指定安全组中的实例
MySQL 数据库服务器的安全组的 ID	TCP	3306	允许 MySQL 出站访问指定安全组中的实例

5.3 ELB 服务

负载均衡器跨多个计算资源(如虚拟服务器)分布工作负载。使用负载均衡器可提高应用程序的可用性和容错性。可以根据需求变化在负载均衡器中添加和删除计算资源,而不会中断应用程序的整体请求流。可以配置运行状况检查,这些检查监控计算资源的运行状况,以便负载均衡器只将请求发送到正常运行的目标。此外,可以将加密和解密的工作交给负载均衡器完成,以使计算资源能够专注于完成主要工作。

5.3.1 ELB 的工作原理

负载均衡器的节点将来自客户端的请求分配给已注册目标。启用跨区域负载均衡后,每个负载均衡器节点会在所有启用的可用区中的已注册目标之间分配流量。禁用跨区域负载均衡后,每个负载均衡器节点会仅在其可用区中的已注册目标之间分配流量。

图 5-3 演示了跨区域负载均衡的效果。有两个已启用的可用区,其中可用区 A 中有两个目标,可用区 B 中有八个目标。客户端发送请求,Amazon Route 53 使用负载均衡器节点之一的 IP 地址响应每个请求。这会分配流量,以便每个负载均衡器节点接收来自客户端的 50% 的流量。每个负载均衡器节点会在其范围中的已注册目标之间分配其流量份额。如果禁用了跨区域负载均衡,那么可用区 A 中的两个目标中的每个目标接收 25% 的流量,可用区 B 中的八个目标中的每个目标接收 6.25% 的流量。这是因为每个负载均衡器节点只能将其 50% 的客户端流量路由到其可用区中的目标。

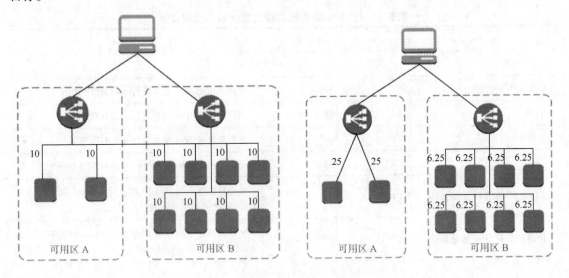

图 5-3 跨区域负载均衡的效果

对于 Application Load Balancer,始终启用跨区域负载均衡。对于 Network Load Balancer,默认情况下禁用跨区域负载均衡。创建网络负载均衡器后,随时可以启用或禁用跨区域负载均衡。

5.3.2 路由算法

借助 Application Load Balancer,接收请求的负载均衡器节点使用以下过程:

（1）按优先级顺序评估侦听器规则以确定要应用的规则。

（2）使用为目标组配置的路由算法,从目标组中为规则操作选择目标。默认路由算法是轮询。每个目标组的路由都是单独进行的,即使某个目标已在多个目标组中注册。

借助 Network Load Balancer,接收连接的负载均衡器节点使用以下过程:

（1）使用流哈希算法从目标组中为默认规则选择目标。它使算法基于协议、源 IP 地址和源端口、目标 IP 地址和目标端口、TCP 序列号。

（2）将每个单独的 TCP 连接在连接的有效期内路由到单个目标。来自客户端的 TCP 连接具有不同的源端口和序列号,可以路由到不同的目标。

借助 Classic Load Balancer,接收请求的负载均衡器节点按照以下方式选择注册实例:

①使用适用于 TCP 侦听器的轮询路由算法。

②使用适用于 HTTP 和 HTTPS 侦听器的最少未完成请求路由算法。

5.3.3　负载均衡器模式

在创建负载均衡器时,必须选择使其成为内部负载均衡器还是面向 Internet 的负载均衡器。当在 EC2-Classic 中创建传统负载均衡器时,它必须是面向 Internet 的负载均衡器。

面向 Internet 的负载均衡器的节点具有公共 IP 地址。面向 Internet 的负载均衡器的 DNS 名称可公开解析为节点的公共 IP 地址。因此,面向 Internet 的负载均衡器可以通过 Internet 路由来自客户端的请求。

内部负载均衡器的节点只有私有 IP 地址。内部负载均衡器的 DNS 名称可公开解析为节点的私有 IP 地址。因此,内部负载均衡器可路由的请求只能来自对负载均衡器的 VPC 具有访问权限的客户端。

面向 Internet 的负载均衡器和内部负载均衡器均使用私有 IP 地址将请求路由到目标。因此,目标无须使用公有 IP 地址从内部负载均衡器或面向 Internet 的负载均衡器接收请求。

如果应用程序具有多个层,则可以设计一个同时使用内部负载均衡器和面向 Internet 的负载均衡器的架构。例如,如果应用程序使用必须连接到 Internet 的 Web 服务器,以及仅连接到 Web 服务器的数据库服务器,则可以如此。创建一个面向 Internet 的负载均衡器并向其注册 Web 服务器。创建一个内部负载均衡器并向它注册数据库服务器。Web 服务器接收来自面向 Internet 的负载均衡器的请求,并将数据库服务器的请求发送到内部负载均衡器。数据库服务器接收来自内部负载均衡器的请求。

5.4　DNS 服务

Amazon Route 53 是一种具有很高可用性和可扩展性的域名系统（DNS）Web 服务。可以使用 Route 53 以任意组合执行三个主要功能:域注册、DNS 路由和运行状况检查。

5.4.1　域名解析

1. 注册域名

网站需要一个名称,如 example. com。利用 Route 53 可以为网站或 Web 应用程序注册一个名称,称为域名。

2. 将 Internet 流量路由到域的资源

当用户打开 Web 浏览器并在地址栏中输入域名（example. com）或子域名（acme. example. com）时，Route 53 会帮助将浏览器与网站或 Web 应用程序相连接。

3. 检查资源的运行状况

Route 53 会通过 Internet 将自动请求发送到资源（如 Web 服务器），以验证其是否可访问、可用且功能正常。还可以选择在资源变得不可用时接收通知，并可选择将 Internet 流量从运行状况不佳的资源路由到别处。

5.4.2 域注册的工作原理

如果要创建网站或 Web 应用程序，应首先注册域名。域名是用户在浏览器中输入以显示网站的名称（如 example. com）。

向 Amazon Route 53 注册域名的步骤如下：

（1）选择一个域名并确认它是可用的，也就是说，没有人已经注册该域名。

如果想要的域名已经在使用，则可以尝试其他名称，或尝试仅将顶级域（例如 . com）更改为另一个顶级域名，如 . ninja 或 . hockey。

（2）向 Route 53 注册域名。注册域时，可以提供域所有者和其他联系人的姓名和联系信息。

当向 Route 53 注册域时，相应服务将会通过执行以下操作自动将其自身设为域的 DNS 服务：

①创建与域具有相同名称的托管区域。

②将一组由四个名称服务器构成的名称服务器组分配给托管区域。当有人使用浏览器访问网站（如 www. example. com）时，这些名称服务器会告知浏览器在哪里查找资源，如 Web 服务器或 Amazon S3 存储桶（Amazon S3 是用于从 Web 上的任何位置存储和检索任何数量的数据的对象存储。存储桶是存储在 S3 中的对象的容器）。

③从托管区域获取名称服务器，并将其添加到域中。

（3）在注册过程结束时，系统会将用户信息发送给域注册商。域注册商为 Amazon Registrar, Inc. 或注册商合作者 Gandi。

（4）该注册商会将用户信息发送给域的注册机构。注册机构是销售一个或多个顶级域（如 . com）的域注册的公司。

（5）注册机构将有关用户域的信息存储在其自己的数据库中，并将一些信息存储在公共 WHOIS 数据库中。

5.4.3 Internet 流量控制

在用户将 Amazon Route 53 配置为将 Internet 流量路由到自己资源（如 Web 服务器或 Amazon S3 存储桶）之后，当有人请求 www. example. com 的内容时，网页访问流程如图 5-4 所示。

（1）用户打开 Web 浏览器并在地址栏中输入 www. example. com，然后按 Enter 键。

（2）将对 www. example. com 的请求路由到 DNS 解析程序，该解析程序通常由用户的 Internet 服务提供商（ISP）（如有线 Internet 提供商、DSL 宽带提供商或企业网络）进行管理。

（3）ISP 的 DNS 解析程序将对 www. example. com 的请求转发到 DNS 根名称服务器。

（4）DNS 解析程序将再次转发对 www. example. com 的请求，而这次会转发到 . com 域的其中一个 TLD 名称服务器。. com 域的名称服务器使用与 example. com 域关联的四个 Route 53 名称服务

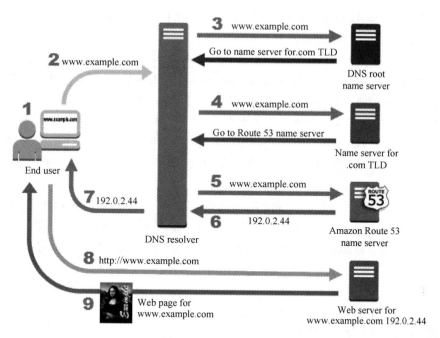

图 5-4　网页访问流程

器的名称来响应该请求。

　　DNS 解析程序会缓存(存储)四个 Route 53 名称服务器。下次有人浏览到 example. com 时,解析程序将跳过步骤(3)和(4),因为它已缓存了 example. com 的名称服务器。名称服务器通常缓存时长为两天。

　　(5) DNS 解析程序选择一个 Route 53 名称服务器,并将对 www. example. com 的请求转发到该名称服务器。

　　(6) Route 53 名称服务器在 example. com 托管区域中查找 www. example. com 记录、获取关联值(如 Web 服务器的 IP 地址 192. 0. 2. 44),并将该 IP 地址返回到 DNS 解析程序。

　　(7) DNS 解析程序最终将获得用户所需的 IP 地址。解析程序将该值返回给 Web 浏览器。

　　💡 注意:DNS 解析程序还会将 example. com 的 IP 地址缓存指定的一段时间,以便在下次有人浏览到 example. com 时,它可以更快地做出响应。

　　(8) Web 浏览器将对 www. example. com 的请求发送到它从 DNS 解析程序那里获得的 IP 地址。这是内容所在的位置。例如,在 Amazon EC2 实例上运行的 Web 服务器,或配置为网站终端节点的 Amazon S3 存储桶。

　　(9) 192. 0. 2. 44 上的 Web 服务器或其他资源将 www. example. com 的网页返回到 Web 浏览器,而 Web 浏览器会显示该页面。

5.5　CDN 或边缘站点

　　Amazon CloudFront 是一个 Web 服务,它加快将静态和动态 Web 内容(如 . html、. css、. js 和图像文件)分发到用户的速度。CloudFront 通过全球数据中心网络传输内容,这些数据中心称为边缘站点。当用户请求用 CloudFront 提供的内容时,用户被路由到提供最低延迟(时间延迟)的边缘站点,从而以尽可能最佳的性能传送内容。

(1)如果该内容已经在延迟最短的边缘站点上,CloudFront 将直接提供它。

(2)如果内容没有位于边缘站点中,CloudFront 从定义的源中检索内容。例如。指定为内容最终版本来源的 Amazon S3 存储桶、MediaPackage 通道或 HTTP 服务器(如 Web 服务器)。

例如,假设要从传统的 Web 服务器中提供图像,而不是从 CloudFront 中提供图像,如可能会使用 URL http://example.com/sunsetphoto.png 提供图像 sunsetphoto.png。

用户可以轻松导航到该 URL 并查看图像。但他们可能不知道其请求从一个网络路由到另一个网络(通过构成 Internet 的相互连接的复杂网络集合),直到找到图像。

CloudFront 通过 AWS 主干网络将每个用户请求传送到以最佳方式提供内容的边缘站点,从而加快分发内容的速度。通常,这是向查看器提供传输最快的 CloudFront 边缘服务器。使用 AWS 网络可大大降低用户的请求必须经由的网络数量,从而提高性能。用户遇到的延迟(加载文件的第一个字节所花的时间)更短,数据传输速率更高。

通过 CloudFront,用户还可以获得更高的可靠性和可用性,因为文件(也称对象)的副本现在存储(或缓存)在全球各地的多个边缘站点上。

1. 设置 CloudFront 以传输内容

CloudFront 传输流程如图 5-5 所示。

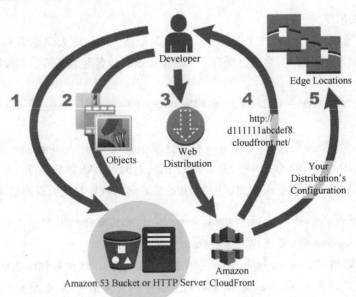

图 5-5　CloudFront 传输流程

(1)指定源服务器(如 Amazon S3 存储桶或用户自己的 HTTP 服务器),CloudFront 从该服务器中获取文件,然后从全世界的 CloudFront 边缘站点中分配这些文件。

源服务器将存储对象的原始最终版本。如果通过 HTTP 提供内容,源服务器将为 Amazon S3 存储桶或 HTTP 服务器,如 Web 服务器和 HTTP 服务器可以在 Amazon Elastic Compute Cloud (Amazon EC2)实例或管理的服务器上运行,这些服务器也称自定义源。

如果使用 Adobe Media Server RTMP 协议按需分发媒体文件,则源服务器始终为 Amazon S3 存储桶。

(2)将文件上传到源服务器。文件也称对象,通常包括网页、图像和媒体文件,但可以是可通过 HTTP 或支持的 Adobe RTMP(Adobe Flash Media Server 使用的协议)版本提供的任何内容。

如果将 Amazon S3 存储桶作为源服务器,可以将存储桶中的对象设为公开可读,以便知道这些对象的 CloudFront URL 的任何人都可以访问它们。还可以选择将对象设为私有,并控制哪些人可以访问它们。

(3)创建一个 CloudFront 分配,在用户通过用户的网站或应用程序请求文件时,这会指示 CloudFront 从哪些源服务器中获取文件。同时,还需指定一些详细信息,如是否希望 CloudFront 记录所有请求以及用户是否希望此项分配创建后便立即启用。

(4)CloudFront 为新分配指定一个域名,可以在 CloudFront 控制台中查看该域名,或者返回该域名以响应编程请求(如 API 请求)。如果用户愿意,还可以添加要改用的备用域名。

(5)CloudFront 将用的分配的配置(而不是用的内容)发送到其所有边缘站点或存在点,它们是位于地理位置分散的数据中心(CloudFront 在其中缓存文件的副本)内的服务器的集合。

在开发网站或应用程序时,需使用 CloudFront 为用户的 URL 提供的域名。例如,如果 CloudFront 返回 d111111abcdef8. cloudfront. net 以作为分配的域名,则 Amazon S3 存储桶(或 HTTP 服务器上的根目录)中 logo. jpg 的 URL 为 http://d111111abcdef8. cloudfront. net/logo. jpg。

2. CloudFront 的特

(1)加快静态网站内容分发速度。

CloudFront 可以加快将静态内容(如,图像、样式表、JavaScript 等)传输到全球范围内的查看器的速度。在使用 CloudFront 时,可以充分利用 AWS 主干网络和 CloudFront 边缘服务器,以便在查看器访问网站时为其提供快速、安全且可靠的体验。

存储和交付静态内容的简单方式是使用 Amazon S3 存储桶。将 S3 与 CloudFront 结合使用可获得很多好处,包括可以选择使用源访问身份(OAI)来轻松限制对 S3 内容的访问。

(2)提供按需或实时流视频。

CloudFront 提供了多个选项以将媒体流式传输到全球查看器。

①对于按需流式传输,可以使用 CloudFront 以常见格式(如 MPEG DASH、Apple HLS、Microsoft 平滑流和 CMAF)将内容流式传输到任何设备。

②对于广播实时流,可以在边缘站点缓存媒体片段,以便将按正确顺序传输片段的清单文件的多个请求组合起来,从而减小源服务器的负载。

(3)在整个系统处理过程中加密特定字段。

在使用 CloudFront 配置 HTTPS 时,已获得与源服务器的安全的端到端连接。在添加字段级加密时,可以在整个系统处理过程中保护特定的数据并实施 HTTPS 安全,以便只有源中的某些应用程序可以查看数据。

要设置字段级加密,可以将公有密钥添加到 CloudFront,然后指定要使用该密钥加密的字段集。

(4)在边缘站点进行自定义

通过在边缘站点上运行无服务器代码,开启了为查看器自定义内容和体验的很多可能性,并减少了延迟。例如,可以在源服务器停机进行维护时返回自定义错误消息,查看器不会获得一般 HTTP 错误消息。或者,可以在 CloudFront 将请求转发到源之前,使用函数来帮助向用户授权并控制对用户的内容的访问。

通过将 Lambda@ Edge 与 CloudFront 一起使用,可以使用多种方法自定义 CloudFront 传输的内容。

实验案例1 创建 VPC 和子网

● 视 频

创建VPC和
子网

1. 实验简介

本实验将手动创建 VPC 和子网。用户还必须手动添加网关和路由表。或者,可以使用 Amazon VPC 向导一步创建 VPC 及其子网、网关和路由表。

2. 主要使用服务

VPC、IAM、EC2(可选)。

3. 预计实验时间

60 分钟。

4. 先决条件

在开始本实验之前,请完成以下步骤:

(1)了解网络技术的基本概念,如子网、IPv4、CIDR 等内容。

(2)已有 AWS 账号和用户。

5. 登录 AWS 管理控制台

(1)单击"启动实验"开始实验。

(2)单击"登录网址",到达 AWS 管理控制台登录界面。

(3)使用这些证书登录控制台:

①在登录界面的"用户名"文本框中,输入用户名。

②在"密码"文本框中,输入密码。

(4)单击"登录"。

6. 实验步骤

步骤 *1* 创建 VPC

可以使用 Amazon VPC 控制台创建空 VPC。

使用控制台创建 VPC 的步骤如下:

(1)单击"服务"菜单,在"联网"分类中找到 VPC 并单击或是在空白搜寻栏位上直接输入 VPC 并点击。

(2)在导航窗格中,依次选择 VPC、Create VPC。

(3)根据需要指定以下 VPC 详细信息,然后选择 CreateVPC。

①Name tag(名称标签):可以选择为 VPC 提供名称。这样做可创建具有 Name 键及指定的值的标签,ninkeyi 输入名称 TEST。

②IPv4 CIDR block:为 VPC 指定 IPv4 CIDR 块。建议参照 RFC 1918 中指定的私有(非公有可路由)IP 地址范围,从中指定一个 CIDR 块,例如 10. 0. 0. 0/16 或 192. 168. 0. 0/16。

③IPv6 CIDR block:选择 No IPv6 CIDR Block 单选按钮。

④Tenancy：选择 Default 选项，如图 5-6 所示。

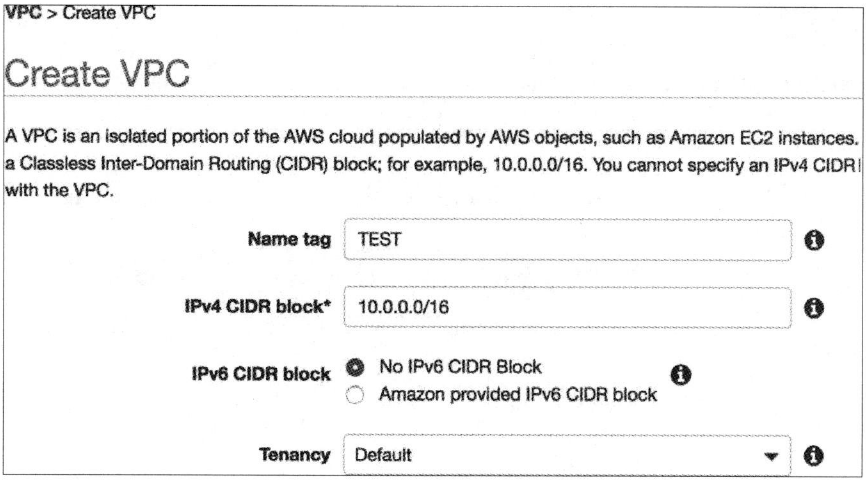

图 5-6　Create VPC 页面

（4）单击 Create 按钮。创建完成之后单击 Close 按钮回到"您的 VPC"页面。

步骤 **2**　在 VPC 中创建子网

要向 VPC 中添加新的子网，必须为 VPC 范围中的子网指定 IPv4 CIDR 块。可以指定要在其中放置子网的可用区。可以在同一可用区内具有多个子网。

使用控制台向 VPC 中添加子网的步骤如下：

（1）在导航窗格中，选择子网、创建子网。

（2）根据需要指定子网详细信息，然后选择创建子网。

①Name tag（名称标签）：可以选择为子网提供一个名称。这样做可创建具有 Name 键及指定的值的标签，输入名称，如 TEST-subnet。

②VPC：选择要为哪个 VPC 创建子网。

③可用区域：可以选择将子网放置在哪个可用区中，或保留默认的"无首选项"让 AWS 选择可用区。

④IPv4 CIDR 块：为子网指定 IPv4 CIDR 块，如 10.0.1.0/24，如图 5-7 所示。

（3）（可选）如果需要，请重复上述步骤以在 VPC 中创建更多子网。

创建子网后，可以执行以下操作：

（1）配置路由。要将子网设为公有子网，必须将 Internet 网关连接到 VPC。然后可以创建一个自定义路由表，并且添加到 Internet 网关的路由。

（2）修改子网设置，指定在该子网中启动的所有实例都接收公有 IPv4 地址和/或 IPv6 地址。

（3）根据需要创建或修改安全组。

（4）根据需要创建或修改网络 ACL。

步骤 **3**　将辅助 IPv4 CIDR 块与 VPC 关联

可以向 VPC 中添加另一个 IPv4 CIDR 块。在关联 CIDR 块之后，状态转为 associating。当 CIDR 块处于 associated 状态时，表示它已准备就绪，可以使用。

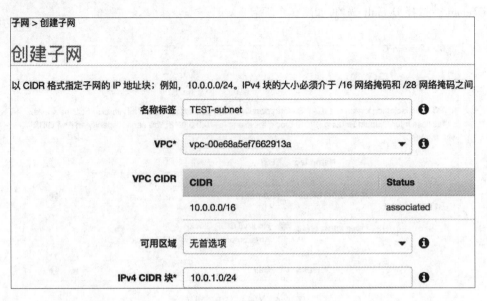

图 5-7　创建子网

使用控制台向 VPC 中添加 CIDR 块的步骤如下：

（1）在导航窗格中，选择 VPC。

（2）选择所需的 VPC，然后选择"操作"→"编辑 CIDR"，如图 5-8 所示。

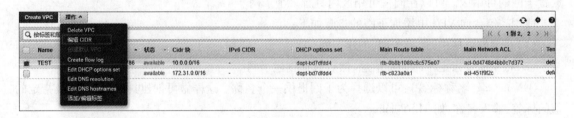

图 5-8　选择"操作"→"编辑 CIDR"

（3）选择添加 IPv4 CIDR，然后输入要添加的 CIDR 块，如 10.2.0.0/16，如图 5-9 所示，选择对钩图标。

（4）完成后选择关闭。

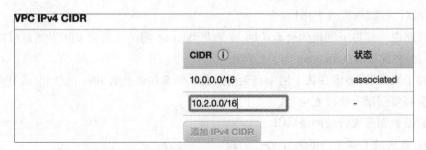

图 5-9　VPC IPv4 CIDR 页面

步骤 4（可选）　在创建的子网中启动实例

创建子网并配置路由后,可以使用 Amazon EC2 控制台在子网中启动实例。

使用控制台将实例启动到子网中的步骤如下:

(1)打开 AWS 管理控制台的首页,单击"服务",然后单击 EC2 来打开 Amazon EC2 控制台。

(2)在控制面板中,选择启动实例。

(3)按照向导中的指示操作。选择 AMI 和实例类型,然后选择"下一步:配置实例详细信息"。

(4)在"配置实例详细信息"页上,从"网络"列表中选择在第 1 步中创建的 VPC(图 5-10 中为 VPC 为 TEST),然后指定子网。

图 5-10　配置实例详细信息

(5)(可选)默认情况下,在非默认 VPC 中启动的实例未分配公有 IPv4 地址。为能连接到实例,可以现在分配公有 IPv4 地址,也可以分配弹性 IP 地址并在启动实例后向其分配该地址。要现在分配公有 IPv4 地址,请确保从自动分配公有 IP 列表中选择启用。

(6)单击"下一步:添加存储",再单击"下一步:添加标签",单击"审核和启动"。

(7)在"核查实例启动"页上,单击"启动"。

(8)显示新对话框:选择现有密钥对或创建新的密钥对。在该对话框中,指定要用于该实例的密钥对,然后在完成操作后选择 Launch Instances。

步骤 5　删除子网

如果不再需要子网,可将其删除。必须先终止子网中的任何实例才能删除子网。

使用控制台删除子网的步骤如下:

(1)单击"服务"菜单,在"联网"分类中找到 VPC 并单击或是在空白搜索栏上直接输入 VPC。

(2)在导航窗格中,选择子网。

(3)选择要删除的子网,然后依次选择"操作"→"删除子网",如图 5-11 所示。

图 5-11　选择"操作"→"删除子网"

(4)在删除子网对话框中,选择是,删除。

(5)删除子网时需终止子网中的所有实例(如果有开通的实例)。如果未删除所开通的资源,将显示图 5-12 所示的错误。

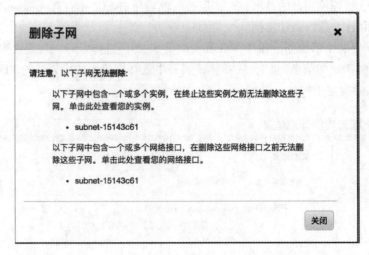

图 5-12　错误信息

(6)在 AWS 管理控制台首页,单击"服务",然后单击 EC2 来打开 Amazon EC2 控制台。

(7)右击运行于 VPC 中的实例,将光标移到"实例状态"的上方并选择"终止"。

(8)看到确认提示时,单击"是,请终止"。

(9)单击"服务"菜单,在"联网"分类中找到 VPC 并单击或是在空白搜索栏上直接输入 VPC。

(10)在导航窗格中,选择子网。

(11)选择要删除的子网,然后依次选择"操作"→"删除子网",如图 5-13 所示。

(12)在"删除子网"对话框中,选择是,删除。

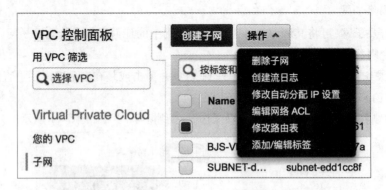

图 5-13　选择"操作"→"删除子网"

步骤 6　取消 IPv4 CIDR 块与 VPC 的关联

如果 VPC 与多个 IPv4 CIDR 块关联,则可以取消 IPv4 CIDR 块与 VPC 的关联。不能取消主要 IPv4 CIDR 块的关联,只能取消整个 CIDR 块的关联;无法取消 CIDR 块子集或 CIDR 块合并范围的关联。必须首先删除 CIDR 块中的所有子网。

使用控制台从 VPC 中删除 CIDR 块的步骤如下：

（1）在导航窗格中，选择 VPC。

（2）选择所需的 VPC，然后选择"操作"→"编辑 CIDR"。

（3）单击要删除的 CIDR 块的"删除"按钮（叉形记号）。

（4）完成后单击"关闭"按钮，如图 5-14 所示。

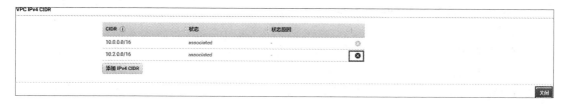

图 5-14　从 VCR 中删除 CIDR 块

步骤 7　删除 VPC

用户可以随时删除 VPC。但是，必须先终止 VPC 中的所有实例。使用 VPC 控制台删除 VPC 时，将删除其所有组件，如子网、安全组、网络 ACL、路由表、Internet 网关、VPC 对等连接和 DHCP 选项。

使用控制台删除 VPC 的步骤如下：

（1）在 AWS 管理控制台的首页，单击"服务"，然后单击 EC2 来打开 Amazon EC2 控制台。

（2）终止 VPC 中的所有实例。（注：在步骤 5 中已将开启的实例终止了）

（3）单击"服务"菜单，在"联网"分类中找到 VPC 并单击或者在空白搜索栏中直接输入 VPC。

（4）在导航窗格中，选择 VPC。

（5）选择要删除的 VPC，然后依次选择"操作"→"Delete VPC"，如图 5-15 所示。

（6）在"删除 VPC"对话框中，选择"是，删除"。

图 5-15　选择"操作"→"Delete VPC"

步骤 8 结束实验

遵循以下步骤关闭控制台,结束实验。

(1)在 AWS 管理控制台的导航栏中,单击 UPT15xxxxxxxxxxx@ < AccountNumber > ,然后单击"注销"按钮。

(2)在云平台的实验页面上,单击"结束实验"按钮。

(3)在确认消息中,单击"确定"按钮。

7. 结论

至此,已成功地:

(1)创建 VPC。

(2)创建子网。

实验案例 2　带有公有子网和私有子网(NAT)的 VPC

1. 实验简介

本实验的配置包括一个有公有子网和私有子网的 Virtual Private Cloud(VPC)。如果希望运行面向公众的 Web 应用程序,并同时保留不可公开访问的后端服务器,建议使用此场景。常用例子是一个多层网站,其 Web 服务器位于公有子网之内,数据库服务器则位于私有子网之内。用户可以设置安全性和路由,以使 Web 服务器能够与数据库服务器建立通信。

●视频

带有公有子网和私有子网的 VPC

公有子网中的实例可以将出站流量直接发送到 Internet,而私有子网中的实例无法执行此操作。相反,私有子网中的实例可以使用驻留在公有子网中的网络地址转换(NAT)网关访问 Internet。数据库服务器可以使用 NAT 网关连接到 Internet 进行软件更新,但 Internet 不能建立到数据库服务器的连接。

2. 主要使用服务

VPC、IAM、EC2(可选)。

3. 预计实验时间

60 分钟。

4. 先决条件

在开始本教程之前,请完成以下步骤:

(1)了解网络技术的基本概念,如子网、IPv4、CIDR 等内容。

(2)已有 AWS 账号和用户。

5. 实验说明

图 5-16 展示了此实验配置的主要组成部分。

此实验的配置包括:

(1)具有/16 IPv4 CIDR 块的 VPC(示例:10.0.0.0/16)。提供 65 536 个私有 IPv4 地址。

(2)具有/24 IPv4 CIDR 块的公有子网(示例:10.0.0.0/24)。提供 256 个私有 IPv4 地址。公有子网是指与包含指向 Internet 网关路由的路由表关联的子网。

(3)具有/24 IPv4 CIDR 块的私有子网(示例:10.0.1.0/24)。提供 256 个私有 IPv4 地址。

(4)Internet 网关。它将 VPC 连接到 Internet 和其他 AWS 服务。

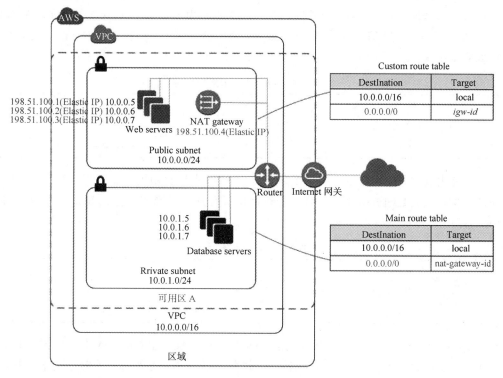

图 5-16　实验装置的主要组成部分

（5）具有子网范围内私有 IPv4 地址（示例：10.0.0.5、10.0.1.5）的实例。这样实例之间可相互通信，也可与 VPC 中的其他实例通信。

（6）具有公有子网内弹性 IPv4 地址（示例：198.51.100.1）的实例，这些弹性 IP 地址是使其能够从 Internet 访问的公有 IPv4 地址。可在启动时为实例分配公有 IP 地址而不是弹性 IP 地址。私有子网中的实例是后端服务器，它们不需要接受来自 Internet 的传入流量。因此，没有公有 IP 地址；但是，它们可以使用 NAT 网关向 Internet 发送请求。

（7）具有自己的弹性 IPv4 地址的 NAT 网关。私有子网中的实例可使用 IPv4 通过 NAT 网关向 Internet 发送请求（如针对软件更新的请求）。

（8）与公有子网关联的自定义路由表。此路由表中包含的一个条目允许子网中的实例通过 IPv4 与 VPC 中的其他实例通信，另一个条目则允许子网中的实例通过 IPv4 直接与 Internet 通信。

（9）与私有子网关联的主路由表。路由表中包含的一个条目使子网中的实例可通过 IPv4 与 VPC 中的其他实例通信，另一条目使子网中的实例可通过 NAT 网关和 IPv4 与 Internet 通信。

在这个实验中，VPC 向导更新了使用私有子网的主路由表，并创建了一个自定义路由表并将其与公有子网关联。

在这个场景中，从每个子网前往 AWS（如到 Amazon EC2 或 Amazon S3 终端节点）的所有数据流都会经过 Internet 网关。私有子网中的数据库服务器无法直接接收来自 Internet 的数据流，因为它们没有弹性 IP 地址。但是，数据库服务器可以通过公有子网中的 NAT 设备发送和接收 Internet 数据流。

任何使用默认主路由表创建的额外子网，也就是默认的私有子网。如果希望将子网设置为公有子网，可以随时更改与其相关的路由表。

主路由表如表 5-2 所示。第一个条目是 VPC 中本地路由的默认条目,这项条目允许 VPC 中的实例在彼此之间进行通信。第二个条目将所有其他子网流量发送到 NAT 网关(如 nat-12345678901234567)。

表 5-2 主路由表

目 的 地	目 标
10. 0. 0. 0/16	本地
0. 0. 0. 0/0	nat-gateway-id

自定义路由表如表 5-3 所示。第一个条目是 VPC 中本地路由的默认条目,这项条目允许该 VPC 中的实例在彼此之间进行通信。第二个条目将所有其他子网流量通过 Internet 网关(如 igw-1a2b3d4d)路由到 Internet。

表 5-3 自定义路由表

目 的 地	目 标
10. 0. 0. 0/16	本地
0. 0. 0. 0/0	*igw-id*

AWS 提供了可以用于在 VPC 中提高安全性的两个功能:安全组和网络 ACL。安全组可以控制实例的入站和出站数据流,网络 ACL 可以控制子网的入站和出站数据流。多数情况下,安全组即可满足需要。如果需要为 VPC 额外增添一层安全保护,也可以使用网络 ACL。

VPC 带有默认的安全组。如果在启动期间没有指定其他安全组,在该 VPC 中启动的实例会与默认安全组自动关联。在这个情景中,建议创建以下安全组,而不是使用默认安全组:

(1)Web ServerSG:在公有子网中启动 Web 服务器时指定该安全组。

(2)DB ServerSG:在私有子网中启动数据库服务器时指定该安全组。

分配到同一个安全组的实例可以位于不同的子网之中。但是,在这个场景中,每个安全组都对应一项实例承担的角色类型,每个角色则要求实例处于特定的子网内。因此,在这个场景中,所有分配到一个安全组的实例都位于相同的子网之中。

Web ServerSG 安全组的推荐规则如表 5-4 所示。这些规则允许 Web 服务器接收 Internet 流量,以及来自用户的网络的 SSH 和 RDP 流量。Web 服务器也可发起对私有子网中的数据库服务器的读取和写入请求,并向 Internet 发送数据流,如获取软件更新。由于 Web 服务器不发起任何其他出站通信,因此将删除默认出站规则。

表 5-4 Web ServerSG 安全组的推荐规则

入 站			
源	协议	端口范围	注 释
0. 0. 0. 0/0	TCP	80	允许从任意 IPv4 地址对 Web 服务器进行入站 HTTP 访问
0. 0. 0. 0/0	TCP	443	允许从任意 IPv4 地址对 Web 服务器进行入站 HTTPS 访问
家庭网络的公有 IPv4 地址范围	TCP	22	允许从家庭网络对 Linux 实例进行入站 SSH 访问(通过 Internet 网关)。可以使用 http://checkip. amazonaws. com 或 https://checkip. amazonaws. com 等服务获取本地计算机的公有 IPv4 地址。如果正通过 ISP 或从防火墙后面连接,没有静态 IP 地址,需要找出客户端计算机使用的 IP 地址范围

续表

入　　站			
源	协议	端口范围	注　　释
家庭网络的公有 IPv4 地址范围	TCP	3389	允许从家庭网络对 Windows 实例进行入站 RDP 访问（通过 Internet 网关）

出　　站			
目的地	协议	端口范围	注　　释
DBServerSG 安全组 ID	TCP	1433	允许对归属于 DBServerSG 安全组的数据库服务器进行出站 Microsoft SQL Server 访问
DBServerSG 安全组 ID	TCP	3306	允许对归属于 DBServerSG 安全组的数据库服务器进行出站 MySQL 访问
0.0.0.0/0	TCP	80	允许对任意 IPv4 地址进行出站 HTTP 访问
0.0.0.0/0	TCP	443	允许对任意 IPv4 地址进行出站 HTTPS 访问

💡 **注意**：这些建议包括 SSH 和 RDP 访问，以及 Microsoft SQL Server 和 MySQL 访问。根据具体情况，可能仅需要 Linux（SSH 和 MySQL）或 Windows（RDP 和 Microsoft SQL Server）规则。

DBServerSG 安全组的推荐规则如表 5-5 所示，即允许从 Web 服务器读取或写入数据库请求。数据库服务器还可以启动绑定到 Internet 的流量（路由表将流量发送到 NAT 网关，NAT 网关随后通过 Internet 网关将其转发至 Internet）。

表 5-5　DBServerSG 安全组的推荐规则

入　　站			
源	协议	端口范围	注　　释
WebServerSG 安全组 ID	TCP	1433	允许与 WebServerSG 安全组关联的 Web 服务器进行入站 Microsoft SQL Server 访问
WebServerSG 安全组 ID	TCP	3306	允许与 WebServerSG 安全组关联的 Web 服务器进行入站 MySQLServer 访问

出　　站			
目的地	协议	端口范围	注释
0.0.0.0/0	TCP	80	允许通过 IPv4 对 Internet 进行出站 HTTP 访问（如进行软件更新）
0.0.0.0/0	TCP	443	允许通过 IPv4 对 Internet 进行出站 HTTPS 访问（如进行软件更新）

（可选）VPC 的安全组带有默认规则，可自动允许指定实例在彼此之间建立通信。要允许自定义安全组进行此类通信，必须添加表 5-6 所示的规则。

表 5-6　自定义安全组的规则

入　　站			
源	协议	端口范围	注　　释
安全组 ID	全部	全部	允许来自分配到此安全组的其他实例的入站数据流

续表

		出　站	
目的地	协议	端口范围	注　释
安全组 ID	全部	全部	允许到分配到该安全组的其他实例的出站流量

（可选）如果启动公有子网中的堡垒主机来用作从家庭网络到私有子网的 SSH 或 RDP 流量的代理,可向 DBServerSG 安全组添加一个规则,以允许来自堡垒实例或其关联安全组的入站 SSH 或 RDP 流量。

6. 登录 AWS 管理控制台

（1）单击"启动实验"开始实验。

（2）单击"登录网址",到达 AWS 管理控制台登录界面。

（3）使用这些证书登录控制台:

①在登录界面的"用户名"文本框中,输入用户名。

②在"密码"文本框中,输入密码。

（4）单击"登录"。

7. 实验步骤

可以使用 VPC 向导创建 VPC、子网、NAT 网关和仅出口 Internet 网关（可选）。必须为 NAT 网关指定一个弹性 IP 地址;如果没有弹性 IP 地址,则必须先为自己的账户分配一个。如果需要使用现有的弹性 IP 地址,应确保它当前不与其他实例或网络接口关联。NAT 网关是在 VPC 的公有子网中自动创建的。

步骤 1　创建 VPC

（1）单击"服务"菜单,在"联网"分类中找到 VPC 并单击或是在空白搜索栏上直接输入 VPC 并单击。

（2）在导航窗格中,选择弹性 IP。

（3）选择分配新地址。

（4）选择分配。

（5）在控制面板上,选择启动 VPC 向导,如图 5-17 所示。

图 5-17　启动 VPC 向导

（6）选择第二个选项带有公有子网和私有子网的 VPC,然后选择选择。

（7）可以命名 VPC 和子网,以便稍后在控制台中识别它们。VPC 名称可以输入 VPCNAT,公有子网名称可以输入"公有子网",可以为 VPC 和子网指定自己的 IPv4CIDR 块范围,也可以保留默认值。

（8）在指定 NAT 网关的详细信息部分，指定账户中弹性 IP 地址的分配 ID。

（9）可以保留页面上的其余默认值，然后选择创建 VPC，如图 5-18 所示。

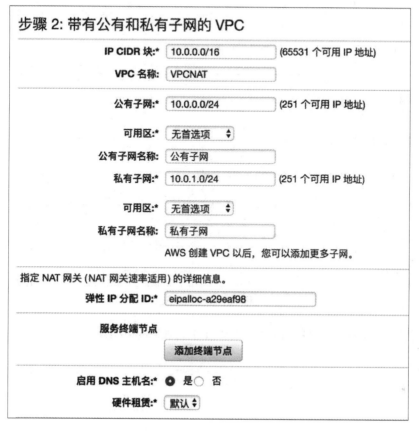

图 5-18　带有公有和私有子网的 VPC

步骤 2　创建 WebServerSG 和 DBServerSG 安全组

（1）在导航窗格中，选择安全组，然后选择 CreateSecurity Group。

（2）提供安全组的名称和描述。在本主题中，使用名称 WebServerSG 作为示例。对于 VPC，选择创建的 VPC 的 ID，然后选择 Yes，Create。

（3）再次选择 CreateSecurity Group。

（4）提供安全组的名称和描述。在本主题中，使用名称 DBServerSG 作为示例。对于 VPC，选择 VPC 的 ID，然后选择 Yes，Create。

向 WebServerSG 安全组中添加规则的步骤如下：

（1）选择刚刚创建的 WebServerSG 安全组。详细信息窗格内会显示此安全组的详细信息，以及可供使用入站规则和出站规则的选项卡。

（2）在 Inbound Rules 选项卡上，选择 Edit，然后添加入站流量规则，如下所示：

①在"类型"下拉框中选择 HTTP。对于"来源"，选择"任何位置"。

②选择"添加规则"为"类型"-"HTTPS"。对于"来源"，选择"任何位置"。

③选择"添加规则"为"类型"-"SSH"。对于"来源"，选择"自定义"，输入网络的公有 IPv4 地

址范围,如“10.0.0.0/16”

④选择“添加规则”为“类型”-“RDP”。对于“来源”,选择“自定义”,输入网络的公有 IPv4 地址范围,如“10.0.0.0/16”。

⑤选择 Save。

单击左上角的“安全组”,如图 5-19 所示。返回到安全组页面。

安全组 > Edit outbound rules
Edit outbound rules
Outbound rules control the outgoing traffic that's allowed to leave the instance.
类型
协议
端口范围
所有流量
全部
全部
添加规则

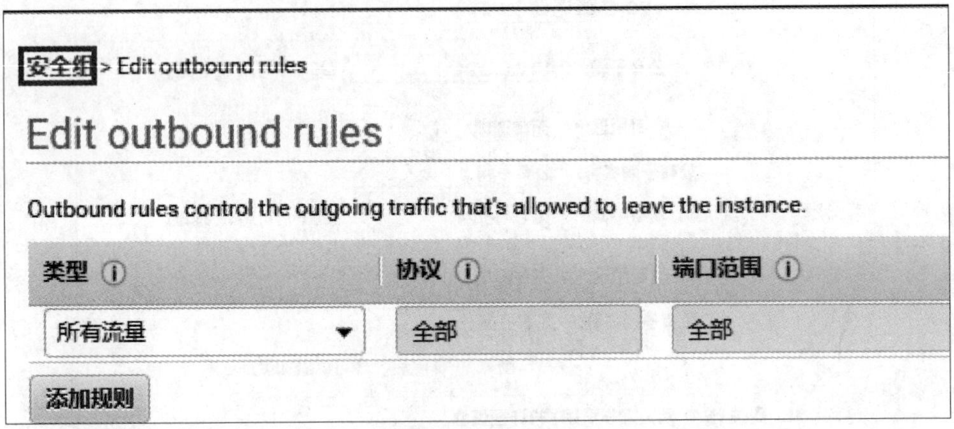

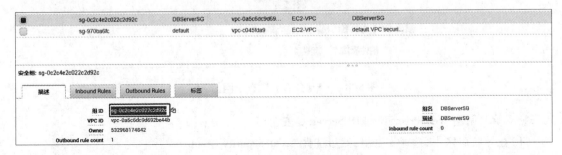

图 5-19 返回安全组

选择组名为 DBServerSG,复制“描述”中的“组 ID”,如图 5-20 所示。

sg-0c2c4e2c022c2d92c
DBServerSG
vpc-0a5c6dc9d69...
EC2-VPC
DBServerSG
sg-970ba6fc
default
vpc-c045fda9
EC2-VPC
default VPC securi...
安全组: sg-0c2c4e2c022c2d92c
描述
Inbound Rules
Outbound Rules
标签
组 ID sg-0c2c4e2c022c2d92c
VPC ID vpc-0a5c6dc9d692be44b
Owner 532968174842
Outbound rule count 1
组名 DBServerSG
描述 DBServerSG
Inbound rule count 0

图 5-20 复制组 ID

(3)在 Outbound Rules 选项卡上,选择 Edit,然后添加出站流量规则,如下所示:

①找到启用所有出站流量的默认规则,然后选择 Remove。

②选择“添加规则”为在“类型”下拉框中选择 MSSQL。对于“目标”,选择“自定义”,粘贴之前复制的 DBServerSG 安全组的 ID。

③选择“添加规则”为“类型”-“MySQL/Aurora”。对于“目标”,选择“自定义”,粘贴上之前复制的 DBServerSG 安全组的 ID。

④选择“添加规则”为“类型”-“HTTPS”。对于“目标”,选择“自定义”,输入 0.0.0.0/0。

⑤选择“添加规则”为“类型”-“HTTP”。对于“目标”,选择“自定义”,输入 0.0.0.0/0。

⑥选择 Save。

单击左上角的“安全组”,如图 5-21 所示,返回到安全组页面。

选择组名为 WebServerSG,复制“描述”中的“组 ID”,如图 5-22 所示。

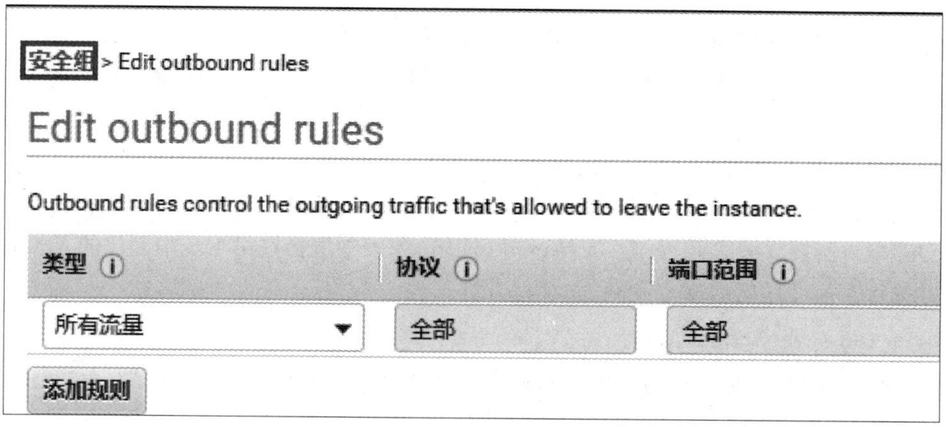

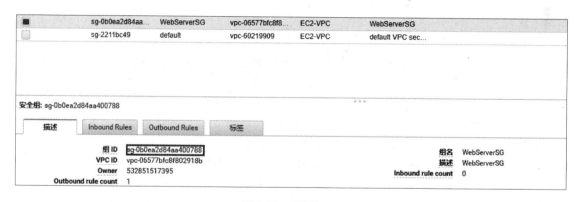

图 5-21　返回安全组

图 5-22　复制组 ID

在 DBServerSG 安全组中添加推荐规则的步骤如下：

（1）选择刚刚创建的 DBServerSG 安全组。详细信息窗格内会显示此安全组的详细信息，以及可供使用入站规则和出站规则的选项卡。

（2）在 Inbound Rules 选项卡上，选择 Edit，然后添加入站流量规则，如下所示：

①在"类型"下拉框中选择 MSSQL。对于"来源"，选择"自定义"，粘贴上之前复制的 WebServerSG 安全组的 ID。

②选择"添加规则"为"类型"-"MySQL/Aurora"。对于"来源"，选择"自定义"，粘贴之前复制的 WebServerSG 安全组的 ID。

③选择 Save。

（3）在 Outbound Rules 选项卡上，选择 Edit，然后添加出站流量规则，如下所示：

①找到启用所有出站流量的默认规则，然后选择 Remove。

②在"类型"下拉框中选择 HTTP。对于"目标"，选择"自定义"，输入 0.0.0.0/0。

③选择"添加规则"为"类型"-"HTTPS"。对于"目标"，选择"自定义"，输入 0.0.0.0/0。

④选择 Save。

现在可以在 VPC 内启动实例。

步骤 3 （可选）启动实例

要启动实例（Web 服务器或数据库服务器），请执行以下操作：

（1）单击"服务"下拉菜单，在"计算"分类中找到 EC2 并单击或是在空白搜索栏上直接输入 EC2。

（2）在控制面板中，选择启动实例。

（3）按照向导中的指示操作。选择 AMI 和实例类型，然后选择"下一步：配置实例详细信息"。

（4）在"配置实例详细信息"页上，从 Network（网络）列表中选择在第 1 步中创建的 VPC（图 5-23 中为 VPC 为 VPCNAT），然后指定子网。

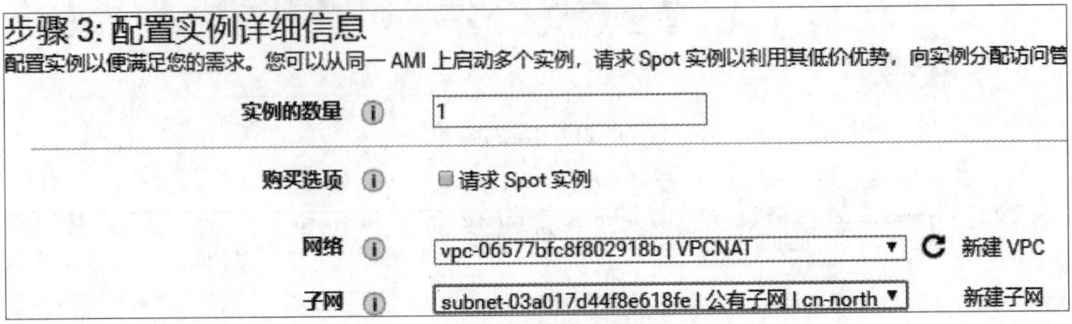

步骤 3: 配置实例详细信息

配置实例以便满足您的需求。您可以从同一 AMI 上启动多个实例，请求 Spot 实例以利用其低价优势，向实例分配访问管

实例的数量 ⓘ	1
购买选项 ⓘ	☐ 请求 Spot 实例
网络 ⓘ	vpc-06577bfc8f802918b | VPCNAT ▼ ↻ 新建 VPC
子网 ⓘ	subnet-03a017d44f8e618fe | 公有子网 | cn-north ▼ 新建子网

图 5-23 配置实例详细信息

（5）（可选）默认情况下，在非默认 VPC 中启动的实例未分配公有 IPv4 地址。为能连接到实例，可以现在分配公有 IPv4 地址，也可以分配弹性 IP 地址并在启动实例后向其分配该地址。要现在分配公有 IPv4 地址，应确保从自动分配公有 IP 列表中选择启用。

（6）单击"下一步：添加存储"，再单击"下一步：添加标签"。

（7）单击"下一步：配置安全组"，在"配置安全组"页上，选择"选择一个现有的安全组"选项，然后选择已经创建的安全组（对于 Web 服务器选择 WebServerSG，对于数据库服务器选择 DBServerSG），这里选择 WebServerSG。选择审核和启动。

（8）检视已经选择的设置。执行所需的任何更改，然后选择启动以选择一个密钥对并启动实例。

步骤 4 删除 NAT 网关

在删除 VPC 前应使用控制台删除 NAT 网关。

（1）单击"服务"菜单，在"联网"分类中找到 VPC 并单击或是在空白搜索栏上直接输入 VPC 并单击。

（2）在导航窗格中，选择 NAT 网关。

（3）依次选择"操作"→"删除 NAT 网关"，如图 5-24 所示。

（4）在"删除 NAT 网关"对话框中，选择是，删除。

步骤 5 删除 VPC

可以随时删除 VPC。但是，必须先终止 VPC 中的所有实例。使用 VPC 控制台删除 VPC 时，将删除其所有组件，如子网、安全组、网络 ACL、路由表、Internet 网关、VPC 对等连接和 DHCP 选项。

使用控制台删除 VPC 的步骤如下：

（1）在导航窗格中，选择 VPC。

图 5-24　选择"操作"→"删除 NAT 网关"

（2）选择要删除的 VPC，然后依次选择然后依次选择"操作"→"删除 VPC"。

（3）删除 VPC 需终止 VPC 中所有实例，如未删除将显示错误，如图 5-25 所示。

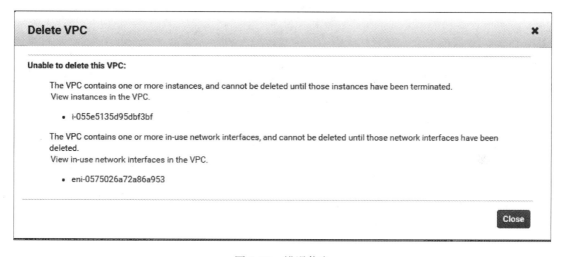

图 5-25　错误信息

在 AWS 管理控制台的首页，单击"服务"，然后单击 EC2 来打开 Amazon EC2 控制台。

右击运行于 VPC 中的实例，将光标移到"实例状态"的上方并选择"终止"。

看到确认提示时，单击"是，请终止"。

（4）单击"服务"菜单，在"联网"分类中找到 VPC 并单击或是在空白搜索栏上直接输入 VPC。

（5）在"删除 VPC"对话框中，选择是，删除。

步骤 **6**　结束实验

遵循以下步骤关闭控制台，结束实验。

（1）在 AWS 管理控制台的导航栏中，单击 UPT15xxxxxxxxxxx@ ＜ AccountNumber ＞，然后单击 "注销"按钮。

（2）在云平台的实验页面上，单击"结束实验"按钮。

（3）在确认消息中，单击"确定"按钮。

8. 结论

至此，已成功地：

（1）创建一个有公有子网和私有子网的 VPC。

（2）创建安全组，编辑安全组入站、出站规则。

第6章 数据库服务

数据库(DataBase,DB)是按照数据结构来组织、存储和管理数据的建立在计算机存储设备上的仓库。

简单来说,数据库是本身可视为电子化的文件柜——存储电子文件的处所,用户可以对文件中的数据进行新增、截取、更新、删除等操作。数据管理不再仅仅是存储和管理数据,而转变成用户所需要的各种数据管理的方式。数据库有很多种类型,从最简单的存储有各种数据的表格到能够进行海量数据存储的大型数据库系统都在各个方面得到了广泛的应用。

随着云持续降低存储和计算成本,新一代应用程序已经不断涌现,同时对数据库提出了一系列新的要求。这些应用程序需要数据库来存储 TB 到 PB 级的新类型数据,提供对数据的访问(毫秒级延迟),每秒处理数百万个请求,并扩展以支持位于世界上任何地方的数百万用户。为了支持这些要求,用户同时需要关系数据库和非关系数据库,这些数据库专用于满足应用程序的特定需求。AWS 提供最广泛的数据库选项,能够满足不同的应用程序使用案例要求。

6.1 关系型数据库服务 Amazon RDS

Amazon Relational Database Service(Amazon RDS)是一项 Web 服务,让用户能够在云中更轻松地设置、操作和扩展关系数据库。它在自动执行耗时的管理任务(如硬件预置、数据库设置、修补和备份)的同时,可提供经济实用的可调容量。这使用户能够腾出时间专注于应用程序,为它们提供所需的快速性能、高可用性、安全性和兼容性。

Amazon RDS 在多种类型的数据库实例(针对内存、性能或 I/O 进行了优化的实例)上均可用,并提供六种常用的数据库引擎包括 Amazon Aurora、PostgreSQL、MySQL、MariaDB、Oracle Database 和 SQL Server。用户可以使用 AWS Database Migration Service 轻松将现有的数据库迁移或复制到 Amazon RDS。

6.1.1 Amazon Aurora 数据库

Amazon Aurora 是一种与 MySQL 和 PostgreSQL 兼容的关系数据库,专为云而打造,既具有传统企业数据库的性能和可用性,又具有开源数据库的简单性和成本效益。

Amazon Aurora 的速度最高可以达到标准 MySQL 数据库的五倍、标准 PostgreSQL 数据库的三倍。它可以实现商用数据库的安全性、可用性和可靠性,而成本只有商用数据库的 1/10。Amazon

Aurora 由 Amazon Relational Database Service(RDS)完全托管,RDS 可以自动执行各种耗时的管理任务,如硬件预置以及数据库设置、修补和备份。

Amazon Aurora 采用一种有容错能力并且可以自我修复的分布式存储系统,这一系统可以把每个数据库实例扩展到最高 64 TB。它具备高性能和高可用性,支持最多 15 个低延迟读取副本、时间点恢复、持续备份到 Amazon S3,还支持跨三个可用区复制。

1. 创建 Amazon Aurora 数据库集群

(1)通过网址 https://console.aws.amazon.com/rds/打开 Amazon RDS 控制台。

(2)中国用户现在可以在 AWS 管理控制台右下角选择中文语言界面。注:除了简体中文外,用户还可以选择英文、法文、日文及韩文界面。

(3)在 AWS 管理控制台的右上角选择创建数据库集群的 AWS 区域。

(4)在 Amazon RDS 控制台选择创建数据库以打开创建数据库页面,如图 6-1 所示。

图 6-1　Amazon RDS 控制台

(5)在创建数据库页面上设置以下值:

- 引擎类型:Amazon Aurora。
- 版本:兼容 MySQL 的 Amazon Aurora。
- 数据库引擎版本:Aurora(MySQL)-5.7.12。
- 模板:生产。
- 数据库集群标识符:aurora-cluster1。
- 主用户名:aurora_user1。
- 主密码和确认密码:该密码用于登录到数据库。
- 数据库实例类:可突增类(包括 t 类)-db.t2.small。

- 多可用区部署:否。
- Virtual Private Cloud(VPC):vpc-f354b098。
- 子网组:default。
- 公开可用性:是。
- 可用区:us-east-2a。
- VPC安全组:选择现有VPC安全组(default)。
- 数据库端口:3306。
- 数据库实例标识符:aurora-instance1。
- 数据库名称:test_db。
- 加密:禁用加密。
- 监控:禁用增强监控。

将其余的值保留为默认值,并选择创建数据集以创建数据库集群和主实例。

2. 连接到 Amazon Aurora 数据库集群上的数据库

在Amazon RDS配置数据库集群并创建主实例后,可以使用任何标准SQL客户端应用程序连接到该数据库集群上的数据库。在该示例中,使用MySQL监视器命令连接到Aurora MySQL数据库集群上的数据库。

(1)通过网址 https://console.aws.amazon.com/rds/打开 Amazon RDS 控制台。

(2)在导航窗格中选择数据库,然后选择要显示数据库集群详细信息的数据库集群。在详细信息页面上,复制集群终端节点的值,如图6-2所示。

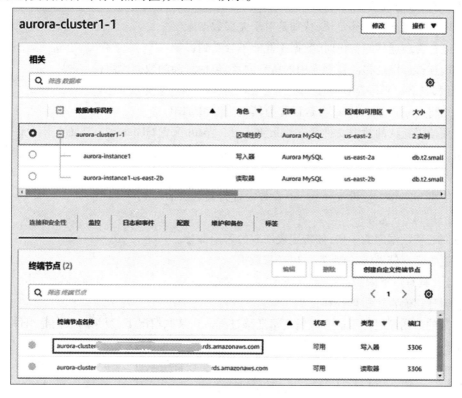

图6-2　数据库集群详细信息

（3）使用 MySQL 监视器命令连接到 Aurora MySQL 数据库集群上的数据库。

参数说明：

- -h：指定数据库主机名，登录本机（localhost 或 127.0.0.1）。
- -P：指定数据库端口（默认端口：3306）。
- -u：登录数据库的用户名。
- -p：登录数据库的用户名密码。

```
[ root @ test ~ ] # mysql-h aurora-cluster1-1.xxx.us-east-2.rds.amazonaws.com-P 3306-u
aurora_user1-p
Enter password:
Welcome to the MariaDB monitor. Commands end with;or\g.
Your MySQL connection id is 7126
Server version:5.7.12 MySQL Community Server(GPL)
Copyright(c)2000,2018,Oracle,MariaDB Corporation Ab and others.
Type'help;'or'\h'for help. Type'\c'to clear the current input statement.
MySQL[(none)] >
```

3. 将本地 MySQL 数据库迁移到 Amazon Aurora MySQL 数据库集群

对于将本地数据从现有数据库迁移到 Amazon Aurora MySQL 数据库集群，有多种选择。用户的迁移选项还取决于从中迁移数据的数据库和迁移数据的规模。

有两种不同类型的迁移：物理迁移和逻辑迁移。物理迁移意味着使用数据库文件的物理副本来迁移数据库。逻辑迁移意味着通过应用逻辑数据库更改（如插入、更新和删除）来完成迁移[1]。

物理迁移有以下优势：

- 物理迁移比逻辑迁移要快，特别是对于大型数据库。
- 在进行物理迁移的备份时，数据库性能不会受到影响。
- 物理迁移可以迁移源数据库中的所有内容，包括复杂的数据库组件。

物理迁移具有以下限制：

- 必须将 innodb_page_size 参数设置为其默认值（16 KB）。
- 必须使用默认的数据文件名 innodb_data_file_path 配置"ibdata1"。下面是不允许使用的文件名示例："innodb_data_file_path = ibdata1:50M;ibdata2:50M;autoextend" 和" innodb_data_file_path = ibdata01:50M;autoextend"。
- 必须将 innodb_log_files_in_group 参数设置为其默认值（2）。

逻辑迁移有以下优势：

- 可以迁移数据库的子集，如特定表或表的若干部分。
- 无论物理存储结构如何，都可以迁移数据。

逻辑迁移具有以下限制：

- 逻辑迁移通常比物理迁移慢。
- 复杂的数据库组件可能会减慢逻辑迁移过程。在某些情况下，复杂的数据库组件甚至可以阻止逻辑迁移。

Percona XtraBackup 是开源免费的 MySQL 数据库物理备份软件，支持在线热备份（备份时不影响数据读写）。和 mysqldump 相比，mysqldump 是直接生成 SQL 语句，在恢复的时候执行备份的 SQL 语句实现数据库数据的重现。因此，迁移较大 MySQL 数据库到 Aurora 时，mysqldump 的方式效率太低。而 XtraBackup 备份的是数据库的数据和日志,并且文件可以压缩,这样文件更小,因此备份和还原都更快。因此对于大数据库推荐用物理备份(XtraBackup)的方式进行迁移。

(1)安装 Percona XtraBackup 备份软件,对于 MySQL 5.7 迁移,必须使用 Percona XtraBackup 2.4。

```
#安装 Percona 存储库
wget http://www.percona.com/downloads/percona-release/redhat/0.1-6/percona-release-
0.1-6.noarch.rpm
rpm-ivh percona-release-0.1-6.noarch.rpm
#安装 Percona XtraBackup
yum install-y percona-xtrabackup-24
```

(2)创建具有完全备份所需的最小权限的数据库用户。

```
MariaDB [(none)] > CREATE USER 'bkpuser'@ 'localhost' IDENTIFIED BY 's3cret';
MariaDB [(none)] > GRANT RELOAD, LOCK TABLES, PROCESS, REPLICATION CLIENT ON * . *  TO '
bkpuser'@ 'localhost';
MariaDB [(none)] > FLUSH PRIVILEGES;
```

(3)使用 innobackupex 全量备份。

```
[root@ controller ~] # innobackupex-u bkpuser-ps3cret--stream = tar /tmp | gzip-9 >./
controller_db.tar.gz
...
xtrabackup: Transaction log of lsn(4534532387)to(4534540740)was copied.
190705 09:24:12 completed OK!
```

(4)使用 aws-cli 客户端将备份文件上传到 S3 存储桶。

```
#安装 python-pip
[root@ controller ~]# yum install-y python python-pip
#更换 pip 源
[root@ controller ~]# mkdir /root/.pip
[root@ controller ~]# vi /root/.pip/pip.conf
[global]
index-url = https://pypi.douban.com/simple
[install]
trusted-host = https://pypi.douban.com
#安装 aws-cli
[root@ controller ~]# pip install awscli--upgrade--user
[root@ controller ~]# vi /etc/profile
export PATH =/root/.local/bin: $ PATH
[root@ controller ~]# source /etc/profile
[root@ controller ~]# aws--version
aws-cli/1.16.193 Python/2.7.5 Linux/3.10.0-327.el7.x86_64 botocore/1.12.183
#配置 S3 验证,填入访问密钥 ID、私有访问密钥、region,其他保持默认,按 Enter 键
[root@ controller ~]# aws configure
AWS Access Key ID [None]: xxx
AWS Secret Access Key [None]: xxx
Default region name [None]: us-east-2
Default output format [None]:
```

```
#上传 controller_db.tar.gz 文件到 S3 存储桶
[root@ controller ~]# aws s3 cp ./controller_db.tar.gz s3://mysql-backups1
upload:./controller_db.tar.gz to s3://mysql-backups1/controller_db.tar.gz
#检查文件是否上传成功
[root@ controller ~]# aws s3 ls s3://mysql-backups1
2019-07-06 15:45:38 2938457 controller_db.tar.gz
```

（5）通过网址 https://console.aws.amazon.com/rds/ 打开 Amazon RDS 控制台，在导航窗格中选择数据库，然后选择从 S3 还原，如图 6-3 所示。

图 6-3　Amazon RDS 控制台

（6）在选择引擎页面上，选择 Amazon Aurora，选择与 MySQL 兼容的版本，然后选择下一步。

（7）在指定源备份的详细信息页面上设置以下值，然后选择下一步。

- 源引擎版本：5.7。
- 选择 S3 存储桶：mysql-backups1。
- 创建新角色：是。
- IAM 角色名称：aurora_s3。
- 允许访问 KMS 密钥：否。

（8）在指定数据库的详细信息页面上设置以下值，然后选择下一步。

- Capacity type：Provisioned。
- 数据库引擎版本：Aurora(MySQL)-5.7.12。
- 数据库实例类：db.t2.small-1 vCPU,2 GB RAM。
- 多可用区部署：否。
- 数据库实例标识符：aurora-instance。
- 主用户名：aurora_user。
- 主密码和确认密码：该密码用于登录到数据库。

（9）在配置高级设置页面上设置以下值：

- Virtual Private Cloud(VPC):vpc-f354b098。
- 子网组:default。
- 公开可用性:是。
- 可用区:us-east-2a。
- VPC 安全组:选择现有 VPC 安全组(default)。
- 数据库集群标识符:aurora-cluster。
- 数据库名称:aurora_db。
- 端口:3306。

将其余的值保留为默认值,并选择创建数据集以创建数据库集群和主实例。

(10)使用 MySQL 监视器命令连接到 Aurora MySQL 数据库集群上的数据库确认数据库还原成功,如图 6-4 所示。

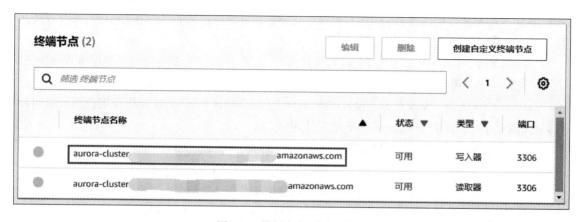

图 6-4 数据库集群详细信息

```
[root @ master ~ ] # mysql-h aurora-cluster.xxx.us-east-2.rds.amazonaws.com-P 3306-u
aurora_user-p
Enter password:
Welcome to the MariaDB monitor.   Commands end with ; or \g.
Your MySQL connection id is 46
Server version:5.7.12 MySQL Community Server(GPL)
Copyright(c)2000, 2015, Oracle, MariaDB Corporation Ab and others.
Type 'help;' or '\h' for help. Type '\c' to clear the current input statement.
MySQL [(none)] > show databases;
+--------------------+
| Database           |
+--------------------+
| information_schema |
| aurora_db          |
| mysql              |
| performance_schema |
| sys                |
| zabbix             |
+--------------------+
```

```
6 rows in set(0.47 sec)
MySQL[(none)] > select * from zabbix.users_groups;
+----+----------+--------+
|id |usrgrpid |userid |
+----+----------+--------+
| 4 |        7 |      1 |
| 2 |        8 |      2 |
+----+----------+--------+
2 rows in set(0.49 sec)
```

至此,已经成功将本地 MySQL 数据库迁移到 Amazon Aurora MySQL 数据库集群。

6.1.2 MySQL 数据库

MySQL 是世界上最热门的开源关系数据库,而 Amazon RDS 让用户能够在云中轻松设置、操作和扩展 MySQL 部署。借助 Amazon RDS,可以在几分钟内部署可扩展的 MySQL 服务器,不仅经济实惠,而且可以调整硬件容量的大小。

Amazon RDS for MySQL 可以管理备份、软件修补、监控、扩展和复制等耗时的数据库管理任务,让用户能专注于应用程序开发。

Amazon RDS 支持 5.5、5.6、5.7 和 8.0 版 MySQL Community Edition,这意味着用户当前使用的代码、应用程序和工具可与 Amazon RDS 搭配使用。

1. 创建运行 MySQL 的数据库实例

(1)通过网址 https://console.aws.amazon.com/rds/打开 Amazon RDS 控制台。

(2)在 AWS 管理控制台的右上角选择创建数据库集群的 AWS 区域。

(3)在 Amazon RDS 控制台选择创建数据库以打开选择引擎页面,如图 6-5 所示。

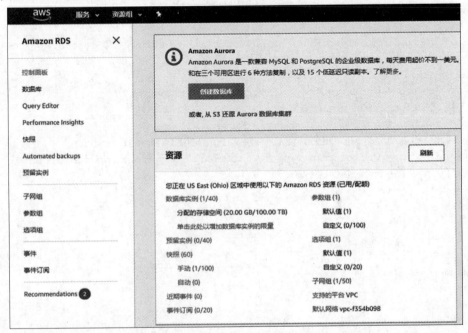

图 6-5　Amazon RDS 控制台

（4）在创建数据库页面上设置以下值：

- 引擎类型：MySQL。
- 数据库引擎版本：MySQL5.7.22。
- 模板：免费套餐。
- 数据库实例标识符：mysql-instance1。
- 用户名：mysql_user1。
- 主密码和确认密码：该密码用于登录到数据库。
- 数据库实例类：可突增类（包括 t 类）-db.t2.micro。
- 储存类型：通用型（SSD）。
- 分配存储空间：20 GB。
- 储存自动扩展：不启用。
- 多可用区部署：否。
- Virtual Private Cloud（VPC）：vpc-f354b098。
- 子网组：default。
- 公开可用性：是。
- VPC 安全组：选择现有 VPC 安全组（default）。
- 可用区：us-east-2a。
- 数据库名称：test_db。
- 端口：3306。
- IAM 数据库身份验证：不启用。
- 备份：不启用。

将其余的值保留为默认值，并选择创建数据集以创建数据库实例。

2. 连接到运行 MySQL 的数据库实例

在 Amazon RDS 配置数据库实例并创建实例后，可以使用任何标准 SQL 客户端应用程序连接到该数据库实例上的数据库。在该示例中，使用 MySQL 监视器命令连接到 Amazon RDS MySQL 数据库实例上的数据库。

（1）通过网址 https://console.aws.amazon.com/rds/打开 Amazon RDS 控制台。

（2）在导航窗格中选择数据库，然后选择要显示数据库实例详细信息的数据库实例。在详细信息页面上，复制实例终端节点的值。

（3）使用 MySQL 监视器命令连接到 Amazon RDS MySQL 数据库实例上的数据库。

参数说明：

- -h：指定数据库主机名，登录本机（localhost 或 127.0.0.1）。
- -P：指定数据库端口（默认端口：3306）。
- -u：登录数据库的用户名。
- -p：登录数据库的用户名密码。

```
[root@ controller ~]# mysql-h mysql-instance1.xxx.us-east-2.rds.amazonaws.com-P 3306-
u mysql_user1-p
Enter password:
Welcome to the MySQL monitor. Commands end with ; or \g.
```

```
Your MySQL connection id is 178
Server version: 5. 7. 22 Source distribution
Copyright(c)2000, 2016, Oracle and/or its affiliates. All rights reserved.
Oracle is a registered trademark of Oracle Corporation and/or its
affiliates. Other names may be trademarks of their respective
owners.
Type 'help;' or '\h' for help. Type '\c' to clear the current input statement.
mysql >
```

3. 将数据从本地 MySQL 数据库迁移到 Amazon RDS MySQL 数据库实例

对于将本地数据从现有数据库迁移到 Amazon RDS MySQL 数据库实例,用户有多种选择。用户的迁移选项还取决于从中迁移数据的数据库和迁移数据的规模。

mysqldump 是 MySQL 数据库自带的一款命令行工具,mysqldump 属于单线程,功能是非常强大的,不仅常被用于执行数据备份任务,甚至可以用于数据迁移。mysqldump 命令是直接生成 SQL 语句,在恢复的时候执行备份的 SQL 语句实现数据库数据的重现。因此对于小数据库推荐用逻辑备份(mysqldump)的方式进行迁移。

(1)在本地查看需要迁移的数据库。

```
[root@ controller ~]# mysql-u root-p000000
Welcome to the MariaDB monitor. Commands end with;or\g.
Your MariaDB connection id is 8
Server version: 10. 1. 40-MariaDB MariaDB Server
Copyright(c)2000, 2018, Oracle, MariaDB Corporation Ab and others.
Type 'help;' or '\h' for help. Type '\c' to clear the current input statement.
MariaDB [(none)] > show databases;
+--------------------+
| Database           |
+--------------------+
| information_schema |
| mysql              |
| performance_schema |
| zabbix             |
+--------------------+
4 rows in set(0. 01 sec)
```

(2)使用 mysqldump 命令将数据从本地 MySQL 数据库迁移到 Amazon RDS MySQL 数据库实例。

参数说明:
- -h:指定数据库主机名,登录本机(localhost 或 127. 0. 0. 1)。
- -P:指定数据库端口(大写的 P,默认端口:3306)。
- -u:登录数据库的用户名。
- -p:登录数据库的用户名密码(小写的 p)。
- --single-transaction:用于保持数据完整性。
- --compress:在本地数据库和 Amazon RDS 之间启用压缩传递数据。
- --order-by-primary:用于减少加载时间,根据主键对每个表中的数据进行排序。

```
[root@ controller ~]# mysqldump\
>  -u root-p000000 \
>  --database zabbix \
>  --single-transaction \
>  --compress \
>  --order-by-primary | mysql \
>  -u mysql_user1-p00000000 \
>  -P 3306 \
>  -h mysql-instance1. xxx. us-east-2. rds. amazonaws. com
```

（3）使用 MySQL 监视器命令连接到 Amazon RDS MySQL 数据库实例上的数据库确认数据库迁移成功。

```
[root@ controller ~]# mysql-h mysql-instance1. xxx. us-east-2. rds. amazonaws. com-u mysql
_user1-p00000000
Welcome to the MariaDB monitor. Commands end with ; or \g.
Your MySQL connection id is 968
Server version: 5. 7. 22 Source distribution
Copyright( c)2000, 2018, Oracle, MariaDB Corporation Ab and others.
Type 'help;' or '\h' for help. Type '\c' to clear the current input statement.
MySQL [( none)] > show databases;
+--------------------+
| Database           |
+--------------------+
+--------------------+
| information_schema |
| innodb             |
| mysql              |
| performance_schema |
| sys                |
| test_db            |
| zabbix             |
+--------------------+
7 rows in set(1. 16 sec)
MySQL [( none)] >select *  from zabbix. users_groups;
+---+----------+--------+
| id | usrgrpid | userid |
+---+----------+--------+
| 4 |    7     |   1    |
| 2 |    8     |   2    |
+---+----------+--------+
2 rows in set(0. 01 sec)
```

至此,已经成功将本地 MySQL 数据库迁移到 Amazon RDS MySQL 数据库实例。

6. 1. 3　MariaDB 数据库

　　MariaDB 是 MySQL 的原始开发人员创建的一种常用的开源关系数据库。Amazon RDS 让用户能够在云中轻松设置、执行和扩展 MariaDB 部署。借助 Amazon RDS,可以在几分钟内部署可扩展的 MariaDB 云数据库,不仅经济实惠,而且可以调节硬件能力。

Amazon RDS 通过管理耗时的数据库管理任务(包括备份、软件修补、监控、扩展和复制),让用户能专注于应用程序。

Amazon RDS 支持 10.0、10.1、10.2 和 10.3 版 MariaDB Server,这意味着用户当前使用的代码、应用程序和工具可与 Amazon RDS 搭配使用。

1. 创建运行 MariaDB 的数据库实例

(1)通过网址 https://console.aws.amazon.com/rds/打开 Amazon RDS 控制台。

(2)在 AWS 管理控制台的右上角选择创建数据库集群的 AWS 区域。

(3)在 Amazon RDS 控制台选择创建数据库以打开选择引擎页面,如图 6-6 所示。

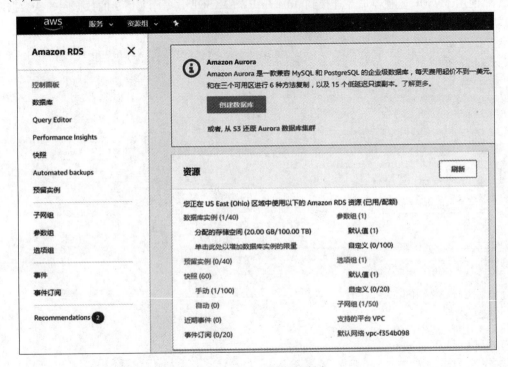

图 6-6　Amazon RDS 控制台

(4)在创建数据库页面上设置以下值:

- 引擎类型:MariaDB。
- 版本:MariaDB 10.2.21。
- 模板:免费套餐。
- 数据库实例标识符:mariadb-instance1。
- 主用户名:mariadb_user1。
- 主密码和确认密码:该密码用于登录到数据库。
- 数据库实例类:可突增类(包括 t 类)-db.t2.micro。
- 储存类型:通用型(SSD)。
- 分配存储空间:20 GB。
- 储存自动扩展:不启用。
- 多可用区部署:否。

- Virtual Private Cloud(VPC):vpc-a5eee0cd。
- 子网组:default。
- 公开可用性:是。
- VPC 安全组:选择现有 VPC 安全组(default)。
- 可用区:us-east-2a。
- 端口:3306。
- 初始数据名称:test_db。
- 备份:不启用。

将其余的值保留为默认值,并选择创建数据集以创建数据库实例。

2. 连接到运行 MariaDB 的数据库实例

在 Amazon RDS 配置数据库实例并创建实例后,可以使用任何标准 SQL 客户端应用程序连接到该数据库实例上的数据库。在该示例中,使用 MySQL 监视器命令连接到 Amazon RDS MariaDB 数据库实例上的数据库。

(1)通过网址 https://console. aws. amazon. com/rds/打开 Amazon RDS 控制台。

(2)在导航窗格中选择数据库,然后选择要显示数据库实例详细信息的数据库实例。在详细信息页面上,复制实例终端节点的值。

(3)使用 MySQL 监视器命令连接到 Amazon RDS MariaDB 数据库实例上的数据库。

参数说明:

- -h:指定数据库主机名,登录本机(localhost 或 127. 0. 0. 1)。
- -P:指定数据库端口(默认端口:3306)。
- -u:登录数据库的用户名。
- -p:登录数据库的用户名密码。

```
[ root @ controller ~ ] # mysql-h mariadb-instance1. xxx. us-east-2. rds. amazonaws. com-u
mariadb_user1-p00000000
Welcome to the MariaDB monitor. Commands end with;or\g.
Your MariaDB connection id is 26
Server version:10. 2. 21-MariaDB-log Source distribution
Copyright(c)2000,2018,Oracle,MariaDB Corporation Ab and others.
Type'help;'or'\h'for help. Type'\c'to clear the current input statement.
MariaDB[(none)] >
```

6. 1. 4　PostgreSQL 数据库

PostgreSQL 是一个功能强大的开源数据库系统。经过长达 15 年以上的积极开发和不断改进,PostgreSQL 已在可靠性、稳定性、数据一致性等获得了业内极高的声誉。目前 PostgreSQL 可以运行在所有主流操作系统上,包括 Linux、UNIX(AIX、BSD、HP-UX、SGI IRIX、Mac OS X、Solaris 和 Tru64)和 Windows。PostgreSQL 是完全的事务安全性数据库,完整地支持外键、联合、视图、触发器和存储过程(并支持多种语言开发存储过程)。它支持了大多数的 SQL:2008 标准的数据类型,包括整型、数值型、布尔型、字节型、字符型、日期型、时间间隔型和时间型,它也支持存储二进制的大对象,包括图片、声音和视频。PostgreSQL 对很多高级开发语言有原生的编程接口,如 C/C++、Java、. Net、Perl、Python、Ruby、Tcl 和 ODBC 以及其他语言等,也包含各种文档。

PostgreSQL已成为许多企业开发人员和初创公司的首选开源关系数据库,为领先的商用和移动应用程序提供助力。Amazon RDS让用户能够在云中轻松设置、操作和扩展PostgreSQL部署。借助Amazon RDS,可以在几分钟内完成可扩展的PostgreSQL部署,不仅经济实惠,而且可以调整硬件容量。Amazon RDS可管理复杂而耗时的管理任务,如PostgreSQL软件安装和升级、存储管理、为获得高可用性和高读取吞吐量而进行的复制,以及为灾难恢复而进行的备份。

借助Amazon RDS for PostgreSQL,用户可以访问非常熟悉的PostgreSQL数据库引擎的功能。这意味着用户当前用于现有数据库的代码、应用程序和工具也可以用于Amazon RDS。Amazon RDS支持PostgreSQL主要版本11,该版本包括对性能、可靠性、事务管理和查询并行性等方面的多项增强。

只需在AWS管理控制台中点击几下鼠标,即可使用自动配置的数据库参数部署PostgreSQL数据库,以获得最佳性能。Amazon RDS for PostgreSQL数据库既可以按照标准存储模式预置,也可以按照预配置IOPS模式配置。预置完成后,可以扩展到16 TB的存储容量和40 000 IOPS。此外,Amazon RDS for PostgreSQL还支持进行扩展并超出单个数据库部署的容量,以便处理高读取量的数据库工作负载。

1. 创建运行PostgreSQL的数据库实例

(1)通过网址https://console.aws.amazon.com/rds/打开Amazon RDS控制台。

(2)在AWS管理控制台的右上角选择创建数据库集群的AWS区域。

(3)在Amazon RDS控制台选择创建数据库以打开选择引擎页面,如图6-7所示。

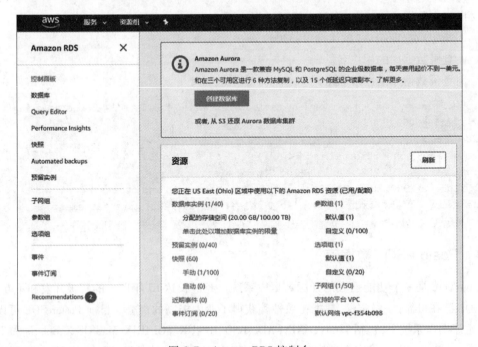

图6-7　Amazon RDS控制台

(4)在创建数据库页面上设置以下值:

- 引擎类型:PostgreSQL。
- 版本:PostgreSQL 10.6-R1。

- 套餐:免费套餐。
- 数据库实例标识符:postgresql-instance1。
- 主用户名:postgresql_user1。
- 主密码和确认密码:该密码用于登录到数据库。
- 数据库实例类:可突增类(包括 t 类)-db. t2. micro。
- 储存类型:通用型(SSD)。
- 分配存储空间:20 GB。
- 储存自动扩展:不启用。
- 多可用区部署:否。
- Virtual Private Cloud(VPC):vpc-a5eee0cd。
- 子网组:default。
- 公开可用性:是。
- VPC 安全组:选择现有 VPC 安全组(default)。
- 可用区:us-east-2a。
- 端口:5432。
- 初始数据库名称:test_pgdb。
- IAM 数据库身份验证:不启用。
- 备份:不启用。

将其余的值保留为默认值,并选择创建数据集以创建数据库实例。

2. 连接到运行 PostgreSQL 的数据库实例

在 Amazon RDS 配置数据库实例并创建实例后,可以使用 psql 命令行工具连接到该数据库实例上的数据库。在该示例中,需要在客户端计算机上安装 PostgreSQL 或 psql 客户端,然后使用 psql 命令连接到 Amazon RDS PostgreSQL 数据库实例上的数据库。

(1)通过网址 https://console. aws. amazon. com/rds/打开 Amazon RDS 控制台。

(2)在导航窗格中选择数据库,然后选择要显示数据库实例详细信息的数据库实例。在详细信息页面上,复制实例终端节点的值。

(3)使用 psql 命令连接到 Amazon RDS PostgreSQL 数据库实例上的数据库。

参数说明:

- -h:指定数据库主机名。
- -p:指定数据库端口(默认端口:5432)。
- -U:登录数据库的用户名。
- -W:强制密码提示。
- -d:指定要连接的数据库名称(默认值:postgres)。

```
-bash-4. 2 $ psql-h postgresql-instance1. cuj8rbmj6hg8. us-east-2. rds. amazonaws. com
-p 5432-U postgresql_user1-W-d test_pgdb
Password for user postgresql_user1:
psql(10. 9, server 10. 6)
SSL connection ( protocol: TLSv1. 2, cipher: ECDHE-RSA-AES256-GCM-SHA384, bits: 256,
compression: off)
Type"help"for help.
test_pgdb = >
```

6.1.5 Oracle 数据库

Oracle 数据库是 Oracle 开发的一种关系数据库管理系统。Amazon RDS 让用户能够在云中轻松设置、操作和扩展 Oracle Database 部署。借助 Amazon RDS,可以在几分钟内部署 Oracle Database 的多个版本,不仅经济高效,而且可以调整硬件容量大小。

可以通过两种不同的许可模式运行 Amazon RDS for Oracle,即"附带许可"和"自带许可(BYOL)"。在"附带许可"服务模型中,无须单独购买 Oracle 许可;Oracle 数据库软件由 AWS 提供授权许可。"附带许可"的起价为 0.04 USD/小时,其中包含软件、底层硬件资源,以及 Amazon RDS 管理功能。如果已拥有 Oracle Database 许可,可以使用 BYOL 模型在 Amazon RDS 上运行 Oracle 数据库,其起价为 0.025 USD/小时。BYOL 模型设计为面向选择使用现有的 Oracle 数据库许可或直接从 Oracle 购买新许可的客户。

可以利用按小时计费的优势,即无须前期投入,也无长期合约。此外,也可以选择按照一年或三年预留期购买预留数据库实例。使用预留数据库实例时,可以为每个数据库实例预先支付较低的一次性费用,而后再支付享受大幅折扣的按小时使用费,净成本节约最高可达48%。

Amazon RDS for Oracle DB 实例既可以按照标准存储模式配置,也可以按照预配置 IOPS 模式配置。Amazon RDS 预配置 IOPS 是一种可提供快速、可预测和一致的 I/O 性能的存储选项,并且专门针对 I/O 密集型、事务处理型(OLTP)数据库的工作负载进行了优化。

此外,Amazon RDS for Oracle 还让用户能够轻松地使用复制功能来增强生产数据库的可用性和可靠性。使用多可用区部署选项,可以执行任务关键的工作负载,并且在发生故障时,能够利用高可用性和内置的自动故障转移功能,从主数据库转移到同步复制的辅助数据库。与所有 Amazon Web Services 相同,用户无须预先投资,而且只需为所使用的资源付费。

1. 创建运行 Oracle 的数据库实例

(1)通过网址 https://console.aws.amazon.com/rds/打开 Amazon RDS 控制台。

(2)在 AWS 管理控制台的右上角选择创建数据库集群的 AWS 区域。

(3)在 Amazon RDS 控制台选择创建数据库以打开选择引擎页面,如图 6-8 所示。

(4)在创建数据库页面上设置以下值:

- 引擎类型:Oracle。
- 版本:Oracle Enterprise Edition。
- 引擎版本:Oracle 12.1.0.2.v16。
- 模板:免费套餐。
- 数据库实例标识符:oracle-instance1。
- 主用户名:oracle_user1。
- 主密码和确认密码:该密码用于登录到数据库。
- 数据库实例类:可突增类(包括 t 类)-db.t2.micro。
- 储存类型:通用型(SSD)。
- 分配存储空间:20 GB。
- 储存自动扩展:不启用。
- 多可用区部署:否。

图 6-8 Amazon RDS 控制台

- Virtual Private Cloud(VPC):vpc-a5eee0cd。
- 子网组:default。
- 公开可用性:是。
- VPC 安全组:选择现有 VPC 安全组(default)。
- 可用区:us-east-2a。
- 端口:1521。
- 初始数据库名称:oracledb。
- 字符集:AL32UTF8。
- 备份:不启用。

将其余的值保留为默认值,并选择创建数据集以创建数据库实例。

2. 连接到运行 Oracle 的数据库实例

在 Amazon RDS 配置数据库实例并创建实例后,可以使用 sqlplus 命令行工具连接到该数据库实例上的数据库。在该示例中,需要客户端计算机上安装 Oracle 或 sqlplus 客户端,然后使用 sqlplus 命令连接到 Amazon RDS Oracle 数据库实例上的数据库。

(1)通过网址 https://console. aws. amazon. com/rds/打开 Amazon RDS 控制台。

(2)在导航窗格中选择数据库,然后选择要显示数据库实例详细信息的数据库实例。在详细信息页面上,复制实例终端节点的值。

(3)使用 sqlplus 命令连接到 Amazon RDS Oracle 数据库实例上的数据库。

参数说明:

- Username(用户名):oracle_user1。
- Password(密码):该密码用于登录到数据库。

- Hostname(主机名):oracle-instance1. xxx. us-east-2. rds. amazonaws. com。
- Port(端口):1521。
- SID:SID 值是创建数据库实例时指定的数据库的名称。

```
[root@ controller ~]# sqlplus 'oracle_user1@ ( DESCRIPTION = ( ADDRESS = ( PROTOCOL =
TCP)(HOST = oracle-instance1. xxx. us-east-2. rds. amazonaws. com)( PORT =1521))( CONNECT_DATA
=(SID = oracledb)))'
SQL* Plus: Release 19. 0. 0. 0. 0-Production on Tue Aug 6 19:59:54 2019
Version 19. 3. 0. 0. 0
Copyright(c)1982, 2019, Oracle. All rights reserved.
Enter password:
Connected to:
Oracle Database 12c Enterprise Edition Release 12. 1. 0. 2. 0-64bit Production
With the Partitioning, OLAP, Advanced Analytics and Real Application Testing options
SQL >
```

6. 1. 6 Microsoft SQL Server 数据库

SQL Server 是 Microsoft 开发的一种关系数据库管理系统。Amazon RDS for SQL Server 可让用户在云中轻松设置、操作和扩展 SQL Server 部署。借助 Amazon RDS,用户可以在几分钟内部署多种 SQL Server(2008 R2、2012、2014、2016 和 2017)版本,包括 Express、Web、Standard 和 Enterprise 版,不仅经济实惠,而且可以扩展计算容量。

Amazon RDS for SQL Server 支持"附带许可"授权模式。用户不需要单独购买 Microsoft SQL Server 许可证。"附带许可"定价中包含软件、底层硬件资源,以及 Amazon RDS 管理功能。

可以利用按小时计费的优势,即无须前期投入,也无长期合约。此外,也可以选择按照一年或三年预留期购买预留数据库实例。使用预留数据库实例时,可以为每个数据库实例预先支付较低的一次性费用,而后再支付享受大幅折扣的按小时使用费率,净成本节约最高可达65%。

Amazon RDS for SQL Server DB 实例既可以按照标准存储模式配置,也可以按照 Provisioned IOPS 模式配置。Amazon RDS 预配置 IOPS 是一种提供快速、可预测和一致的 I/O 性能的存储选项,并且专门针对 I/O 密集型、事务处理型(OLTP)数据库的工作负载进行了优化。

1. 创建运行 SQL Server 的数据库实例

(1)通过网址 https://console. aws. amazon. com/rds/打开 Amazon RDS 控制台。

(2)在 AWS 管理控制台的右上角选择创建数据库集群的 AWS 区域。

(3)在 Amazon RDS 控制台选择创建数据库以打开选择引擎页面,如图6-9所示。

(4)在配置设置页面上设置以下值:

- 引擎类型:Microsoft SQL Server。
- 版本:SQL Server Express Edition。
- 引擎版本:SQL Server 2017 14. 00. 3049. 1. v1。
- 模板:免费套餐。
- 数据库实例标识符:sqlserver-instance1。
- 主用户名:sqlserver_user1。
- 主密码和确认密码:该密码用于登录到数据库。
- 数据库实例类:可突增类(包括 t 类)-db. t2. micro。

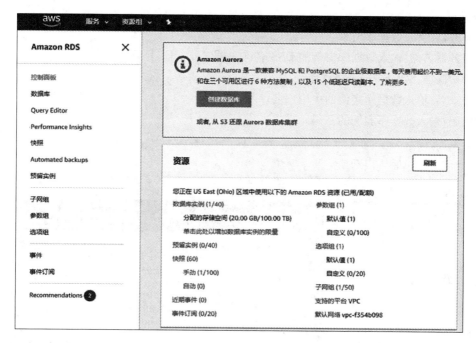

图 6-9　Amazon RDS 控制台

- 储存类型:通用型(SSD)。
- 分配存储空间:20 GB。
- 储存自动扩展:不启用。
- Virtual Private Cloud(VPC):vpc-a5eee0cd。
- 子网组:default。
- 公开可用性:是。
- VPC 安全组:选择现有 VPC 安全组(default)。
- 可用区:us-east-2a。
- 端口:1433。
- 备份:不启用。

将其余的值保留为默认值,并选择创建数据集以创建数据库实例。

2. 连接到运行 SQL Server 的数据库实例

在 Amazon RDS 配置数据库实例并创建实例后,可以使用 Microsoft SQL Server Management Studio 连接到该数据库实例上的数据库。在该示例中,需要在客户端计算机上安装 Microsoft SQL Server Management Studio,然后使用 Microsoft SQL Server Management Studio 连接到 Amazon RDS SQL Server 数据库实例上的数据库。

(1)通过网址 https://console.aws.amazon.com/rds/打开 Amazon RDS 控制台。

(2)在导航窗格中选择数据库,然后选择要显示数据库实例详细信息的数据库实例。在详细信息页面上,复制实例终端节点的值。

(3)使用 Microsoft SQL Server Management Studio 连接到 Amazon RDS SQL Server 数据库实例上的数据库,如图 6-10 所示。

参数说明：

- 服务器类型：数据库引擎。
- 服务器名称：输入数据库实例的 DNS 名称和端口号，用逗号隔开。
- 身份验证：SQL Server 身份验证。
- 登录名：输入数据库实例的主用户名。
- 密码：输入数据库实例的密码。

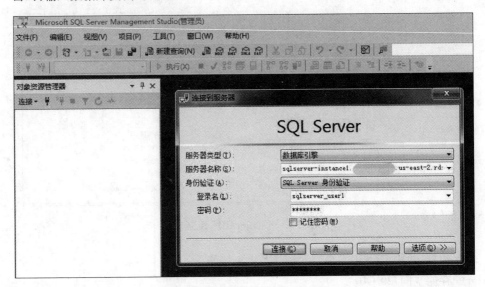

图 6-10　SQL Server 登录窗口

（4）现在已经成功连接到运行 SQL Server 的数据库实例，如图 6-11 所示。

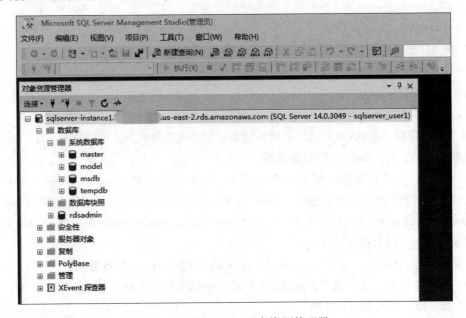

图 6-11　SQL Server 对象资源管理器

6.2 非关系型数据库服务 DynamoDB

Amazon DynamoDB 是一种完全托管的 NoSQL 数据库服务,提供快速而可预测的性能,能够实现无缝扩展。可以使用 Amazon DynamoDB 创建一个数据库表来存储和检索任何大小的数据,并处理任何级别的请求流量。Amazon DynamoDB 可自动将表的数据和流量分布到足够多的服务器中,以处理客户指定的请求容量和数据存储量,同时保持一致的性能和高效的访问。

Amazon DynamoDB 是一个键/值和文档数据库,可以在任何规模的环境中提供个位数的毫秒级性能。它是一个完全托管、多区域多主的持久数据库,具有适用于 Internet 规模的应用程序的内置安全性、备份和恢复和内存缓存。DynamoDB 每天可处理超过 10 万亿个请求,并可支持每秒超过 2 000 万个请求的峰值。

许多全球发展最快的企业,如 Lyft、Airbnb 和 Redfin,以及 Samsung、Toyota 和 Capital One 等企业,都依靠 DynamoDB 的规模和性能来支持其关键任务工作负载。

数十万 AWS 客户选择 DynamoDB 作为键值和文档数据库,用于其移动、Web、游戏、广告技术、物联网及其他需要任何规模的低延迟数据访问的应用程序。用户只需为应用程序创建一个新表,其他的工作交给 DynamoDB 即可。

6.2.1 DynamoDB 核心组件

在 DynamoDB 中,表、项目和属性是核心组件。表是项目的集合,而每个项目是属性的集合。DynamoDB 使用主键来唯一标识表中的每个项目,并且使用二级索引来提供更大的查询灵活性。可以使用 DynamoDB 流捕获 DynamoDB 表中的数据修改事件。

1. 表、项目和属性

以下是基本的 DynamoDB 组件:

(1)表:类似于其他数据库系统,DynamoDB 将数据存储在表中。表是数据的集合。名为 People 的示例表可用于存储有关好友、家人或关注的任何其他人的个人联系信息。也可以建立一个 Cars 表,存储有关人们所驾驶的车辆的信息。

(2)项目:每个表包含零个或更多个项目。项目是一组属性,具有不同于所有其他项目的唯一标识。在 People 表中,每个项目表示一位人员。在 Cars 表中,每个项目代表一种车。DynamoDB 中的项目在很多方面都类似于其他数据库系统中的行、记录或元组。在 DynamoDB 中,对表中可存储的项目数没有限制。

(3)属性:每个项目包含一个或多个属性。属性是基础的数据元素,无须进一步分解。例如,People 表中的一个项目包含名为 PersonID、LastName、FirstName 等的属性。对于 Department 表,项目可能包含 DepartmentID、Name、Manager 等属性。DynamoDB 中的属性在很多方面都类似于其他数据库系统中的字段或列。

图 6-12 是一个名为 Music 的表,该表可用于跟踪音乐精选。

请注意有关 Music 表的以下事项:

(1)Music 的主键包含两个属性(Artist 和 SongTitle)。表中的每个项目必须具有这两个属性。Artist 和 SongTitle 的属性组合用于将表中的每个项目与所有其他内容区分开来。

```
{
    "Artist": "No One You Know",
    "SongTitle": "My Dog Spot",
    "AlbumTitle": "Hey Now",
    "Price": 1.98,
    "Genre": "Country",
    "CriticRating": 8.4
}
```

```
{
    "Artist": "No One You Know",
    "SongTitle": "Somewhere Down The Road",
    "AlbumTitle": "Somewhat Famous",
    "Genre": "Country",
    "CriticRating": 8.4,
    "Year": 1984
}
```

```
{
    "Artist": "The Acme Band",
    "SongTitle": "Still in Love",
    "AlbumTitle": "The Buck Starts Here",
    "Price": 2.47,
    "Genre": "Rock",
    "PromotionInfo": {
        "RadioStationsPlaying": [
            "KHCR",
            "KQBX",
            "WTNR",
            "WJJH"
        ],
        "TourDates": {
            "Seattle": "20150625",
            "Cleveland": "20150630"
        },
        "Rotation": "Heavy"
    }
}
```

```
{
    "Artist": "The Acme Band",
    "SongTitle": "Look Out, World",
    "AlbumTitle": "The Buck Starts Here",
    "Price": 0.99,
    "Genre": "Rock"
}
```

图 6-12   Music

（2）与主键不同，Music 表是无架构的，这表示属性及其数据类型都不需要预先定义。每个项目都能拥有其自己的独特属性。

（3）其中一个项目具有嵌套属性 PromotionInfo，该属性包含其他嵌套属性。DynamoDB 支持最高 32 级深度的嵌套属性。

2. 主键

创建表时，除表名称外，还必须指定表的主键。主键唯一标识表中的每个项目，因此任意两个项目的主键都不相同。

DynamoDB 支持两种不同类型的主键：

（1）分区键：由一个名为 partition key 的属性构成的简单主键。

DynamoDB 使用分区键的值作为内部散列函数的输入。来自散列函数的输出决定了项目将存储到的分区（DynamoDB 内部的物理存储）。

在只有分区键的表中，任何两个项目都不能有相同的分区键值。

表、项目和属性中所述的 People 表是带简单主键（PersonID）的示例表。可以直接访问 People 表中的任何项目，方法是提供该项目的 PersonId 值。

（2）分区键和排序键：称为复合主键，此类型的键由两个属性组成。第一个属性是分区键，第二个属性是排序键。

DynamoDB 使用分区键值作为对内部散列函数的输入。来自散列函数的输出决定了项目将存储到的分区（DynamoDB 内部的物理存储）。具有相同分区键值的所有项目按排序键值的排序顺序存储在一起。

在具有分区键和排序键的表中，两个项目可能具有相同的分区键值。但是，这两个项目必须具有不同的排序键值。

表、项目和属性中所述的 Music 表是包含一个复合主键（Artist 和 SongTitle）的表的示例。可以直接访问 Music 表中的任何项目，方法是提供该项目的 Artist 和 SongTitle 值。

在查询数据时，复合主键可让用户获得额外的灵活性。例如，如果仅提供了 Artist 的值，则 DynamoDB 将检索该艺术家的所有歌曲。要仅检索特定艺术家的一部分歌曲，可以提供一个 Artist 值和一系列 SongTitle 值。

项目的分区键也称其哈希属性。哈希属性一词源自 DynamoDB 中使用的内部哈希函数，以基于数据项目的分区键值实现跨多个分区的数据项目平均分布。

项目的排序键也称其范围属性。范围属性一词源自 DynamoDB 存储项目的方式，它按照排序键值有序地将具有相同分区键的项目存储在互相紧邻的物理位置。

每个主键属性必须为标量（表示它只能具有一个值）。主键属性唯一允许的数据类型是字符串、数字和二进制。对于其他非键属性没有任何此类限制[1]。

3. 二级索引

可以在一个表上创建一个或多个二级索引。利用二级索引，除了可对主键进行查询外，还可使用替代键查询表中的数据。DynamoDB 不需要用户使用索引，但它们将为用户的应用程序提供数据查询方面的更大的灵活性。在表中创建二级索引后，用户可以从索引中读取数据，方法与从表中读取数据大体相同。

DynamoDB 支持两种索引：

（1）Global secondary index：一种带有可能与表中不同的分区键和排序键的索引。

（2）本地二级索引：分区键与表中的相同但排序键与表中的不同的索引。

DynamoDB 中的每个表具有 20 个全局二级索引（默认限制）和 5 个本地二级索引的限制。

在前面显示的示例 Music 表中，可以按 Artist（分区键）或按 Artist 和 SongTitle（分区键和排序键）查询数据项。如果还想要按 Genre 和 AlbumTitle 查询数据，该怎么办？若要达到此目的，可在 Genre 和 AlbumTitle 上创建一个索引，然后通过与查询 Music 表相同的方式查询索引。

图 6-13 显示了示例 Music 表，该表包含一个名为 GenreAlbumTitle 的新索引。在索引中，Genre 是分区键，AlbumTitle 是排序键。

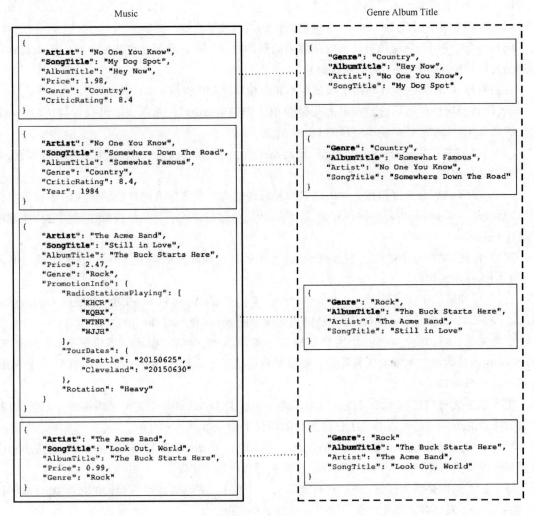

图 6-13　Music 表

请注意有关 GenreAlbumTitle 索引的以下事项：

（1）每个索引属于一个表（称为索引的基表）。在上述示例中，Music 是 GenreAlbumTitle 索引的基表。

（2）DynamoDB 将自动维护索引。当添加、更新或删除基表中的某个项目时，DynamoDB 会添加、更新或删除属于该表的任何索引中的对应项目。

（3）当创建索引时，可指定哪些属性将从基表复制或投影到索引。DynamoDB 至少会将键属性从基表投影到索引中。对于 GenreAlbumTitle 也是如此，只不过此时只有 Music 表中的键属性会投影到索引中。

可以查询 GenreAlbumTitle 索引以查找某个特定流派的所有专辑（如所有 Rock 专辑），还可以查询索引以查找特定流派中具有特定专辑名称的所有专辑（如名称以字母 H 开头的所有 Country 专辑）。

4. DynamoDB 流

DynamoDB 流是一项可选功能，用于捕获 DynamoDB 表中的数据修改事件。有关这些事件的数据将以事件发生的顺序近乎实时地出现在流中。

每个事件由一条流记录表示。如果对表启用流,则每当以下事件之一发生时,DynamoDB 流都会写入一条流记录:

(1)向表中添加了新项目:流将捕获整个项目的映像,包括其所有属性。

(2)更新了项目:流将捕获项目中已修改的任何属性的"之前"和"之后"映像。

(3)从表中删除了项目:流将在整个项目被删除前捕获其映像。

每条流记录还包含表的名称、事件时间戳和其他元数据。流记录具有 24 小时的生命周期;在此时间过后,它们将从流中自动删除。

可以将 DynamoDB 流与 AWS Lambda 结合使用以创建触发器——在流中有用户感兴趣的事件出现时自动执行的代码。例如,假设有一个包含某公司客户信息的 Customers 表,如图 6-14 所示。假设希望向每位新客户发送一封"欢迎"电子邮件,可对该表启用一个流,然后将该流与 Lambda 函数关联。Lambda 函数将在新的流记录出现时执行,但只会处理添加到 Customers 表的新项目。对于具有 EmailAddress 属性的任何项目,Lambda 函数将调用 Amazon Simple Email Service(Amazon SES)以向该地址发送电子邮件。

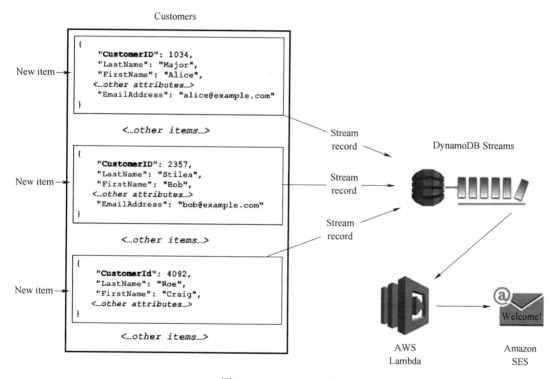

图 6-14 DynamoDB 流

在此示例中,最后一位客户 Craig Roe 将不会收到电子邮件,因为他没有 EmailAddress。

除了触发器之外,DynamoDB 流还提供了强大的解决方案,例如,AWS 区域内和跨 AWS 区域的数据复制、DynamoDB 表中的数据具体化视图、使用 Kinesis 具体化视图的数据分析等。

6.2.2 使用 AWS CLI 访问 DynamoDB 数据库

本次示例是在 Amazon EC2 上使用 AWS Command Line Interface(AWS CLI)访问 DynamoDB

数据库。

可以使用 AWS Command Line Interface(AWS CLI)从命令行管理多个 AWS 服务并通过脚本自动执行这些服务。可以使用 AWS CLI 进行临时操作,如创建表。还可以使用它在实用工具脚本中嵌入 DynamoDB 操作。

1. 创建 IAM 角色

(1)通过网址 https://console.aws.amazon.com/iam/打开 AWS 管理控制台。

(2)在导航窗格中,选择角色,然后选择创建角色。

(3)在创建角色页面上设置以下值,然后单击"下一步"按钮。

①选择受信任实体的类型:AWS 产品。

②选择将使用此角色的服务:EC2。

(4)在 Attach 权限策略页面上,选择 AmazonDynamoDBFullAccess,设置权限边界使用默认设置,然后单击"下一步"按钮,如图 6-15 所示。

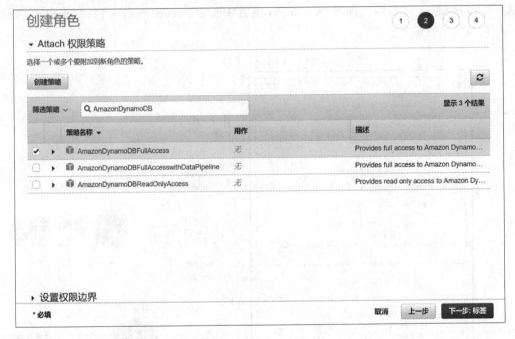

图 6-15　Attach 权限策略

(5)在添加标签页面上,填入键、值,然后单击"下一步"按钮。

①键:name。

②值:DynamoDBRole。

(6)在审核页面上,输入角色名称,然后选择创建角色,如图 6-16 所示。

角色名称:DynamoDBRole。

2. 将 IAM 角色附加到 Amazon EC2 实例

(1)通过网址 https://console.aws.amazon.com/ec2/ 打开 Amazon EC2 管理控制台。

(2)在导航窗格中,选择实例,然后选择要附加 IAM 角色的 Amazon EC2 实例,最后选择"操作"→"实例设置"→"附加/替换 IAM 角色",如图 6-17 所示。

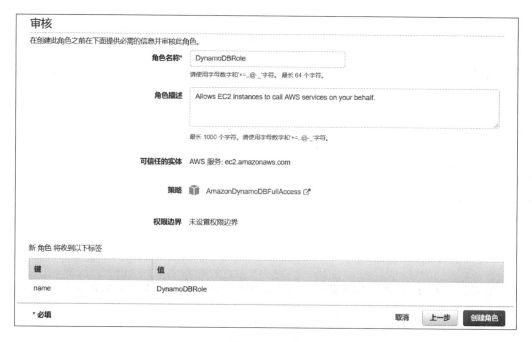

图 6-16　审核

图 6-17　Amazon EC2 管理控制台

（3）在附加/替换 IAM 角色页面上，IAM 角色选择 DynamoDBRole，然后单击"应用"按钮，如图 6-18 所示。

3. 配置 AWS CLI

（1）使用 SSH 连接到 Amazon EC2 实例。

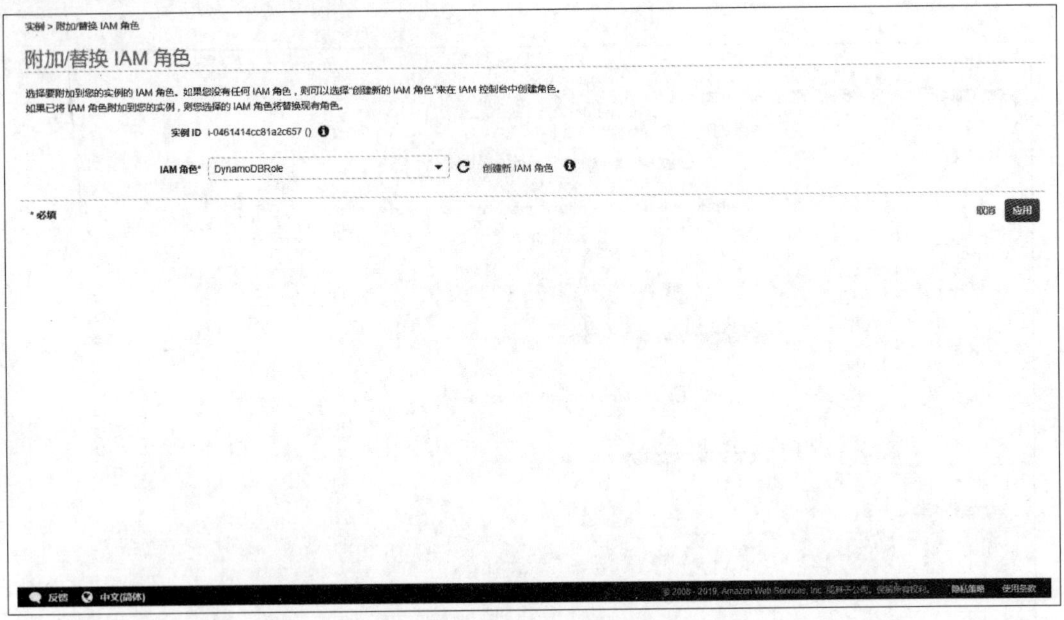

图 6-18　附加/替换 IAM 角色

（2）配置 AWS CLI。

```
[ root@ ip-172-31-16-61 ~ ] # aws configure
AWS Access Key ID[ None]:                          #回车
AWS Secret Access Key[ None]:                      #回车
Default region name[ None]: us-east-2    #输入您的 DynamoDB 表所在的区域的名称
Default output format[ None]:                      #回车
```

在系统提示输入 AWS 访问密钥 ID 和 AWS 私有访问密钥时，按 Enter 键。用户无须提供这些密钥，因为将使用实例 IAM 角色与 AWS 服务连接。

（3）运行 list-tables 命令来确认可以在 AWS CLI 上运行 DynamoDB 命令。

```
[ root@ ip-172-31-16-61 ~ ] #aws dynamodb list-tables
{
  "TableNames": [ ]
}
```

6.2.3　AWS DynamoDB 基础应用

在开始使用 Amazon DynamoDB 之前，确认可以在 AWS CLI 上运行 DynamoDB 命令。

```
[ root@ ip-172-31-16-61 ~ ] # aws dynamodb list-tables
{
  "TableNames": [ ]
}
```

1. 创建表

在此示例中，将在 Amazon DynamoDB 中创建一个 Music 表。该表具有以下详细信息：

- 分区键：Artist。
- 排序键：SongTitle。

（1）使用 create-table 创建一个新的 Music 表，并指定参数。

```
[root@ ip-172-31-16-61 ~]# aws dynamodb create-table\
>     --table-name Music\
>     --attribute-definitions\
>         AttributeName = Artist,AttributeType = S\
>         AttributeName = SongTitle,AttributeType = S\
>     --key-schema\
>         AttributeName = Artist,KeyType = HASH\
>         AttributeName = SongTitle,KeyType = RANGE\
>--provisioned-throughput\
>         ReadCapacityUnits = 10,WriteCapacityUnits = 5
#下面是返回的结果
{
  "TableDescription": {
    "TableArn": "arn: aws: dynamodb: us-east-2: 856570066987: table/Music",
    "AttributeDefinitions": [
      {
        "AttributeName": "Artist",
        "AttributeType": "S"
      },
      {
        "AttributeName": "SongTitle",
        "AttributeType": "S"
      }
    ],
      "ProvisionedThroughput": {
        "NumberOfDecreasesToday": 0,
        "WriteCapacityUnits": 5,
        "ReadCapacityUnits": 10
      },
  "TableSizeBytes": 0,
  "TableName": "Music",
  "TableStatus": "CREATING",
  "TableId": "13e4c391-696f-4469-8829-3d135c31ab4e",
  "KeySchema": [
      {
        "KeyType": "HASH",
        "AttributeName": "Artist"
      },
      {
        "KeyType": "RANGE",
        "AttributeName": "SongTitle"
      }
    ],
  "ItemCount": 0,
  "CreationDateTime": 1566205410. 417
    }
}
```

（2）查询 DynamoDB 已创建的表。

```
[root@ ip-172-31-16-61 ~]# aws dynamodb list-tables
{
    "TableNames": [
      "Music"
    ]
}
```

（3）使用 describe-table 命令验证 DynamoDB 是否已完成创建 Music 表。

```
[root@ ip-172-31-16-61 ~]# aws dynamodb describe-table--table-name Music |grep TableStatus
"TableStatus": "ACTIVE",
```

2. 将数据写入表

使用 put-item 在 Music 表中创建两个新项目。

```
[root@ ip-172-31-16-61 ~]# aws dynamodb put-item\
>--table-name Music   \
>--item\
>       '{"Artist": {"S":"No One You Know"},"SongTitle": {"S":"Call Me Today"},"AlbumTitle": {"S":"Somewhat Famous"},"Awards": {"N":"1"}}'
[root@ ip-172-31-16-61 ~]# aws dynamodb put-item\
>      --table-name Music\
>      --item\
>      '{"Artist": {"S":"Acme Band"},"SongTitle": {"S":"Happy Day"},"AlbumTitle": {"S":"Songs About Life"},"Awards": {"N":"10"}}'
```

3. 读取数据

使用 get-item 从 Music 表中读取项目。

DynamoDB 的默认行为是最终一致性读取。下面使用的 consistent-read 参数用于演示强一致性读取。

```
[root@ ip-172-31-16-61 ~]# aws dynamodb get-item--consistent-read\
>      --table-name Music\
>      --key'{"Artist": {"S":"No One You Know"},"SongTitle": {"S":"Call Me Today"}}'
#下面是返回的结果
{
    "Item": {
      "AlbumTitle": {
        "S": "Somewhat Famous"
      },
      "Awards": {
        "N": "1"
      },
      "SongTitle": {
        "S": "Call Me Today"
      },
      "Artist": {
        "S": "No One You Know"
      }
    }
}
```

4. 修改表中的数据

使用 update-item 更新 Music 表中的项目。

```
[ root@ ip-172-31-16-61 ~] # aws dynamodb update-item\
>      --table-name Music\
>      --key'{"Artist": {"S": "Acme Band"},"SongTitle": {"S": "Happy Day"}}'\
>      --update-expression"SET AlbumTitle =: newval"\
>      --expression-attribute-values '{": newval": {"S": "Updated Album Title"}}'\
>      --return-values ALL_NEW
#下面是返回的结果
{
  "Attributes": {
    "AlbumTitle": {
      "S": "Updated Album Title"
    },
    "Awards": {
      "N": "10"
    },
  "SongTitle": {
    "S": "Happy Day"
  },
  "Artist": {
    "S": "Acme Band"
    }
  }
}
```

5. 查询数据

使用 query 查询 Music 表中的项目。

```
[ root@ ip-172-31-16-61 ~] # aws dynamodb query\
>      --table-name Music\
>      --key-condition-expression"Artist =: name"\
>      --expression-attribute-values   '{": name": {"S": "Acme Band"}}'
#下面是返回的结果
{
    "Count": 1,
    "Items": [
        {
"AlbumTitle": {
          "S": "Updated Album Title"
          },
"Awards": {
          "N": "10"
          },
"SongTitle": {
          "S": "Happy Day"
          },
```

```
"Artist": {
        "S": "Acme Band"
        }
    }
],
"ScannedCount": 1,
"ConsumedCapacity": null
}
```

6. 删除表

（1）使用 delete-table 删除 Music 表。

```
[root@ ip-172-31-16-61 ~]# aws dynamodb delete-table--table-name Music
{
    "TableDescription": {
        "TableArn": "arn: aws: dynamodb: us-east-2:856570066987: table/Music",
        "ProvisionedThroughput": {
            "NumberOfDecreasesToday": 0,
            "WriteCapacityUnits": 5,
            "ReadCapacityUnits": 10
        },
        "TableSizeBytes": 0,
        "TableName": "Music",
        "TableStatus": "DELETING",
        "TableId": "13e4c391-696f-4469-8829-3d135c31ab4e",
        "ItemCount": 0
    }
}
```

（2）使用 list-tables 查询 Music 表是否已删除。

```
[root@ ip-172-31-16-61 ~]#aws dynamodb list-tables
{
    "TableNames": []
}
```

6.3 缓存服务 Amazon ElastiCache

Amazon ElastiCache 提供完全托管 Redis 和 Memcached。无缝部署、操作和扩展热门开放源代码兼容的内存数据存储。通过从高吞吐量和低延迟的内存数据存储中检索数据，构建数据密集型应用程序或提升现有应用程序的性能。Amazon ElastiCache 是游戏、广告技术、金融服务、医疗保健和 IoT 应用程序的热门选择。

Amazon ElastiCache 可让用户在 AWS 云中轻松设置、管理和扩展分布式内存中的缓存环境。它可以提供高性能、可调整大小且符合成本效益的内存缓存，同时消除部署和管理分布式缓存环境产生的相关复杂性。

6. 3. 1 Memcached 缓存服务

MemCache 是一个自由、源码开放、高性能、分布式的分布式内存对象缓存系统，用于动态 Web

应用以减轻数据库的负载。它通过在内存中缓存数据和对象来减少读取数据库的次数,从而提高网站访问的速度。MemCaChe 是一个存储键值对的 HashMap,在内存中对任意的数据(如字符串、对象等)所使用的 key-value 存储,数据可以来自数据库调用、API 调用,或者页面渲染的结果。MemCache 设计理念就是小而强大,它简单的设计促进了快速部署、易于开发并解决面对大规模的数据缓存的许多难题,而所开放的 API 使得 MemCache 能用于 Java、C/C + +/C#、Perl、Python、PHP、Ruby 等大部分流行的程序语言。

Amazon ElastiCache for Memcached 是一种与 Memcached 兼容的内存中键值存储服务,可用作缓存或数据存储。它提供了 Memcached 的性能,易用性和简单性。ElastiCache for Memcached 是完全托管,可扩展和安全的,这使其成为频繁访问数据必须在内存中的用例的理想选择。它是 Web、移动应用程序、游戏、Ad-Tech 和电子商务等用例的热门选择。

1. 创建 Memcached 集群

(1)通过网址 https://console. aws. amazon. com/elasticache/打开 ElastiCache 控制台。

(2)在 ElastiCache 控制台的右上角选择创建 ElastiCache 集群的 AWS 区域。

(3)在 ElastiCache 控制台选择 Memcached,然后选择创建。

(4)在创建 Amazon ElastiCache 集群面上设置以下值,然后选择创建,如图 6-19 所示。

- 集群引擎:Memcached。
- 名称:memcache-cluster1。
- 引擎版本兼容性:1. 5. 10。
- 端口:11211。
- 参数组:default. memcached1. 5。
- 节点类型:cache. t2. micro(0. 5 GiB)。
- 节点数量:1。

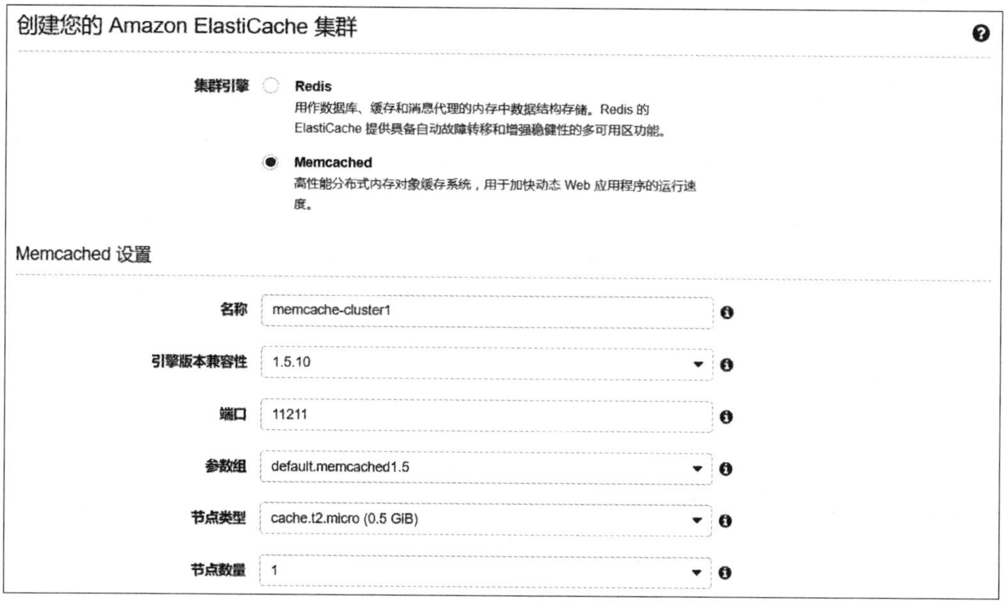

图 6-19　配置 Amazon ElastiCache 集群

2. 连接到 Memcached 集群

（1）通过网址 https://console. aws. amazon. com/elasticache/打开 ElastiCache 控制台。

（2）在 ElastiCache 控制台选择 Memcached，然后选择要显示 Memcached 集群详细信息的 Memcached 集群。在详细信息页面上，复制终端节点的值。

（3）在 Amazon EC2 实例命令提示符中输入下面的命令来安装 telnet 实用工具。

```
[ root@ ip-172-31-44-2 ~]# sudo yum install-y telnet
...
Installed:
  telnet-1:0.17-73. el8. x86_64
Complete!
```

（4）在 Amazon EC2 实例命令提示符中输入下面的命令来测试连接。

```
[ root @ ip-172-31-44-2 ~ ]   #telnet memcache-cluster1. nuhhew. cfg. use2. cache. amazonaws. com
11211
  Trying 172. 31. 38. 152...
Connected to memcache-cluster1. nuhhew. cfg. use2. cache. amazonaws. com.
Escape character is '^]'.
add new_key 0 30 10   #往内存增加一条数据,0 是键值对的整型参数,30 是缓存过期时间(以秒为单
位),10 是存储的字节数
data_value            #存储的值
STORED                # STORED 表示成功
get new_key           #读取缓存
VALUE new_key 0 10
data_value
END
```

6.3.2   Redis 缓存服务

Redis 是一个开源（BSD 许可）的内存存储的数据结构存储系统，可用作数据库、高速缓存和消息队列代理。它支持字符串、哈希表、列表、集合、有序集合、位图。hyperloglogs 等数据类型。内置复制、Lua 脚本、LRU 收回、事务及不同级别磁盘持久化功能，同时通过 Redis Sentinel 提供高可用，通过 Redis Cluster 提供自动分区。

Amazon ElastiCache for Redis 是速度超快的内存数据存储，能够提供亚毫秒级延迟来支持 Internet 范围内的实时应用程序。适用于 Redis 的 ElastiCache 基于开源 Redis 构建，可与 Redis API 兼容，能够与 Redis 客户端配合工作，并使用开放的 Redis 数据格式来存储数据。自我管理型 Redis 应用程序可与适用于 Redis 的 ElastiCache 无缝配合使用，无须更改任何代码。适用于 Redis 的 ElastiCache 兼具开源 Redis 的速度、简单性和多功能性与 Amazon 的可管理性、安全性和可扩展性，能够在游戏、广告技术、电子商务、医疗保健、金融服务和物联网领域支持要求最严苛的实时应用程序。

1. 创建 Redis 集群

（1）通过网址 https://console. aws. amazon. com/elasticache/打开 ElastiCache 控制台。

（2）在 ElastiCache 控制台的右上角选择创建 ElastiCache 集群的 AWS 区域。

（3）在 ElastiCache 控制台选择 Redis，然后选择创建。

（4）在创建 Amazon ElastiCache 集群面上设置以下值，如图 6-20 所示。

- 集群引擎:Redis。
- 名称:redis-cluster1。
- 引擎版本兼容性:5.0.4。
- 端口:6379。
- 参数组:default.redis5.0。
- 节点类型:cache.t2.micro(0.5 GiB)。
- 节点数量:2。

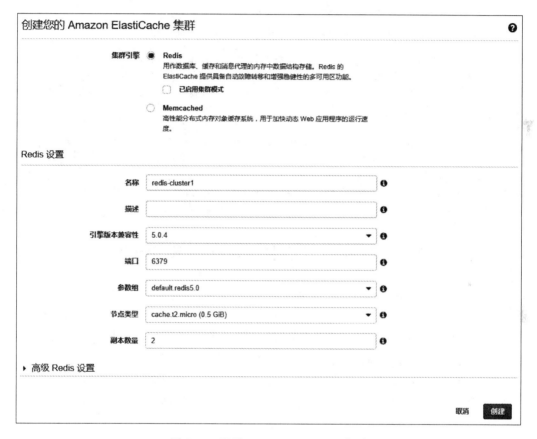

图 6-20 配置 Amazon ElastiCache 集群

将其余的值保留为默认值,并选择创建以创建 redis 集群。

2. 连接到 Redis 集群

(1)通过网址 https://console.aws.amazon.com/elasticache/打开 ElastiCache 控制台。

(2)在 ElastiCache 控制台选择 Redis,然后选择要显示 Redis 集群详细信息的 Redis 集群。在详细信息页面上,复制终端节点的值。

(3)在 Amazon EC2 实例命令提示符中输入下面的命令来安装 redis-cli 实用工具。

```
#安装 gcc 编译器
[root@ ip-172-31-44-2 ~]# sudo yum install-y gccgcc-c ++ automake autoconf libtool
makewget
```

```
#下载并编译 redis-cli 工具
[root@ ip-172-31-44-2 ~]# wget http://download.redis.io/redis-stable.tar.gz
[root@ ip-172-31-44-2 ~]# tar zxf redis-stable.tar.gz
[root@ ip-172-31-44-2 ~]# cd redis-stable
[root@ ip-172-31-44-2 redis-stable]# make distclean
[root@ ip-172-31-44-2 redis-stable]# make
cd src && make all
...
Hint: It's a good idea to run 'make test' ;)
make[1]: Leaving directory '/root/redis-stable/src'
```

（4）在 Amazon EC2 实例命令提示符中输入下面的命令来测试连接。

```
[root@ ip-172-31-44-2 redis-stable]# cd /root/redis-stable/src/
#-c: 启用集群模式, -h: 指定服务器主机名, -p: 指定服务器端口
[root@ ip-172-31-44-2 src]#./redis-cli-c-h redis-cluster1.nuhhew.ng.0001.use2.cache.
amazonaws.com-p 6379
#设置指定 key 的值
redis-cluster1.nuhhew.ng.0001.use2.cache.amazonaws.com:6379 > set test "hello world"
OK
#获取指定 key 的值
redis-cluster1.nuhhew.ng.0001.use2.cache.amazonaws.com:6379 > get test
"hello world"
```

6.4 数据仓库服务 Amazon Redshift

Amazon Redshift 是一种快速、完全托管的 PB 级数据仓库服务,它使得用现有商业智能工具对所有数据进行高效分析变得简单而实惠。它为从几百 GB 到 1 PB 或更大的数据集而优化,且每年每 TB 花费不到 1 000 USD,为最传统数据仓库存储解决方案成本的 1/10。Redshift Spectrum 扩展了 Redshift 的能力,无须将数据加载到 Redshift 即可查询 S3 中的非结构化数据。Redshift 和 Redshift Spectrum 可以分析几乎任何规模的数据,并可提供极快的查询速度表现。可以使用目前已在使用的基于 SQL 的工具和商业智能应用程序。只需在 AWS 管理控制台中单击几下即可启动 Redshift 集群,并开始分析数据。

1. 更快的性能

（1）大规模并行:Amazon Redshift 在数据集(大小从数 GB 到数 EB)上提供快速查询性能。Redshift 使用列式存储、数据压缩和区域映射来降低执行查询所需的 I/O 数量。它使用大规模并行处理(MPP)数据仓库架构来并行执行和分配 SQL 操作,以便利用所有可用资源。底层硬件支持高性能数据处理,使用本地连接的存储以便尽可能增大 CPU 与驱动器之间的吞吐量,同时使用高带宽网状网络以便尽可能增大节点之间的吞吐量。

（2）机器学习:Amazon Redshift 使用机器学习来提供高吞吐量,不受工作负载或并发使用情况的影响。Redshift 利用复杂的算法来预测传入查询运行时间,并将其分配给最佳队列,以尽可能提升处理速度。例如,具有高并行要求的控制面板和报告等查询会路由到高速查询,以便立即进行处理。随着并发量的进一步增加,Amazon Redshift 将预测何时开始排队并通过并发扩展功能自动部署瞬态资源,以始终保持快速性能,不受集群中需求变化的影响。

（3）结果缓存：Amazon Redshift 使用结果缓存来为重复查询提供亚秒级响应时间。执行重复查询的控制面板、可视化和商业智能工具带来了性能的大幅提升。在执行查询时，Redshift 会对缓存进行搜索，看看是否有之前运行的查询的缓存结果。如果找到缓存结果且数据没有变化，将立即返回缓存结果，而不会重新运行查询。

2. 易于设置、部署和管理

（1）自动预置：Amazon Redshift 易于设置和操作。只需在 AWS 控制台中单击几下即可部署新的数据仓库，并且 Redshift 会自动预置基础设施。大多数管理任务可自动执行，例如备份和复制，因此用户可以专注于数据，而不是管理。当想要进行控制时，Redshift 会提供相应选项来帮助用户对特定工作负载进行调整。

（2）自动备份：Amazon Redshift 会自动持续地将数据备份到 Amazon S3。Redshift 能够将快照异步复制到另一个区域中的 S3，以实现灾难恢复。用户可通过 AWS 管理控制台或 Redshift API 使用任何系统快照或用户快照来恢复集群。系统元数据恢复后，集群就可使用，并且可在用户数据在后台输出时开始运行查询。

（3）容错：Amazon Redshift 拥有多种可提高数据仓库集群可靠性的功能。Redshift 会持续监控集群的运行状况，并自动从出故障的驱动器重新复制数据，同时根据需要替换节点以实现容错。

（4）灵活查询：Amazon Redshift 支持用户在控制台中快速灵活地进行查询，或者连接用户喜欢的 SQL 客户端工具、库或商业智能工具。AWS 控制台上的查询编辑器提供了一个强大界面，用于在 Redshift 集群上执行 SQL 查询，并查看与用户的查询接近的查询结果和查询执行计划（在计算节点上执行的查询）。

（5）与第三方工具集成：使用行业领先的工具并与专家合作以对数据进行加载、转换和可视化，从而改进 Amazon Redshift。我们的大量合作伙伴已认证他们的解决方案可与 Amazon Redshift 搭配使用[1]。

6.4.1　开始使用 Amazon Redshift 数据仓库服务

（1）通过网址 https：//console. aws. amazon. com/打开 AWS 管理控制台。

（2）中国用户现在可以在 AWS 管理控制台右下角选择中文语言界面。

（3）在 AWS 管理控制台的右上角选择创建数据仓库服务的 AWS 区域。

6.4.2　创建 IAM 角色

IAM 角色是可在账户中创建的一种具有特定权限的 IAM 身份。IAM 角色类似于 IAM 用户，因为它是一个 AWS 身份，该身份具有确定其在 AWS 中可执行和不可执行的操作的权限策略。但是，角色旨在让需要它的任何人代入，而不是唯一地与某个人员关联。此外，角色没有关联的标准长期凭证（如密码或访问密钥）。相反，当用户代入角色时，它会为用户提供角色会话的临时安全凭证。

对于任何访问其他 AWS 资源上的数据的操作，用户的集群需要具有权限才能代表用户访问该资源和该资源上的数据。例如，使用 COPY 命令从 Amazon S3 加载数据。用户通过使用 AWS Identity and Access Management（IAM）提供这些权限。有两种办法来提供这些权限：一是通过附加到集群的 IAM 角色，二是通过为拥有必要权限的 IAM 用户提供 AWS 访问密钥。

为了最妥善地保护敏感数据和 AWS 访问凭证，建议创建 IAM 角色并将其附加到集群。

（1）通过网址 https://console. aws. amazon. com/iam/打开 AWS 管理控制台。

（2）在导航窗格中，选择角色，然后选择创建角色。

（3）在创建角色页面上设置以下值，然后选择下一步。

- 选择受信任实体的类型：AWS产品。
- 选择将使用此角色的服务：Redshift。
- 选择您的使用案例：Redshift-Customizable。

（4）在Attach权限策略页面上，选择AmazonS3ReadOnlyAccess，设置权限边界使用默认设置，然后单击"下一步"标签按钮，如图6-21所示。

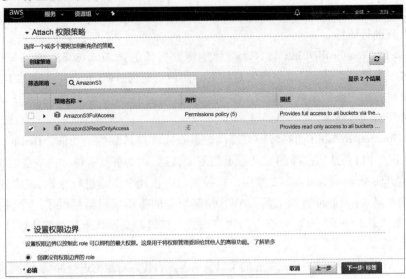

图6-21　Attach权限策略

（5）在添加标签页面上，填入键、值，然后单击"下一步"审核，如图6-22所示。

- 键：name。
- 值：RedshiftRole。

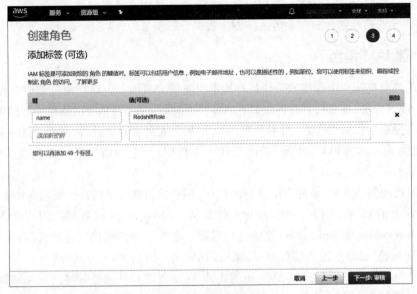

图6-22　添加标签

(6)在审核页面上,填入角色名称,然后选择创建角色,如图6-23所示。

角色名称:RedshiftRole。

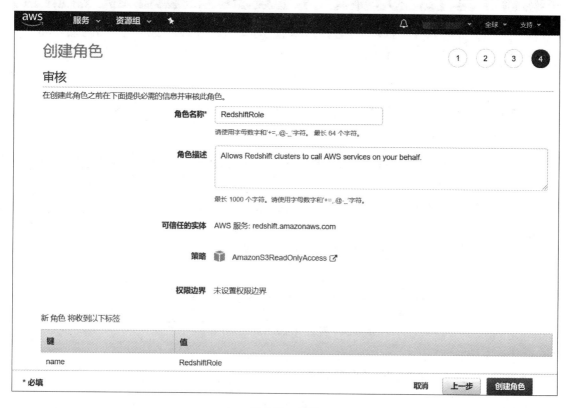

图6-23 审核

(7)选择刚才创建角色的角色名称,将角色 ARN 复制到剪贴板,此值是刚刚创建的角色的 Amazon 资源名称(ARN)。在加载示例数据中,当使用 COPY 命令加载数据时,要用到该值。

至此,已创建新角色,下一步是将其附加到集群。可以在启动新集群时附加该角色,也可以将其附加到现有集群。

6.4.3 启动 Amazon Redshift 集群

(1)通过网址 https://console. aws. amazon. com/redshift/打开 Amazon Redshift 控制台。

(2)在 Amazon Redshift 控制面板上,选择快速启动集群。

(3)在启动 Amazon Redshift 集群-快速启动页面上设置以下值,然后选择启动集群。

- 节点类型:dc2. large。
- Nodes(计算节点数量):2。
- 集群标识符:redshift-cluster1。
- 数据库名称:testdb。
- 数据库端口:5439。
- 主用户名:redshift_user1。
- 主用户密码:该密码用于登录到数据仓库。

● 可用 IAM 角色：选择 RedshiftRole，如图 6-24 所示。

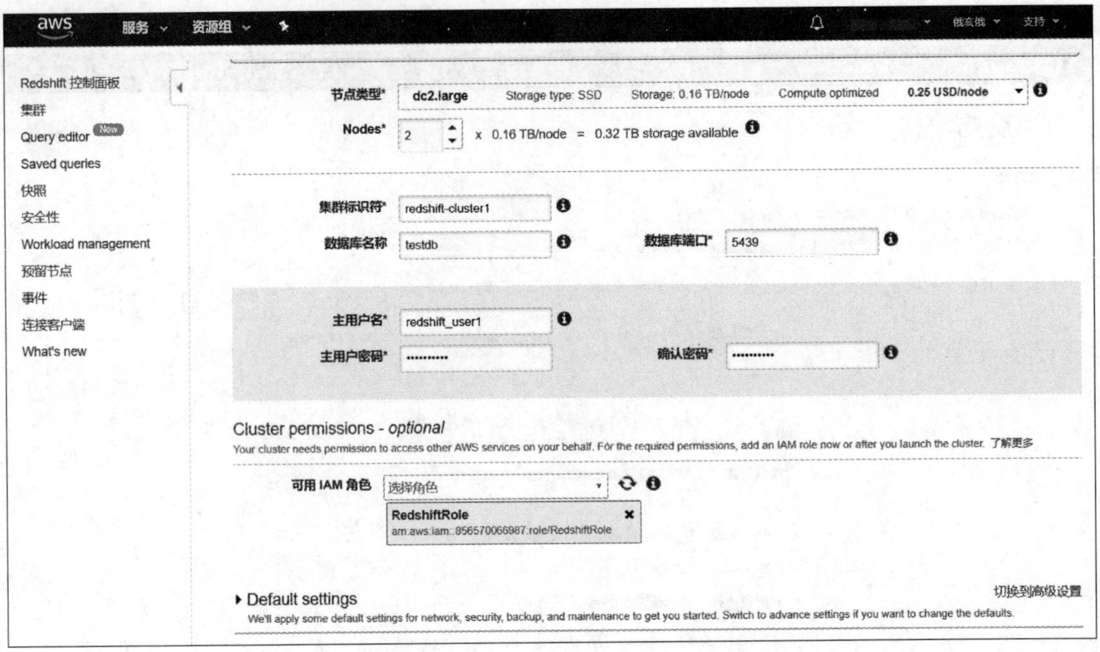

图 6-24　配置 Amazon Redshift 集群

6.4.4　连接到 Amazon Redshift 集群

使用查询编辑器是在 Amazon Redshift 集群托管的数据库上运行查询的最简单方法。创建集群后，可以使用 Amazon Redshift 控制台上的查询编辑器立即运行查询。

以下集群节点类型支持查询编辑器：

● DC1.8xlarge。

● DC2.large。

● DC2.8xlarge。

● DS2.8xlarge。

使用查询编辑器可以执行以下操作：

● 运行单个 SQL 语句查询。

● 将大小为 100 MB 的结果集下载到一个逗号分隔值（CSV）文件。

● 保存查询以供重用。无法在欧洲（巴黎）区域或亚太区域（大阪当地）中保存查询。

● 查看用户定义表的查询执行详细信息。

1. 启用对查询编辑器的访问权限

要访问查询编辑器，需要相应权限。要启用访问权限，可将 AWS Identity and Access Management（IAM）的 AmazonRedshiftQueryEditor 和 AmazonRedshiftReadOnlyAccess 策略附加到用于访问集群的 AWS IAM 用户。

如果已创建 IAM 用户来访问 Amazon Redshift，则可以将 AmazonRedshiftQueryEditor 和 Amazon RedshiftReadOnlyAccess 策略附加到该用户。如果尚未创建 IAM 用户，则可以创建一个，然后将策

略附加到 IAM 用户。

2. 创建 IAM 用户并附加查询编辑器所需的 IAM 策略

AWS Identity and Access Management(IAM)的"身份"方面可帮助用户解决问题"该用户是谁?"(通常称为身份验证)。可以在账户中创建与组织中的用户对应的各 IAM 用户,而不是与他人共享根用户凭证。IAM 用户不是单独的账户;它们是账户中的用户。每个用户都可以有自己的密码以用于访问 AWS 管理控制台。可以为每个用户创建单独的访问密钥,以便用户可以发出编程请求以使用账户中的资源。

AWS Identity and Access Management(IAM)的访问管理部分帮助定义委托人实体可在账户内执行的操作。委托人实体是指使用 IAM 实体(用户或角色)进行身份验证的人员或应用程序。访问管理通常称为授权。在 AWS 中通过创建策略并将其附加到 IAM 身份(用户、用户组或角色)或 AWS 资源来管理访问权限。策略是 AWS 中的对象;在与身份或资源相关联时,策略定义它们的权限。在委托人使用 IAM 实体(如用户或角色)发出请求时,AWS 将评估这些策略。策略中的权限确定是允许还是拒绝请求。大多数策略在 AWS 中存储为 JSON 文档。

(1)通过网址 https://console.aws.amazon.com/iam 打开 AWS 管理控制台。

(2)在导航窗格中,选择用户,然后选择添加用户。

(3)在"添加用户"页面上设置以下值,然后单击"下一步权限"按钮,如图 6-25 所示。

- 用户名:redshiftuser。
- 访问类型:编程访问。

图 6-25　设置用户详细信息

(4)在"设置权限"页面上,选择 AmazonRedshiftQueryEditor 和 AmazonRedshiftReadOnly Access,设置权限边界使用默认设置,然后单击"下一步"标签按钮,如图 6-26 所示。

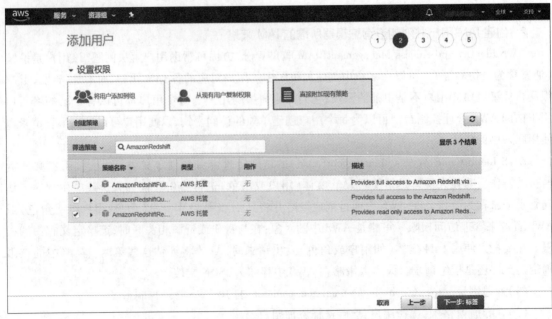

图 6-26　设置权限

（5）在"审核"页面上，选择创建用户，然后在用户列表里面就可以看到刚刚创建的用户了。

3. 使用查询编辑器查询数据库

（1）通过网址 https：//console. aws. amazon. com/redshift/打开 Amazon Redshift 控制台。

（2）在导航窗格中，选择 Query editor，在"凭据"页面输入数据库名称、数据库用户名、密码，然后单击"连接"按钮，如图 6-27 所示。

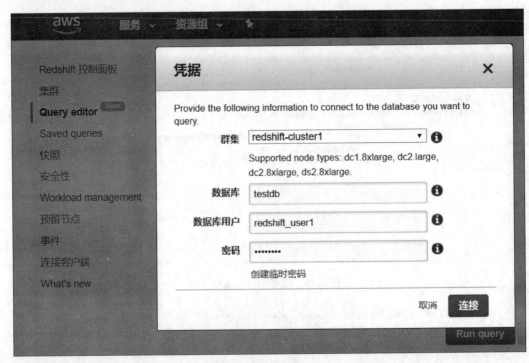

图 6-27　凭据

（3）对于 Schema，选择 public 以基于该 Schema 创建新表，如图 6-28 所示。

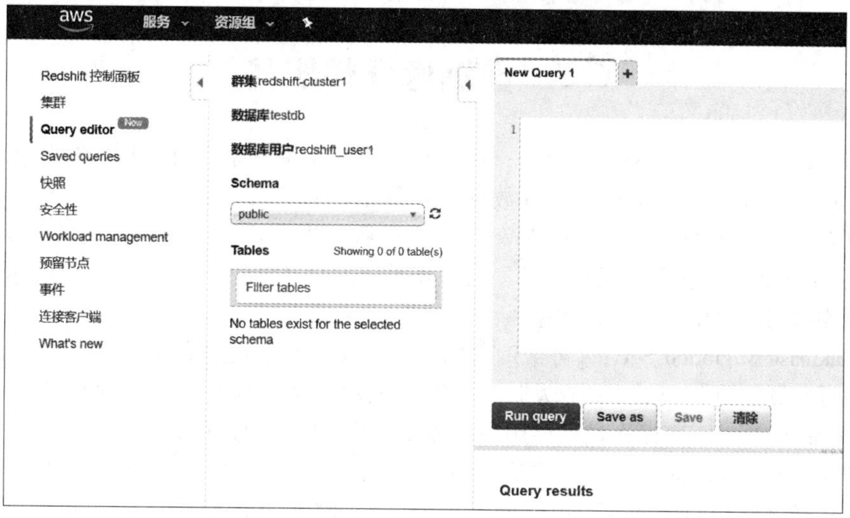

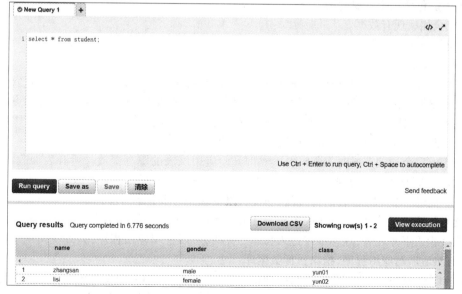

图 6-28　Query editor

（4）在查询编辑器中输入以下内容，然后选择 Run query 以创建新表。

```
create table student(
name varchar(10),
gender varchar(10),
class varchar(10));
```

（5）选择清除，在查询编辑器中输入以下命令，然后选择 Run query 以向表中添加行。

```
insert into student values
('zhangsan','male','yun01'),
('lisi','female','yun02');
```

（6）选择清除，在查询编辑器中输入以下命令，然后选择 Run query 以查询新表，如图 6-29 所示。

图 6-29　查询新表

```
select* from student;
```

6.5 数据库迁移服务

AWS Database Migration Service 是一种 Web 服务,可用于将数据从本地数据库、Amazon Relational Database Service(Amazon RDS)数据库实例上的数据库或 Amazon Elastic Compute Cloud (Amazon EC2)实例上的数据库迁移到 AWS 服务上的数据库。这些服务可以包括 Amazon RDS 上的数据库或 Amazon EC2 实例上的数据库。可以将数据库从 AWS 服务迁移到本地数据库,还可以在异构和同构数据库引擎之间迁移数据。

AWS Database Migration Service 可帮助用户快速并安全地将数据库迁移至 AWS。源数据库在迁移过程中可继续正常运行,从而最大限度地减少依赖该数据库的应用程序的停机时间。AWS Database Migration Service 可以在广泛使用的开源商业数据库之间迁移数据。

AWS Database Migration Service 支持同构迁移(如从 Oracle 迁移至 Oracle),以及不同数据库平台之间的异构迁移(如从 Oracle 或 Microsoft SQL Server 迁移至 Amazon Aurora)。借助 AWS Database Migration Service,用户可以持续地以高可用性复制数据,并通过将数据流式传输到 Amazon Redshift 和 Amazon S3,将数据库整合到 PB 级的数据仓库中。

6.5.1 AWS DMS 工作原理

要执行数据库迁移,AWS DMS 将连接到源数据存储,读取源数据并设置数据格式以供目标数据存储使用。然后,它会将数据加载到目标数据存储中。此处理大部分在内存中进行,不过大型事务可能需要部分缓冲到磁盘。缓存事务和日志文件也会写入磁盘。

概括来说,使用 AWS DMS 时需要执行以下操作:

(1)创建复制服务器。

(2)创建源和目标终端节点,它们具有有关数据存储的连接信息。

(3)创建一个或多个迁移任务以在源和目标数据存储之间迁移数据。

任务可能包括三个主要阶段:

(1)完全加载现有数据。

(2)应用缓存的更改。

(3)持续复制。

在完全加载迁移过程中,源中的现有数据将移动到目标数据库;AWS DMS 会将源数据存储上的表中的数据加载到目标数据存储上的表。在完全加载进行期间,对所加载表进行的更改将缓存到复制服务器上;这些是缓存的更改。请务必注意,在启动给定表的完全加载后,AWS DMS 才会捕获该表的更改。换句话说,对于每个单独的表,开始捕获更改的时间点是不同的。

指定表的完全加载完成时,AWS DMS 立即开始应用该表的缓存更改。所有表加载之后,AWS DMS 开始收集更改作为持续复制阶段的事务。AWS DMS 应用所有缓存更改之后,表处于事务一致的状态。此时,AWS DMS 转向持续复制阶段,将更改作为事务进行应用。

持续复制阶段开始之后,积压的事务通常会导致源数据库与目标数据库之间的一些滞后。在处理完这些积压事务之后,迁移最终进入稳态。此时,可以关闭应用程序,允许任何剩余的事务应用到目标,然后启动应用程序,指向目标数据库。

AWS DMS 创建执行迁移所需的目标架构对象。不过,AWS DMS 采用极简方法,仅创建有效迁移数据所需的那些对象。换而言之,AWS DMS 创建表、主键和(在某些情况下)唯一索引,但它不会创建有效迁移源中的数据时不需要的任何其他对象。例如，它不会创建二级索引、非主键约束或数据默认值。

在大多数情况下，执行迁移时，还要迁移大部分或所有源架构。如果用户执行同构迁移（在相同引擎类型的两个数据库之间），则可以使用引擎的本机工具导出和导入架构本身而无须任何数据，以此来迁移架构。

如果执行异构迁移（在使用不同引擎类型的两个数据库之间），可以使用 AWS Schema Conversion Tool（AWS SCT）生成一个完整的目标架构。如果使用该工具，则需要在迁移的"完全加载"和"缓存的更改应用"阶段禁用表之间的任何依赖项，如外键约束。如果出现性能问题，在迁移过程中删除或禁用辅助索引会有帮助。

6.5.2　开始使用 AWS DMS 数据库迁移服务

（1）通过网址 https://console.aws.amazon.com/dms/打开 AWS DMS 管理控制台。

（2）中国用户现在可以在 AWS DMS 管理控制台右下角选择中文语言界面。

（3）在 AWS DMS 管理控制台的右上角选择创建数据仓库服务的 AWS 区域。

6.5.3　创建复制实例

数据库迁移过程中的第一个任务是创建一个复制实例，该实例具有足够的存储和处理能力来执行用户分配的任务并将数据从源数据库迁移至目标数据库。此实例的所需大小是变化的，具体取决于需迁移的数据量和需要实例执行的任务数。

（1）在 AWS DMS 管理控制台中选择创建复制实例。

（2）在"复制实例配置"页面上设置以下值，如图 6-30 所示。

图 6-30　复制实例配置

- 名称：mysql-instance1。
- 实例类：dms. t2. mocro。
- 分配的储存空间：10 GB。
- VPC：vpc-a5eee0cd。

将其余的值保留为默认值，并选择创建以创建复制实例。

6.5.4　指定源终端节点和目标终端节点

在本次演示中，源终端节点是 EC2 实例中的 MariaDB 数据库，目标终端节点是 Amazon RDS MariaDB 数据库实例。

（1）在 AWS DMS 管理控制台中选择终端节点，然后选择创建终端节点。

（2）在创建终端节点页面上设置以下值，然后选择创建终端节点以创建源终端节点，如图 6-31 所示。

图 6-31　配置终端节点

- 终端节点类型：源终端节点。
- 终端节点标识符：ec2-mariadb。
- 源引擎：mariadb。
- 服务器名称：3. 16. 124. 113。

- 端口:3306。
- 安全套接字层(SSL)模式:none。
- 用户名:root。
- 密码:该密码用于登录到数据库。

(3)在终端节点页面上选择创建终端节点,然后在创建终端节点页面上设置以下值,最后选择创建终端节点以创建目标终端节点,如图 6-32 所示。

- 终端节点类型:目标终端节点(选择 RDS 数据库实例)。
- RDS 实例:mariadb-instance1。
- 终端节点标识符:mariadb-instance1 mariadb。
- 源引擎:mariadb。
- 服务器名称:mariadb-instance1. cuj8rbmj6hg8. us-east-2. rds. amazonaws. com。
- 端口:3306。
- 安全套接字层(SSL)模式:none。
- 用户名:mariadb_user1。
- 密码:该密码用于登录到数据库。

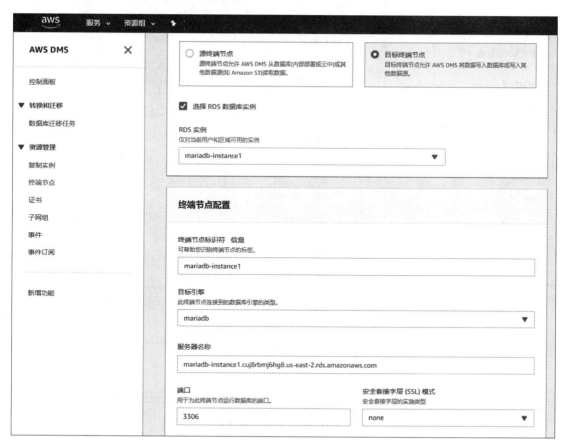

图 6-32 配置终端节点

6.5.5 创建任务

创建一个任务以指定要迁移的表,使用目标架构映射数据并在目标数据库上创建新表。在创建任务的过程中,可以选择迁移类型:迁移现有数据、迁移现有数据并复制持续更改或仅复制数据更改。

借助 AWS DMS,用户可以指定源数据库和目标数据库之间的准确数据映射。在指定映射之前,请确保查看有关源数据库和目标数据库之间的数据类型映射的文档部分。

(1)在 AWS DMS 管理控制台中选择终端节点,然后选择创建任务。

(2)在创建数据迁移任务页面上设置以下值,然后选择创建任务以创建数据迁移任务,如图 6-33 所示。

图 6-33　配置数据迁移任务

- 任务标识符:mariadb-task。
- 复制实例:mysql-instance1-vpc-a5eee0cd。
- 源数据库终端节点:ec2-mariadb。

- 目标数据库终端节点：mysql-instance1。
- 迁移类型：迁移现有数据。
- 目标表准备模式：删除目标中的表。
- 在复制时 LOB 列：受限的 LOB 模式。
- 最大 LOB 大小（KB）：32。
- 编辑模式：引导式 UI。

在"选择规则"页面，添加新选择规则，如图 6-34 所示。

- 架构：输入架构。
- 架构名称：test（需要迁移的数据库）。
- 表名称：%（使用 % 字符作为通配符来选择所有的表）。

图 6-34　选择规则

6.5.6　查看数据库迁移任务

（1）在 AWS DMS 管理控制台中选择数据库迁移任务，查看数据库迁移任务，如图 6-35 所示。

（2）连接到目标终端节点验证数据库是否成功迁移。

图 6-35　数据库迁移任务

```
[root@ ip-172-31-44-2 ~ ] # mysql-h
mariadb-instance1. cuj8rbmj6hg8. us-east-2. rds. amazonaws. com-u mariadb_user1-p
Enter password:
Welcome to the MariaDB monitor. Commands end with;or\g.
Your MariaDB connection id is 88
Server version:10. 2. 21-MariaDB-log Source distribution
Copyright(c)2000,2018,Oracle,MariaDB Corporation Ab and others.
Type 'help;' or '\h' for help. Type '\c' to clear the current input statement.
MariaDB [(none)] > use test;
Reading table information for completion of table and column names
You can turn off this feature to get a quicker startup with-A
Database changed
MariaDB[test] > show tables;
+----------------+
|Tables_in_test |
+----------------+
|name            |
+----------------+
1 row in set(0. 002 sec)
MariaDB [test] > select *  from test. name;
+--------+--------+
|name    | gender |
+--------+--------+
| zhangsan | male   |
| lisi     | female |
+--------+--------+
2 rows in set(0. 001 sec)
```

至此,EC2 实例中 MariaDB 数据库的数据已经成功迁移到 Amazon RDS MariaDB 数据库实例。

第7章 云安全

7.1 云安全责任模型

安全性和合规性是 AWS 和用户的共同责任。这种共担模式可以减轻用户的运营负担,因为 AWS 负责运行、管理和控制从主机操作系统和虚拟层到服务运营所在设施的物理安全性的组件。用户负责管理操作系统(包括更新和安全补丁)、其他相关应用程序软件及 AWS 提供的安全组防火墙的配置。用户应该仔细考虑自己选择的服务,因为他们的责任取决于所使用的服务,这些服务与其 IT 环境的集成及适用的法律法规。责任共担还为用户提供了部署需要的灵活性和控制力。

AWS 负责"云本身的安全":AWS 负责保护运行所有 AWS 云服务的基础设施。该基础设施由运行 AWS 云服务的硬件、软件、网络和设备组成。

用户负责"云内部的安全":用户责任由用户所选的 AWS 云服务确定。这决定了用户在履行安全责任时必须完成的配置工作量。例如,EC2 服务被归类为 IaaS,因此要求用户执行所有必要的安全配置和管理任务。部署 Amazon EC2 实例的用户需要负责操作系统(包括更新和安全补丁)的管理、用户在实例上安装的任何应用程序软件或实用工具,以及每个实例上 AWS 提供的防火墙(称为安全组)的配置。对于抽象化服务,如 Amazon S3 和 Amazon DynamoDB,AWS 运营基础设施层、操作系统和平台,而用户通过访问终端节点存储和检索数据。用户负责管理其数据(包括加密选项),对其资产进行分类,以及使用 IAM 工具分配适当的权限,如图 7-1 所示。

用户/AWS 责任共担模式还涵盖 IT 控制体系。正如 AWS 与用户共担 IT 环境的运行责任一样,IT 控制体系的管理、运行和验证也由二者共担。AWS 可以管理与 AWS 环境中部署的物理基础架构相关联的控制体系(以前可能由用户管理),从而帮助用户减轻运行控制体系的负担。每个用户在 AWS 中的部署方式都不相同,因此,将某些 IT 控制体系的管理工作转移给 AWS 之后会形成(新的)分布式控制环境,为用户带来优势。然后,用户可以使用可用的 AWS 控制和合规性文档,根据需要执行控制体系评估和验证流程。以下是由 AWS、AWS 用户和/或两者共同管理的控制机制示例:

(1)继承控制体系:用户完全继承自 AWS 的控制体系。

(2)共享控制体系:同时适用于基础设施层和用户层,但位于完全独立的上下文或环境中的控制体系。在共享控制体系中,AWS 会提出基础设施方面的要求,而用户必须在使用 AWS 服务时提供自己的控制体系实施。示例包括:

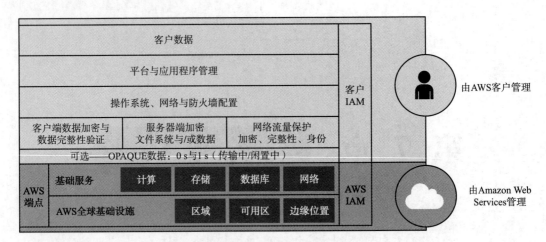

图7-1 AWS和用户的责任模型

①补丁管理:AWS负责修补和修复基础设施内的缺陷,而用户负责修补其来宾操作系统和应用程序。

②配置管理:AWS负责维护基础设施设备的配置,而用户负责配置自己的来宾操作系统、数据库和应用程序。

③认知和培训:AWS负责培训AWS员工,而用户必须负责培训自己的员工。

(3)特定于用户的控制体系:完全由用户负责(基于其部署在AWS服务中的应用程序)的控制体系。示例包括:

需要用户在特定安全环境中路由数据或对数据进行分区的服务和通信保护或分区安全性。

7.2 IAM 基础

IAM(AWS Identity and Access Management)是一种Web服务,可以帮助用户安全地控制对AWS资源的访问。可以使用IAM控制对哪个用户进行身份验证(登录)和授权(具有权限)以使用资源。

当首次创建AWS账户时,最初使用的是一个对账户中所有AWS服务和资源有完全访问权限的单点登录身份。此身份称为AWS账户根用户,可使用创建账户时所用的电子邮件地址和密码登录来获得此身份。

7.2.1 IAM 功能

1. 对 AWS 账户的共享访问权限

可以向其他人员授予管理和使用AWS账户中的资源的权限,而不必共享密码或访问密钥。

2. 精细权限设置

可以针对不同资源向不同人员授予不同权限。例如,可以允许某些用户完全访问EC2、S3、DynamoDB、Redshift和其他AWS服务。对于另一些用户,可以允许仅针对某些S3存储桶的只读访问权限,或是仅管理某些EC2实例的权限,或是访问账单信息但无法访问任何其他内容的权限。

3. 在 Amazon EC2 上运行的应用程序针对 AWS 资源的安全访问权限

可以使用IAM功能安全地为EC2实例上运行的应用程序提供凭证。这些凭证为应用程序提供权限以访问其他 AWS 资源。示例包括 S3 存储桶和 DynamoDB 表。

4. 多重验证(MFA)

MFA 以向账户和各个用户添加双重身份验证以实现更高安全性。借助 MFA,用户不仅必须提供使用账户所需的密码或访问密钥,还必须提供来自经过特殊配置的设备的代码。

5. 联合身份

可以允许已在其他位置(如在企业网络中或通过 Internet 身份提供商)获得密码的用户获取对 AWS 账户的临时访问权限。

6. 实现保证的身份信息

如果使用 AWS CloudTrail,则会收到日志记录,其中包括有关对账户中的资源进行请求的人员的信息。这些信息基于 IAM 身份。

7. PCI DSS 合规性

IAM 支持由商家或服务提供商处理、存储和传输信用卡数据,而且已经验证符合支付卡行业(PCI)数据安全标准(DSS)。

8. 最终一致性

与许多其他 AWS 服务一样,IAM 具有最终一致性。IAM 通过在 Amazon 的全球数据中心中的多个服务器之间复制数据来实现高可用性。如果成功请求更改某些数据,则更改会提交并安全存储。不过,更改必须跨 IAM 复制,这需要时间。此类更改包括创建或更新用户、组、角色或策略。在应用程序的关键、高可用性代码路径中,不建议进行此类 IAM 更改,而应在不常运行的、单独的初始化或设置例程中进行 IAM 更改。另外,在生产工作流程依赖这些更改之前,请务必验证更改已传播。

9. 免费使用

AWS Identity and Access Management(IAM)和 AWS Security Token Service(AWS STS)是为 AWS 账户提供的功能,不另行收费。仅当用户使用 IAM 用户或 AWS STS 临时安全凭证访问其他 AWS 服务时,才会收取费用。

7.2.2　IAM 的工作方式

在创建用户之前,应该先了解 IAM 的工作方式。IAM 提供了控制用户账户的身份验证和授权所需的基础设施。IAM 基础设施包含以下元素:

1. 条款

(1)资源:存储在 IAM 中的用户、组、角色、策略和身份提供商对象。与其他 AWS 服务一样,可以在 IAM 中添加、编辑和删除资源。

(2)身份:用于标识和分组的 IAM 资源对象。可以将策略附加到 IAM 身份。其中包括用户、组和角色。

(3)实体:AWS 用于进行身份验证的 IAM 资源对象。其中包括用户和角色。用户或其他账户中的 IAM 用户和角色可以担任这些角色。通过 Web 身份或 SAML 联合的用户也可以担任这些角色。

(4)委托人:使用 AWS 账户根用户、IAM 用户或 IAM 角色登录并向 AWS 发出请求的人员或应用程序。

2. 委托人

委托人是可请求对 AWS 资源执行操作的人员或应用程序。委托人将作为 AWS 账户根用户或 IAM 实体进行身份验证以向 AWS 发出请求。作为最佳实践,请勿使用根用户凭证完成日常工作,而是创建 IAM 实体(用户和角色)。还可以支持联合身份用户或编程访问以允许应用程序访问 AWS 账户。

3. 请求

在委托人尝试使用 AWS 管理控制台、AWS API 或 AWS CLI 时,该委托人将向 AWS 发送请求。请求包含以下信息:

(1)操作:委托人希望执行的操作。这可以是 AWS 管理控制台中的操作或者 AWS CLI 或 AWS API 中的操作。

(2)资源:对其执行操作的 AWS 资源对象。

(3)委托人:已使用实体(用户或角色)发送请求的人员或应用程序。有关委托人的信息包括与委托人用于登录的实体关联的策略。

(4)环境数据:有关 IP 地址、用户代理、SSL 启用状态或当天时间的信息。

(5)资源数据:与请求的资源相关的数据。这可能包括 DynamoDB 表名称或 Amazon EC2 实例上的标签等信息。

4. 身份验证

委托人必须使用其凭证进行身份验证(登录到 AWS)以向 AWS 发送请求。某些服务(如 Amazon S3 和 AWS STS)允许一些来自匿名用户的请求。不过,它们是该规则的例外情况。

要以根用户身份从控制台中进行身份验证,必须使用电子邮件地址和密码登录。作为 IAM 用户,需提供账户 ID 或别名,然后提供用户名和密码。要从 API 或 AWS CLI 中进行身份验证,必须提供访问密钥和私有密钥。用户还可能需要提供额外的安全信息。例如,AWS 建议使用多重身份验证(MFA)来提高账户的安全性。

5. 授权

用户必须获得授权(允许)才能完成请求。在授权期间,AWS 使用请求上下文中的值来检查应用于请求的策略。然后,它使用策略来确定是允许还是拒绝请求。

AWS 检查应用于请求上下文的每个策略。如果一个权限策略包含拒绝的操作,AWS 将拒绝整个请求并停止评估。这称为显式拒绝。由于请求是默认被拒绝的,因此,只有在适用的权限策略允许请求的每个部分时,AWS 才会授权请求。单个账户中对于请求的评估逻辑遵循以下一般规则:

(1)默认情况下,所有请求都将被拒绝(通常,始终允许使用 AWS 账户根用户凭证创建的访问该账户资源的请求)。

(2)任何权限策略(基于身份或基于资源)中的显式允许将覆盖此默认值。

(3)组织 SCP、IAM 权限边界或会话策略的存在将覆盖允许。如果存在其中一个或多个策略类型,它们必须都允许请求。否则,将隐式拒绝。

(4)任何策略中的显式拒绝将覆盖任何允许。

6. 操作

在对用户的请求进行身份验证和授权后,AWS 将批准请求中的操作。操作是由服务定义的,包括可以对资源执行的操作,如,查看、创建、编辑和删除该资源。例如,IAM 为用户资源支持大约

40 个操作,包括以下操作:

- CreateUser。
- DeleteUser。
- GetUser。
- UpdateUser。

要允许委托人执行操作,必须在应用于委托人或受影响的资源的策略中包含所需的操作。

7. 资源

在 AWS 批准请求中的操作后,可以对账户中的相关资源执行这些操作。资源是位于服务中的对象。示例包括 Amazon EC2 实例、IAM 用户和 Amazon S3 存储桶。服务定义了一组可对每个资源执行的操作。如果创建一个请求以对资源执行不相关的操作,则会拒绝该请求。例如,如果用户请求删除一个 IAM 角色,但提供一个 IAM 组资源,请求将失败。

7.3 安全加密基础

1. 利用 AWS 基础设施和服务提升安全性

使用 AWS,用户将获得所需的控制权和信心,可以利用当今最灵活、最安全的云计算环境来安全地开展业务。作为 AWS 用户,用户将受益于能够保护信息、身份、应用程序和设备的 AWS 数据中心和网络。借助 AWS 提供全面的服务和功能,用户可以提升满足核心安全性和合规性要求的能力,如数据本地性、保护和机密性。

2. 获得出色的可见性和控制力实现扩展安全

借助 AWS,用户可以控制数据的存储位置、有权访问数据的用户,以及组织在任何给定时刻消耗的资源。确保无论信息存储在哪里,都能始终让正确的资源拥有正确的权限。

3. 以最高的隐私和数据安全标准进行构建

AWS 十分注重用户的隐私。由于用户非常关心数据安全,因此 AWS 组建了一支世界一流的安全专家团队,全天候监控系统,以保护用户的内容。使用 AWS,可以在最安全的全球基础设施上进行构建,知道始终拥有自己的数据,并且能够加密、移动及管理保留这些数据。

4. 通过深度集成的服务实现自动化并降低风险

通过在 AWS 上自动执行安全任务,用户可以通过减少人工配置错误并让团队有更多时间专注于对业务至关重要的其他工作来提高安全性。从各种深度集成的解决方案中进行选择,这些解决方案可以组合在一起以新颖的方式自动执行任务,从而使安全团队更轻松地与开发人员团队和运营团队密切合作,以更快、更安全地创建和部署代码。

5. 继承最为全面的安全性与合规性控制

为了帮助用户实现合规,AWS 定期对数千个全球合规性要求进行第三方验证,且会持续监控这些要求,以帮助用户满足财务、零售、医疗保健、政府及其他方面的安全性与合规性标准。

7.4 目 录 服 务

AWS Directory Service 提供了多种方式来将 Amazon Cloud Directory 和 Microsoft Active Directory (AD)与其他 AWS 服务结合使用。目录中存储有关用户、组和设备的信息,管理员使用这些信息来管理对信息和资源的访问。

1. 注册 AWS 账户

(1)打开 https://aws.amazon.com/,然后选择 Create an AWS Account。

(2)按照屏幕上的说明进行操作。

2. 创建 IAM 用户

AWS 管理控制台需要用户提供用户名称和密码,这样服务才能确定是否有权访问其资源。但是,建议避免使用根 AWS 账户的凭证访问 AWS,而是使用 AWS Identity and Access Management (IAM)创建一个 IAM 用户,然后将该 IAM 用户添加到具有管理权限的 IAM 组。这会向 IAM 用户授予管理权限。可以使用 IAM 用户的凭证访问 AWS 管理控制台。

(1)使用 AWS 账户电子邮件地址和密码,以 AWS 账户根用户身份登录到 IAM 控制台 (https:// console. aws. amazon. com/iam/)。

(2)在导航窗格中,选择用户,然后选择添加用户.

(3)对于 User name(用户名),输入 Administrator。

(4)选中 AWS 管理控制台访问旁边的复选框。然后选择自定义密码,并在文本框中输入新密码。

(5)(可选)默认情况下,AWS 要求新用户在首次登录时创建新密码。可以清除 User must create a new password at next sign-in(用户必须在下次登录时创建新密码)旁边的复选框以允许新用户在登录后重置其密码。

(6)单击"下一步:权限"按钮。

(7)在设置权限下,选择将用户添加到组。

(8)选择创建组。

(9)在 Create group(创建组)对话框中,对于 Group name(组名称),输入 Administrators。

(10)选择 Filter policies(筛选策略),然后选择 AWS managed-job function(AWS 托管的工作职能)以筛选表内容。

(11)在策略列表中,选中 AdministratorAccess 的复选框。然后选择 Create group(创建组)。

(12)返回到组列表中,选中新组所对应的复选框。如有必要,选择 Refresh 以在列表中查看该组。

(13)单击"下一步:标签"按钮。

(14)(可选)通过以键值对的形式附加标签来向用户添加元数据。

(15)单击"下一步:审核"按钮,以查看要添加到新用户的组成员资格的列表。如果已准备好继续,应选择 Create user。

要以该新 IAM 用户的身份登录,可从 AWS 管理控制台注销,然后使用以下 URL,其中 your_aws _account_id 是不带连字符的 AWS 账号(例如,如果 AWS 账号是 1234-5678-9012,则 AWS 账户 ID 是 123456789012):

```
https://your_aws_account_id. signin. aws. amazon. com/console/
```

输入刚创建的 IAM 用户名和密码。登录后,导航栏显示 your_user_name @ your_aws_account_id。

如果不希望登录页面 URL 包含 AWS 账户 ID,可以创建账户别名。从 IAM 控制面板中,单击自定义然后输入一个别名,如公司名称。要在创建账户别名后登录,请使用以下 URL:

```
https://your_account_alias. signin. aws. amazon. com/console/
```

7.5　身份验证服务

7.5.1　Amazon Cognito 概述

Amazon Cognito 为 Web 和移动应用程序提供身份验证、授权和用户管理。用户可使凭借用户名和密码直接登录，也可以通过第三方(如 Facebook、Amazon 或 Google)登录。

Amazon Cognito 的两个主要组件是用户池和身份池。用户池是为应用程序提供注册和登录选项的用户目录。使用身份池，可以授予用户访问其他 AWS 服务的权限。可以单独或配合使用身份池和用户池。

将 Amazon Cognito 用户池和身份池配合使用，这里的目标是验证用户身份，然后授予用户访问其他 AWS 服务的权限，具体操作步骤如下：

(1)应用程序用户通过用户池登录，并在成功进行身份验证后收到用户池令牌。

(2)应用程序通过身份池凭借用户池令牌交换 AWS 凭证。

(3)应用程序用户可以使用这些 AWS 凭证来访问其他 AWS 服务(如 AmazonS3 或 DynamoDB)。

7.5.2　Amazon Cognito 的功能

1. 用户池

用户池是 Amazon Cognito 中的用户目录。利用用户池，用户可以通过 Amazon Cognito 登录 Web 或移动应用程序或通过第三方身份提供商(IdP)联合登录。无论用户是直接登录还是通过第三方登录，用户池的所有成员都有一个可通过开发工具包访问的目录配置文件。

用户池提供以下功能：

(1)注册和登录服务。

(2)用于登录用户的内置的、可自定义的 Web UI。

(3)使用 Facebook、Google 和 Login with Amazon 的社交登录并且通过用户池中的 SAML 和 OIDC 身份提供商的登录。

(4)用户目录管理和用户配置文件。

(5)多重验证(MFA)、遭盗用凭证检查、账户盗用保护，以及电话和电子邮件验证等安全功能。

(6)通过 AWS Lambda 触发器进行的自定义工作流程和用户迁移。

2. 身份池

借助身份池，用户可以获取临时 AWS 凭证来访问 AWS 服务(如 Amazon S3 和 DynamoDB)。身份池支持匿名访客用户以及可用来验证身份池用户的身份。

7.5.3　创建用户池和身份池

1. 创建用户池

利用用户池，用户可以通过 Amazon Cognito 登录 Web 或移动应用程序。

创建用户池的具体步骤如下：

(1)转到 Amazon Cognito 控制台。可能会提示输入 AWS 凭证。

（2）选择 Manage your User Pools。

（3）选择创建用户池。

（4）为用户池指定一个名称,然后选择查看默认值以保存该名称。

（5）在审查页面上,选择创建池。

2. 创建身份池

创建身份池的具体步骤如下：

（1）转到 Amazon Cognito 控制台。可能会提示输入 AWS 凭证。

（2）选择 Manage Identity Pools(管理身份池)

（3）选择 Create new identity pool(创建新身份池)。

（4）为身份池输入一个名称。

（5）要启用未经身份验证的身份,请从未经验证的身份可折叠部分中选择启用未经验证的身份的访问权限。

（6）选择 Create Pool。

（7）系统将提示访问 AWS 资源。

选择允许以创建两个与身份池关联的默认角色,一个用于未经身份验证的用户,另一个用于经过身份验证的用户。这些默认角色会向 Amazon Cognito Sync 提供身份池访问权限。可以在 IAM 控制台中修改与身份池关联的角色。

（8）记下身份池 ID 号。将使用它来设置允许应用程序用户访问其他 AWS 服务(如 Amazon Simple Storage Service 或 DynamoDB)的策略。

7.6　云安全最佳实践基础

7.6.1　云安全策略

1. AWS 账户根用户访问密钥

使用访问密钥(访问密钥 ID 和秘密访问密钥)以编程方式向 AWS 提出请求。但是,请勿使用 AWS 账户根用户访问密钥。AWS 账户根用户的访问密钥提供对所有 AWS 服务的所有资源(包括账单信息)的完全访问权限。用户无法减少与 AWS 账户根用户访问密钥关联的权限。

因此,在保护根用户访问密钥时应像对待信用卡号或任何其他敏感机密信息一样。以下是执行该操作的一些方式：

（1）AWS 账户根用户尚无访问密钥,除非绝对需要,否则请勿创建它。而应使用账户电子邮件地址和密码登录 AWS 管理控制台,并为自己创建具有管理权限的 IAM 用户。

（2）AWS 账户根用户具有访问密钥,请删除它。如果一定要保留它,请定期轮换(更改)访问密钥。要删除或轮换根用户访问密钥,请转至 AWS 管理控制台中的“我的安全凭证”页面并使用账户的电子邮件地址和密码登录。可以在 Access keys 部分中管理访问密钥。

（3）任何人共享 AWS 账户根用户密码或访问密钥。使用强密码有助于保护对 AWS 管理控制台进行账户级别的访问。

2. 单独的 IAM 用户

（1）不要用 AWS 账户根用户凭证访问 AWS,也不要将凭证授予任何其他人。应为需要访问

AWS 账户的任何人创建单独的用户。同时，要为自己创建一个 IAM 用户，并授予该用户管理权限，以使用该 IAM 用户执行所有工作。

（2）当访问账户的人员创建单独的 IAM 用户时，可授予每个 IAM 用户一组独特的安全凭证，还可向每个 IAM 用户授予不同的权限。如有必要，可以随时更改或撤销 IAM 用户的权限。（如果公布了根用户凭证，则很难将其撤销，且不可能限制它们的权限。）

3. 使用组向 IAM 用户分配权限

这样做通常可以更方便地创建与工作职能（管理员、开发人员、会计人员等）相关的组。接下来，定义与每个组相关的权限。最后，将 IAM 用户分配到这些组。一个 IAM 组中的所有用户将继承分配到该组的权限。这样，即可在一个位置即可更改组内的所有人。公司人员发生调动时，只需更改 IAM 用户所属的 IAM 组。

4. 授予最低权限

（1）IAM 策略时，应遵循授予最小权限这一标准安全建议，或仅授予执行任务所需的权限。确定用户（和角色）需要执行的操作，然后制订允许他们仅执行这些任务的策略。

（2）只授予最低权限，然后根据需要授予其他权限。这样做比起一开始就授予过于宽松的权限而后再尝试收紧权限来说更为安全。

（3）通过级别分组了解策略授予的访问级别。策略操作被归类为 List、Read、Write、Permissions management 或 Tagging。例如，可以从 List 和 Read 访问级别中选择操作，以向用户授予只读访问权限。

5. 通过 AWS 托管策略开始使用权限

（1）使用 AWS 托管策略为员工提供其入门所需的权限。这些策略已在账户中提供，并由 AWS 维护和更新。

（2）AWS 托管策略可用于为很多常用案例提供权限。完全访问 AWS 托管策略（如 AmazonDynamoDBFullAccess 和 IAMFullAccess）通过授予对服务的完全访问权限来定义服务管理员的权限。高级用户 AWS 托管策略（如 AWSCodeCommitPowerUser 和 AWSKey Management Service PowerUser）提供对 AWS 服务的多个级别的访问权限，但未授予管理权限。部分访问 AWS 托管策略（如 AmazonMobileAnalyticsWriteOnlyAccess 和 Amazon EC2 Read Only Access）提供对 AWS 服务的特定级别的访问权限。利用 AWS 托管策略，可更轻松地为用户、组和角色分配相应权限，而不必自己编写策略。

（3）AWS 工作职能托管策略可以跨越多项服务，并与 IT 行业的常见工作职能紧密贴合。

6. 使用用户托管策略而不是内联策略

对于自定义策略，建议使用托管策略而不是内联策略。使用这些策略的一个重要优势是，可以在控制台中的一个位置查看所有托管策略。还可以使用单个 AWS CLI 或 AWS API 操作查看此信息。内联策略是仅 IAM 身份（用户、组或角色）具有的策略。托管策略是可附加到多个身份的独立的 IAM 资源。

如果账户中具有内联策略，则可将其转换为托管策略。为此，需将策略复制到新的托管策略中，并将新策略附加到具有内联策略的身份。然后，删除内联策略。

将内联策略转换为托管策略的步骤如下：

（1）登录 AWS 管理控制台并通过以下网址打开 IAM 控制台 https://console.aws.amazon.com/iam/。

（2）在导航窗格中,选择 Groups、Users 或 Roles。

（3）在列表中,选择具有要修改的策略的组、用户或角色的名称。

（4）选择 Permissions 选项卡。如果选择 Groups,则根据需要展开 Inline Policies 部分。

（5）对于组,选择要删除的内联策略旁边的 Show Policy(显示策略)。对于用户和角色,选择 Show n more(再显示 n 个)(如有必要),然后选择要删除的内联策略旁边的箭头。

（6）复制策略的 JSON 策略文档。

（7）在导航窗格中,选择 Policies。

（8）选择 Create policy(创建策略),然后选择 JSON 选项卡。

（9）将现有文本替换为 JSON 策略文本,然后选择 Review policy(查看策略)。

（10）为策略输入名称,然后选择 Create policy(创建策略)。

（11）在导航窗格中,选择 Groups(组)、Users(用户)或 Roles(角色),然后再次选择具有要删除的策略的组、用户或角色的名称。

（12）对于组,选择 Attach Policy(附加策略)。对于用户和角色,选择 Add permissions(添加权限)。

（13）对于组,选中新策略名称旁边的复选框,然后选择 Attach Policy(附加策略)。对于用户或角色,选择 Add permissions(添加权限)。在下一页上,选择 Attach existing policies directly(直接附加现有策略),选中新策略名称旁边的复选框,选择 Next:Review(下一步:查看),然后选择 Add permissions(添加权限)。返回组、用户或角色的 Summary(摘要)页面。

（14）对于组,选择要删除的内联策略旁边的 Remove Policy(删除策略)。对于用户或角色,选择要删除的内联策略旁边的 X。

7. 使用访问权限级别查看 IAM 权限

（1）要增强 AWS 账户的安全性,应该定期查看和监控每个 IAM 策略。

（2）在检查策略时,可以查看策略摘要,其中包括该策略中的每个服务的访问级别摘要。AWS 根据每个服务操作的用途将其划分为五个访问级别之一:List、Read、Write、Permissions management 或 Tagging。可以使用这些访问权限级别确定将哪些操作包含在策略中。

（3）可以查看分配给服务中的每个操作的访问级别分类,要查看一个策略的访问权限级别,必须先找到该策略的摘要。在托管策略的 Policies 页面中及附加到用户的策略的 Users 页面中,都包含此策略摘要。

（4）在策略摘要中,Access level(访问级别)列显示出策略提供对服务的四个 AWS 访问权限级别中的一个或多个级别的 Full(完全)或 Limited(受限)访问权限。此外,它还可能显示该策略提供对服务中的所有操作的 Full access 访问权限。可以使用此 Access level 列中的信息来了解策略提供的访问权限级别。然后可以采取措施加强 AWS 账户安全。

8. 为用户配置强密码策略

如果允许用户更改其密码,则需要他们创建强密码并且定期轮换其密码。在 IAM 控制台的 Account Settings(账户设置)页面中,可以为账户创建密码策略。可以使用策略密码定义密码要求,如最短长度、是否需要非字母字符、必须进行轮换的频率等。

9. 启用 MFA

为了提高安全性,建议要求账户中的所有用户进行 Multi-Factor Authentication(MFA)。启用 MFA 后,用户便拥有了一部可生成身份验证质询响应的设备。用户的凭证和设备生成的响应是完成登录过程所必需的。如果泄露了用户的密码或访问密钥,由于额外的身份验证要求,账户资源仍然是安全的。

10. 针对在 Amazon EC2 实例上运行的应用程序使用角色

在 Amazon EC2 实例上运行的应用程序需要凭证才能访问其他 AWS 服务。若要以安全的方式提供应用程序所需的凭证,可使用 IAM 角色。角色是指自身拥有一组权限的实体,但不是指用户或组。角色没有自己的一组永久凭证,这也与 IAM 用户不一样。对于 Amazon EC2,IAM 将向 EC2 实例动态提供临时凭证,这些凭证将自动轮换。

当启动 EC2 实例时,可指定实例的角色,以作为启动参数。在 EC2 实例上运行的应用程序在访问 AWS 资源时可使用角色的凭证。角色的权限将确定允许访问资源的应用程序。

11. 使用角色委托权限

请勿在不同账户之间共享安全凭证,防止另一个 AWS 账户的用户访问 AWS 账户中的资源。而应使用 IAM 角色。可以定义角色来指定允许其他账户中的 IAM 用户拥有哪些权限,还可以指定哪些 AWS 账户拥有允许担任该角色的 IAM 用户。

12. 不共享访问密钥

访问密钥提供对 AWS 的编程访问。不要在未加密代码中嵌入访问密钥,也不要在 AWS 账户中的用户之间共享这些安全凭证。对于需要访问 AWS 的应用程序,将程序配置为使用 IAM 角色检索临时安全凭证。要允许用户单独以编程方式访问,需创建具有个人访问密钥的 IAM 用户。

13. 定期轮换凭证

定期更改自己的密码和访问密钥,并确保账户中的所有 IAM 用户也这么做。这样,若在不知情的情况下密码或访问密钥外泄,则可限制凭证在多长时间之内可用于访问资源。可以将密码策略应用于账户,以要求所有 IAM 用户轮换其密码,也可以选择他们必须轮换密码的时间间隔。

14. 删除不需要的凭证

删除不需要的 IAM 用户凭证(密码和访问密钥)。例如,如果为应用程序创建了一个不使用控制台的 IAM 用户,则该 IAM 用户无须密码。同样,如果用户仅使用控制台,则应删除其访问密钥。最近未使用的密码和访问密钥可能适合做删除处理。可以使用控制台、CLI 或 API 或者通过下载凭证报告来查找未使用的密码或访问密钥。

15. 使用策略条件来增强安全性

在切实可行的范围内,定义在哪些情况下 IAM 策略将允许访问资源。例如,可编写条件来指定请求必须来自允许的 IP 地址范围,也可以指定只允许在指定日期或时间范围内的请求,还可设置一些条件,如要求使用 SSL 或 MFA(Multi-Factor Authentication)。例如,可要求用户使用 MFA 设备进行身份验证,这样才允许其终止某一 Amazon EC2 实例。

16. 监控 AWS 账户中的活动

可以使用 AWS 中的日志记录功能来确定用户在账户中进行了哪些操作,以及使用了哪些资源。日志文件会显示操作的时间和日期、操作的源 IP、哪些操作因权限不足而失败等。

日志记录功能在以下 AWS 服务中可用:

(1)Amazon CloudFront:记录 CloudFront 收到的用户请求。

(2)AWS CloudTrail:记录由某个 AWS 账户发出或代表该账户发出的 AWS API 调用和相关事件。

(3)Amazon CloudWatc:监控 AWS 云资源及 AWS 上运行的应用程序。可以在 CloudWatch 中基

于定义的指标设置警报。

（4）AWS Config：提供有关 AWS 资源（包括 IAM 用户、组、角色和策略）配置的详细历史信息。例如，可以使用 AWS Config 确定在某个特定时间属于某个用户或组的权限。

（5）Amazon Simple Storage Service（Amazon S3）：记录发送到 Amazon S3 存储桶的访问请求。

7.6.2 商用案例

IAM 的简单商用案例可帮助用户了解使用该服务来控制其用户所拥有的 AWS 访问权限的基本方法。

此使用案例将探讨一家名为 Example Corp 的虚构公司可能使用 IAM 的两种典型方式。第一个方案考虑 Amazon Elastic Compute Cloud（Amazon EC2）。第二个方案考虑 Amazon Simple Storage Service（Amazon S3）。

1. Example Corp 的初始设置

（1）John 是 Example Corp 创始人。在公司成立之初，他创建了自己的 AWS 账户，他本人使用 AWS 产品。之后，他雇用了员工，担任开发人员、管理员、测试人员、管理人员及系统管理员。

（2）John 通过 AWS 账户根用户凭证使用 AWS 管理控制台，为自己创建了名为 John 的用户以及名为 Admins 的组。他使用 AWS 托管策略 AdministratorAccess 向 Admins 组授予了对所有 AWS 账户的资源执行所有操作的权限。然后，他将 John 用户添加到了 Admins 组中。

（3）John 可以停止使用根用户的凭证与 AWS 交互，他开始只使用自己的用户凭证。

（4）John 还创建了一个名为 AllUsers 的组，这样他就可以将任何账户范围内的权限轻松应用于 AWS 账户内的所有用户。他将本人添加至该组。随后，他又创建了名为 Developers、Testers、Managers 及 SysAdmins 的组。他为每位员工创建了用户，并将这些用户归入各自的组。他还将所有用户添加至 AllUsers 组。

2. IAM 与 Amazon EC2 结合使用的使用案例

1）用于组的 Amazon EC2 权限

为提供"周边"控制，John 对 AllUsers 组附加了一个策略。如果来源 IP 地址位于 Example Corp 企业网络外部，则该策略拒绝用户的任何 AWS 请求。

在 Example Corp.，不同的组需要不同的权限：

（1）System administrators：需要创建和管理 AMI、实例、快照、卷、安全组等的权限。John 向 SysAdmins 组附加了一个策略，以为该组成员授予使用所有 Amazon EC2 操作的权限。

（2）Developers：只需能够使用实例即可。因此，John 向 Developers 组附加了策略，以允许开发人员调用 DescribeInstances、RunInstances、StopInstances、StartInstances 及 TerminateInstances。

注意：Amazon EC2 使用 SSH 密钥、Windows 密码及安全组来控制哪些人能够访问特定 Amazon EC2 实例的操作系统。在 IAM 系统中，无法允许或拒绝访问特定实例的操作系统。

（3）Managers：无法执行任何 Amazon EC2 操作，但可列出当前可用的 Amazon EC2 资源。因此，John 向 Managers 组附加了一个策略，以便仅允许该组成员调用 Amazon EC2"Describe"API 操作。

2）用户的角色转换

此时，其中一位开发人员 Paulo 的角色发生转变，成为一名管理人员。John 将 Paulo 从 Developers 组移至 Managers 组。现在，Paulo 位于 Managers 组，因此他与 Amazon EC2 实例交互的能力受到限制。他无法启动或启用实例。即使他是启动或启用实例的用户，也无法停止或终止现有实例。他只能列出 Example Corp 用户已启动的实例。

3. IAM 与 Amazon S3 结合使用的使用案例

类似 Example Corp 的公司通常还通过 Amazon S3 使用 IAM。John 已为公司创建了 Amazon S3 存储桶,并将其命名为 example_bucket。

作为员工,Zhang 和 Mary 都需要能够在公司的存储桶中创建自己的数据。他们还需要读取和写入所有开发人员都要处理的共享数据。为做到这一点,John 采用 Amazon S3 密钥前缀方案,在 example_bucket 中按照逻辑方式排列数据。

```
/example_bucket
    /home
        /zhang
        /mary
    /share
        /developers
        /managers
```

John 针对每位员工将主/example_bucket 分隔成一系列主目录,并为开发人员和管理人员组留出一个共享区域。

现在,John 创建一组策略,以便向用户和组分配权限:

(1)Zhang 的主目录访问:John 向 Zhang 附加的策略允许后者读取、写入和列出带 Amazon S3 密钥前缀/example_bucket/home/Zhang/的任何对象。

(2)Mary 的主目录访问:John 向 Mary 附加的策略允许后者读取、写入和列出带 Amazon S3 键前缀/example_bucket/home/mary/的任何对象。

(3)Developers 组的共享目录访问:John 向该组附加的策略允许开发人员读取、写入和列出/example_bucket/share/developers/中的任何对象。

(4)Managers 组的共享目录访问:John 向该组附加的策略允许管理人员读取、写入和列出/example_bucket/share/managers/中的对象。

注意:对于创建存储桶或对象的用户,Amazon S3 不会自动授予其对存储桶或对象执行其他操作的权限。因此,在 IAM 策略中,必须显式授予用户使用他们所创建的 Amazon S3 资源的权限。

此时,其中一位开发人员 Zhang 的角色发生转变,成为一名管理人员。假设他不再需要访问 share/developers 目录中的文档。作为管理员,John 将 Zhang 从 Managers 组移至 Developers 组。通过简单的重新分配,Zhang 将自动获得所有授予 Managers 组的权限,但将无法再访问 share/developers 目录中的数据。

组织经常与合作公司、顾问及承包商合作。Example Corp 是 Widget Company 的合作伙伴,而 Widget Company 的员工 Shirley 需要将数据放入存储桶中,以供 Example Corp 使用。John 创建了一个名为 WidgetCo 的组和名为 Shirley 的用户,并将 Shirley 添加至 WidgetCo 组。John 还创建了一个名为 example_partner_bucket 的专用存储桶,以供 Shirley 使用。

John 更新现有策略或添加新的策略来满足合作伙伴 Widget Company 的需求。例如,John 可新建用于拒绝 WidgetCo 组成员使用任何操作(写入操作除外)的策略。除非有一个广泛的策略,授予所有用户访问大量 Amazon S3 操作的许可,否则此策略将非常必要。

第8章 云应用

8.1 队列服务 SQS

SQS(Simple Queue Service)简单队列服务是一项快速可靠、可扩展且完全托管的消息队列服务,是 Amazon 为解决云计算平台之间不同组件的通信专门设计开发的。SQS 使得云应用程序的组件解耦大大简化,并且具有较高的成本效益。

SQS 提供两种消息队列类型。标准队列提供最高吞吐量、最大努力排序和至少一次传送。SQS FIFO 队列旨在确保按照消息的发送顺序对消息进行严格一次处理。

8.1.1 SQS 的优势

1. 消除管理开销

AWS 负责管理所有正在进行的操作和底层基础设施,以提供高度可用且可扩展的消息队列服务。SQS 无须前期成本,无须购买、安装和配置消息收发软件,无须耗时地构建和维护配套基础设施。SQS 队列会以动态方式自动创建和扩展,从而使用户可以快速而高效地构建和扩展应用程序。

2. 可靠传送消息

使用 Amazon SQS 可以在任意吞吐量级别传输任何规模的数据,而不会丢失消息,并且无须其他服务即可保持可用。借助 SQS,可以分离应用程序组件,以让其独立运行,在发生故障时不影响其他组件,从而提高系统的总体容错能力。每个消息有多个副本以冗余的方式存储在多个可用区中,以确保它们在需要时随时可用。

3. 保证敏感数据安全

借助 Amazon SQS,可以使用服务器端加密(SSE)功能加密每个消息正文,以在应用程序之间交换敏感数据。Amazon SQS SSE 与 AWS Key Management Service(KMS)集成,使用户能够集中管理保护 SQS 消息的密钥以及保护其他 AWS 资源的密钥。AWS KMS 会将加密密钥的每次使用情况记录到 AWS CloudTrail,以帮助满足监管与合规性需求。

4. 以经济高效的方式进行弹性扩展

Amazon SQS 利用 AWS 云按需进行动态扩展。SQS 可以根据用户的应用情况进行弹性扩展,因此,无须担心容量规划和预配置。每个队列的消息数量不限,而且标准队列能提供几乎无限的吞吐量。相对于自行管理的消息收发中间件采用的"不中断"模式,按使用量付费的模式可以为用户节约大量成本。

要想构建一个灵活且可扩展的系统,低耦合度是很有必要的。因为只有系统各个组件之间的关联度尽可能低,才可以根据系统需要随时从系统中增加或者删除某些组件。但松散的耦合度也带来了组件之间的通信问题,如何实现安全、高效地通信是设计一个低耦合度的分布式系统所必须考虑的问题。

8.1.2　SQS 的基本模型

SQS 由三个基本部分组成:系统组件(Component)、队列(Queue)、消息(Message),如图 8-1 所示。

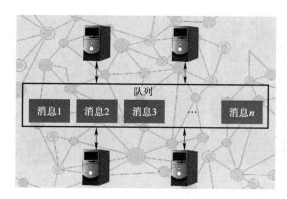

图 8-1　SQS 的基本模型

系统组件是 SQS 的服务对象,而 SQS 则是组件之间沟通的桥梁。组件在这里有双重角色,它既可以是消息的发送者,也可以是消息的接收者。组件、队列和消息可以形象地比喻为储户、银行和储户账户中的资金。储户随时可以向银行中自己的账户存钱;同时,储户还可以接受别人给他的汇款或给别人汇款;当有需要时,用户可以从银行中取出自己账户中的钱;不需要时,账户中的资金会很安全地存放在银行中。SQS 也是如此,组件既发送消息也接收消息,不接收时消息会被安全地存放在队列中。

消息和队列是 SQS 中最重要的两个概念。

消息是发送者创建的具有一定格式的文本数据,接收对象可以是一个或多个组件。消息的大小是有限制的,目前 Amazon 规定每条消息不得超过 8 KB,但是消息的数量未做限制。

队列是存放消息的容器,类似于 S3 中的桶,队列的数目也是任意的,创建队列时用户必须给其指定一个在 SQS 账户内唯一的名称。当需要定位某个队列时采用 URL 的方式进行访问,URL 是系统自动给创建的队列分配的。队列在发送消息时尽最大努力保证"先进先出";并非绝对地保证先进的数据一定会最先被投递给指定的接收者,这是它和普通的队列最大不同之处。不过 SQS 允许用户在消息中添加有关的序列数据,对于数据发送顺序要求比较高的用户可以在发送消息之前向其中加入相关信息。和队列相比,消息涉及的内容更多,需要考虑的问题更复杂,下面进行详细介绍。

消息由四部分组成,如图 8-2 所示。

消息取样如图 8-3 所示。

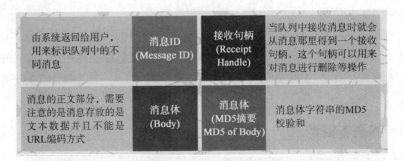

图 8-2　消息的组成

图 8-3　消息取样

消息取样示意图如图 8-4 所示。

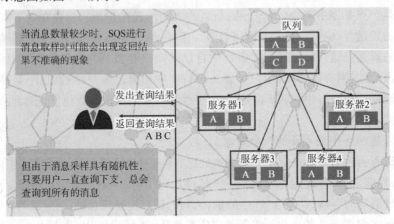

图 8-4　消息取样示意图

消息的可见性超时值及生命周期如图 8-5 所示。

可见性表明该消息可以被所有的组件查看；可见性超时值相当于一个计时器，在设定好的时间内，发给用户的消息对于其他所有的组件是不可见的。

扩展操作就是将计时器按照新设定的值重新计时，终止就是将当前的计时过程终止，直接将消息由不可见变为可见。

Amazon SQS 是亚马逊提供的线上消息队列服务，可以实现应用程序解耦，以及可靠性保证。SQS 提供了两种消息队列，一种是标准消息队列，一种是先进先出队列（FIFO），其区别是 FIFO 是

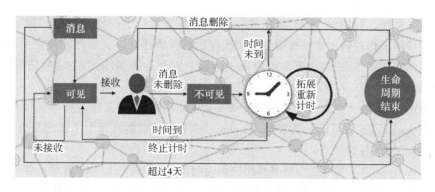

图 8-5　消息的可见性超时值及生命周期

严格有序的,即消息接收的顺序是按照消息发送的顺序来的,而标准队列是尽最大可能有序,即不保证一定为有序。此外,FIFO 还保证了消息在一定时间内不能重复发出,即使是重复发了,它也不会把消息发送到队列上。

　　SQS 是一种完全托管的消息队列服务,可让用户分离和扩展微服务、分布式系统和无服务器应用程序。SQS 消除了与管理和运营消息型中间件相关的复杂性和开销,并使开发人员能够专注于重要工作。借助 SQS,可以在软件组件之间发送、存储和接收任何规模的消息,而不会丢失消息,并且无须其他服务即可保持可用。使用 AWS 控制台、命令行界面或选择的 SDK 和三个简单的命令,在几分钟内即可开始使用 SQS。

8.2　工作流服务 SWF

　　Amazon SWF 的基本概念是工作流程。工作流程是一组开展一些目标的活动,以及协作这些活动的逻辑。例如,工作流程可以接收客户订单并采取任何执行该订单需要的操作。AWS 资源中运行的每一个工作流程都被称为域,域用于控制工作流程的范围。一个 AWS 账户可以有多个域,每个域都能包含多个工作流程,但不同域中的工作流程不能交互。

　　设计 AmazonSWF 工作流程时,要准确定义每一个必需的活动。然后,用 AmazonSWF 给每个活动注册一个活动类型。注册活动时,需要提供姓名和版本之类的信息,并需要根据期望活动花费的时长来提供一些超时值。例如,客户可能期望订单在 24 小时内发货。这类期望会报告在注册活动时指定的超时值。

　　工作流程执行过程中,有些活动可能需要执行多次,可能要用不同的输入。例如,在客户订购工作流程中,可能要执行一个处理已购买项目的活动。如果客户购买多个项目,则必须将此活动运行多次。Amazon SWF 具有表示活动调用的活动任务的概念。在示例中,每一个项目的处理都可以用一个活动任务表示。

　　活动工作程序是一项接收活动任务、执行任务并提供结果的程序。任务本身可能实际由人来执行,在这种情况下,人将会使用活动工作程序软件来接收和处置任务。可能会以统计分析师作为示例,这个分析师会接收数据集、分析之,然后发回分析结果。

　　活动任务及执行任务的活动工作线程可以同步运行,也可以异步运行。它们可以跨过多个可能处于不同地理区域的计算机分布,或者全部运行在同一台计算机上。不同的活动工作程序可以用不同的编程语言编写,且可运行在不同的操作系统上。例如,一个活动工作程序可能在亚洲运行于一台台式计算机,而另一个活动工作程序可能在北美洲运行于一台便携式计算机。

工作流程中的协作逻辑包含在被称为决策程序的软件程序中。决策程序排定活动任务、提供输入数据给活动工作程序、处理在工作流程处于进程中时到达的事件,并在目标完成时最终结束(或关闭)工作流程。

Amazon SWF 服务的角色是用作可靠的中央枢纽,决策者、活动工作人员与其他相关实体(如工作流程管理人员)通过它可以交换数据。Amazon SWF 还可以维持每个工作流程执行的状态,这样,应用程序不必持久存储状态。

决策者从 Amazon SWF 接收决策任务并将决策返回 Amazon SWF,以此来管理工作流程。决策表示的是一个操作或一组操作,是工作流程中的下一步。一般的决策为排定活动任务。决策还可以用于设置计时器以延迟活动任务执行、请求取消已处在进程中的活动任务及完成或关闭工作流程。

活动工作人员和决策者接收其任务(分别为活动任务和决策任务)的机制是轮询 Amazon SWF 服务。

Amazon SWF 向决策程序通知工作流程状态,其中包括每个决策任务、一份当前工作流程执行历史。工作流程执行历史由事件组成,其中事件代表工作流程执行状态的重要更改。示例事件为任务完成、任务已超时的通知或在工作流程执行之前设置的计时器过期。历史是工作流程进程的完整、一致且权威的记录。

Amazon SWF 访问控制使用 AWS Identity and Access Management(IAM),允许用户以受控受限的方式提供对 AWS 资源的访问,而不会公开用户的访问密钥。例如,用户可以允许用于访问账户,但只运行其在特定的域中运行特定工作流程。

实验案例 利用 Auto Scaling 实现高可用性

1. 实验简介

本实验将逐步指导用户使用 Elastic Load Balancing(ELB)和 Auto Scaling 服务对基础设施进行负载均衡和自动扩展;创建负载均衡器(Elastic Load Balancer);创建启动配置和 Auto Scaling 组;自动扩展私有子网内的新实例;创建 Amazon CloudWatch 警报并监控基础设施的性能。

2. 主要使用服务

ELB、Auto Scaling、CloudWatch。

3. 预计实验时间

120 分钟。

4. 概述:什么是 Elastic Load Balancer(ELB)与 Auto Scaling?

Elastic Load Balancer 在多个 Amazon EC2 实例间自动分配入站应用程序流量。它可以让用户实现应用程序容错能力,从而无缝提供路由应用程序流量所需的负载均衡容量。Elastic Load Balancing 提供两种负载均衡器,这两种负载均衡器均具备高可用性、自动扩展功能和可靠的安全性。两种类型分别是:

Classic Load Balancer(https://aws. amazon. com/elasticloadbalancing/classicloadbalancer/),可根据应用程序或网络级信息路由流量。

Application LoadBalancer

(https://aws. amazon. com/elasticloadbalancing/applicationloadbalancer/),可根据包括请求内容

的高级应用程序级信息路由流量。

Classic Load Balancer 适用于在多个 EC2 实例之间进行简单的流量负载均衡,而 Application LoadBalancer 则适用于需要高级路由功能、微服务和基于容器的架构的应用程序。Application Load Balancer 让用户能够跨同一 EC2 实例的多个端口将流量路由到多项服务或执行负载均衡。

借助 Auto Scaling,用户可以保持应用程序的可用性,并可根据定义的条件自动扩展或缩减 Amazon EC2(https://aws. amazon. com/ec2/)容量。用户可以使用 Auto Scaling 来帮助确保运行 的 Amazon EC2 实例数量符合所需数量。此外,Auto Scaling 还可以在需求峰值期自动增加 Amazon EC2 实例数量以保持性能,并在需求平淡期自动减少实例数量以降低成本。Auto Scaling 不仅非常适合需求模式稳定的应用程序,也适合使用模式每小时、每天或每周都不同的应用 程序。

5. 实验架构

基础设施的初始状态如图 8-6 所示。

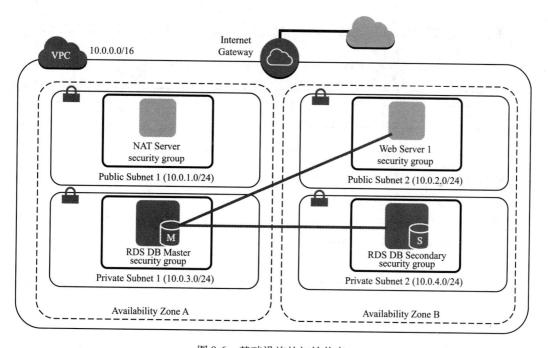

图 8-6　基础设施的初始状态

基础设施的最终状态如图 8-7 所示。

6. 登录 AWS 管理控制台

(1)单击"启动实验"开始实验。

(2)单击"登录网址",到达 AWS 管理控制台登录界面。

(3)使用这些证书登录控制台:

①在登录界面的"用户名"文本框中,输入用户名。

②在"密码"文本框中,输入密码。

(4)单击"登录"按钮。

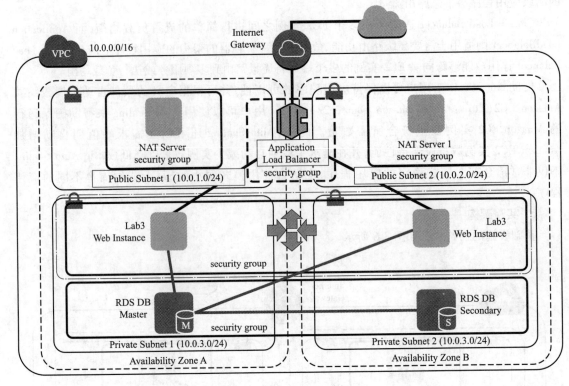

图 8-7　基础设施的最终状态

7. 实验步骤

步骤 1　为 Auto Scaling 创建 AMI

在此步骤中,将先创建一个 AMI,以便启动要与 Auto Scaling 搭配使用的新实例。

(1)在 AWS 管理控制台的服务菜单上,单击 EC2。

(2)在左侧导航窗格中,单击"实例"。

(3)确认 Web Server 1 的状态检查结果是否显示"2/2 的检查已通过"。如果没有,请等到显示该状态,然后再继续下一步。使用右上角的刷新图标来检查更新。

(4)右击 Web Server 1,然后选择"映像"→"创建映像"。

(5)进行以下设置(并忽略未列出的所有设置):

①映像名称:输入 Web Server AMI。

②映像描述:输入 Lab AMI for Web Server。

(6)单击"创建映像"。

(7)确认屏幕将显示新 AMI 的 AMI ID,单击关闭。

在左侧导航窗格中,单击 AMI 可以看到映像创建的状态。

步骤 2　创建负载均衡器

在此步骤中,将创建一个负载均衡器,用于均衡两个可用区内多个 EC2 实例之间的流量。

(1)在 EC 的左侧导航窗格中,单击"负载均衡器"(在导航窗下方的位置)。

(2)单击"创建负载均衡器"。

(3)选择"应用程序负载均衡器",单击创建。

（4）进行以下设置（并忽略未列出的所有设置）：

名称：输入 LabELB。

VPC：选择名称类似于"vpc – …. (10. 0. 0. 0/16)"的 VPC。

可用区：选择两个可用区以查看可用子网。然后选择 Public Subnet 1 和 Public Subnet 2。

（5）单击"下一步：配置安全设置"。

（6）若出现警告信息，请忽略以下警告："加强您的负载均衡器安全。您的负载均衡器未在使用任何安全侦听器"，然后单击"下一步：配置安全组"。

（7）单击"选择一个现有的安全组"。

（8）选择名称中包含 WEBSG 且描述为 Enable HTTP access 的安全组，然后清除默认复选框（表示采用默认安全组）。

（9）单击"下一步：配置路由"。

（10）在目标组下，对于名称，输入 LabGroup。

（11）展开高级运行状况检查设置，然后进行以下设置（并忽略未列出的所有设置）：

①正常阈值：输入 2。

②不正常阈值：输入 3。

③超时：输入 10。

（12）单击"下一步：注册目标"。Auto Scaling 稍后将自动添加实例。

（13）单击"下一步：审核"。

（14）单击"创建"。

（15）在"已成功创建负载均衡器"消息上，单击"关闭"。

步骤 3　创建启动配置和 Auto Scaling 组

在此步骤中，将为 Auto Scaling 组创建一项启动配置。启动配置是 Auto Scaling 组在启动 EC2 实例时使用的模板。创建启动配置时，可以指定实例的信息，如 AMI、实例类型、密钥对、一个或多个安全组和块存储设备映射。Auto Scaling 组包含一系列具有相似特征的 EC2 实例，这些实例被视为逻辑组以便进行实例扩展和管理。

（1）在 EC2 的左侧导航窗格中，单击 Auto Scaling 组。

（2）单击创建 Auto Scaling 组的蓝色按钮。

（3）单击开始使用。

（4）在左侧导航窗格中，单击"我的 AMI"。

（5）在 Web Server AMI 对应的行中，单击选择。

（6）接收 t2. micro 选项，然后单击"下一步：配置详细信息"。

（7）进行以下设置（并忽略未列出的所有设置）：

①名称：输入 LabConfig。

②监控：单击"启用 CloudWatch 详细监控"。

（8）单击"下一步：添加存储"。

（9）单击"下一步：配置安全组"。

（10）单击"选择一个现有安全组"，然后选择名称中包含 WEBSG，并且描述为 Enable HTTP Access 的安全组。

（11）单击"审核"。

(12)查看启动配置的详细信息,然后单击"创建启动配置"。

(13)忽略"加强安全……"警告;这属于正常现象。

(14)单击"在没有密钥对的情况下继续"。

(15)勾选视窗下方的声明"我确认我无法连接到此实例…"。

(16)单击"创建启动配置"。

至此,设定的是 Auto Scaling 的启动配置,尚未实际部署任何资源。接下来要设定的AutoScaling 的扩展策略。

进行以下设置(并忽略未列出的所有设置):

①组名称:输入 Lab AS Group。

②组开始大小:输入 2(个实例)。

③网络:单击"10.0.0.0/16 的 VPC"。忽略有关"无公共 IP"的消息;这属于正常现象。

④子网:单击 subnet – …(10.0.3.0/24),并单击 subnet – …(10.0.4.0/24)。

(17)展开高级详细信息,进行以下设置(并忽略未列出的所有设置):

①负载均衡:单击从一个或多个负载均衡器接收流量。

②目标组:单击 LabGroup。

③运行状况检查类型:单击 ELB。

④监控:单击"启用 CloudWatch 详细监控"。

(18)单击"下一步:配置扩展策略"。

(19)选择"使用扩展策略调整此组容量"。

(20)修改扩展范围文本框,将扩展范围设为 2 ~ 6 个实例。

(21)单击"使用分步或简单扩展策略扩展 AutoScaling 组"。

(22)在"增加组大小"中,对于执行策略的时间,单击"添加新警报"按钮。

(23)清除"发送通知到:"。

(24)进行以下设置(并忽略未列出的所有设置):

①每当:Average,然后单击"CPU 利用率"。

②是:单击 > = ,然后输入 65(表示百分比)。

③至少:输入 1,然后单击 1 分钟。

④警报名称:用"高 CPU 利用率"替换现有条目。

(25)单击创建警报。

(26)在"增加组大小"中,进行以下设置(并忽略未列出的所有设置):

①请执行以下操作:输入 1,单击实例,然后输入 65。

②实例需要:输入 60(每个步骤后的预热时间,单位为秒)。

(27)在下方的减少组大小,对于"执行策略的时间",单击"添加新警报"。

(28)清除"发送通知到"。

(29)进行以下设置(并忽略未列出的所有设置):

①每当:Average,然后单击"CPU 利用率"。

②是:单击 < = ,然后输入 20。

③至少:输入 1,然后单击 1 分钟。

④警报名称:用"低 CPU 利用率"替换现有条目。

（30）单击创建警报。

（31）在"减小组大小"中,对于执行以下操作:单击删除,输入 1,单击实例,然后输入 20。

（32）单击"下一步:配置通知"。

（33）单击"下一步:配置标签"。

（34）进行以下设置(并忽略未列出的所有设置):

①密钥:输入 Name。

②值:输入 LabWebInstance。

（35）单击"审核"。

（36）审核 AutoScaling 组的详细信息,然后单击"创建 AutoScaling 组"。

（37）如果出现无法创建 Auto Scaling 组,则单击"重试失败的任务"。

（38）Auto Scaling 组创建完成之后,单击关闭。

步骤 4　验证 Auto Scaling 是否运行

在此步骤中,将验证 Auto Scaling 是否正常运行。

（1）在左侧导航窗格中,单击实例。

系统将显示至少两个实例:Web Server 1、NAT Server,当 Auto Scaling 正常运行时会出现名称为 Lab Web Instance 的新实例。注意:新实例会在几分钟后显示为正在运行。

（2）在左侧导航窗格中,单击"负载均衡"项目下的"目标群组"。

选择 LabGroup,然后单击"目标"选项卡。两个 Lab WebInstance 应列入该目标组。

等待两个实例的状态转换为 healthy。使用右上角的刷新图标来检查更新。

（3）在左侧导航窗格中,单击"负载均衡器"。

选择 LabELB,然后在下方窗格的"描述"选项卡上,复制负载均衡器的 DNS 名称,并确保其中不含"(A 记录)"。

将 DNS 网址粘贴在浏览器上,显示网页。

步骤 5　测试 Auto Scaling

至此,创建了一个最小规模为两个实例、最大规模为六个实例的 Auto Scaling 组;创建了 Auto Scaling 策略,可以逐个增加或减少组中的实例;创建了 Amazon CloudWatch 警报,可以在组的总体平均 CPU 使用率大于等于 65% 和小于等于 20% 时触发这些策略。目前,两个实例都在运行,因为最小规模为两个实例,

该组当前没有任何负载。现在,将使用创建的 CloudWatch 警报来监控该基础设施。

在此步骤中,将测试刚才实施的 Auto Scaling 配置。

（1）在服务菜单上,单击 CloudWatch。

在左侧导航窗格中,单击 Alarms(警报)。系统将显示高 CPU 利用率和低 CPU 利用率两个警报(如果状态全部显示为不足则单击右上角的刷新图标)。低 CPU 利用率的状态为 ALARM(警报),而高 CPU 利用率的状态为 OK(确定)。这是因为组的当前 CPU 使用率小于 20%。AutoScaling 没有删除任何实例,原因是组的当前大小处于其最小规模(2)。

将在前一个任务中复制的负载均衡器的 DNS 名称粘贴到新的浏览器窗口或选项卡中,然后单击 AWS 徽标右方的 Load Test。

应用程序负载会测试实例,并每隔 5 秒自动刷新一次。当前 CPU 负载升至 100%。

在 AWS CloudWatch 控制台上返回至窗口或选项卡。在 5 分钟内,低 CPU 警报状态变为 OK (确定),而高 CPU 警报状态变为 ALARM(警报)。单击刷新图标以查看更改。

（2）在服务菜单上，单击 EC2。

在左侧导航窗格中，单击"实例"。现在，应该要看到有两个以上标记为 LabWebInstance 的实例正在运行。它们可能处于创建期间，标签可能不会立即显示。新实例由 AutoScaling 基于之前步骤中创建的 CloudWatch 警报创建。

以上通过模拟负载测试，触发了 CloudWatch 警报，让原本只有两个 LabWebInstance 的实例经由 Auto Scaling 自动响应来增加实例。

步骤 6 结束实验

遵循以下步骤关闭控制台，结束实验。

（1）在 AWS 管理控制台的导航栏中，单击 UPT15xxxxxxxxxxx@ < AccountNumber >，然后单击"注销"按钮。

（2）在云平台的实验页面上，单击"结束实验"按钮。

（3）在确认消息中，单击"确定"按钮。

8. 结论

至此，已成功地：

（1）从正在运行的实例中创建 Amazon 系统映像（AMI）。

（2）创建负载均衡器。

（3）创建启动配置和 Auto Scaling 组。

（4）自动扩展私有子网内的新实例

（5）创建 Amazon CloudWatch 警报并监控基础设施的性能。

第 9 章　大　数　据

9.1　EMR 大数据

Amazon EMR 是一个托管集群平台,可简化在 AWS 上运行大数据框架(如 Apache Hadoop 和 Apache Spark)以处理和分析海量数据的操作。借助这些框架和相关的开源项目(如 Apache Hive 和 Apache Pig),可以处理用于分析目的的数据和商业智能工作负载。此外,可以使用 Amazon EMR 转换大量数据和将大量数据移入和移出其他 AWS 数据存储和数据库,如 Amazon Simple Storage Service(Amazon S3)和 Amazon DynamoDB。

Amazon EMR 集群,包括如何向集群提供工作、数据的处理方式、集群在处理期间经历的各种状态。

9.1.1　集群和节点

集群是 Amazon EMR 的核心组件。集群是 Amazon Elastic Compute Cloud(Amazon EC2)实例的集合。集群中的每个实例称为节点。集群中的每个节点都有一个角色,称为节点类型。Amazon EMR 在每个节点类型上安装不同的软件组件,在分布式应用(如 Apache Hadoop)中为每个节点赋予一个角色。

Amazon EMR 中的节点类型有:

(1)主节点:该节点管理集群,它通过运行软件组件来协调在其他节点之间分配数据和任务的过程以便进行处理。主节点跟踪任务的状态并监控集群的健康状况。每个集群具有一个主节点,并且可以创建仅包含主节点的单节点集群。

(2)核心节点:该节点具有运行任务并在集群上的 Hadoop 分布式文件系统(HDFS)中存储数据的软件组件。多节点集群至少具有一个核心节点。

(3)任务节点:该节点具有仅运行任务但不在 HDFS 中存储数据的软件组件。任务节点是可选的。

1. 向集群提交工作

在 Amazon EMR 上运行集群时,可以通过几个选项指定需要完成的工作。

(1)在函数中提供要完成的工作的完整定义,可以在创建集群时将其指定为步骤。

(2)创建一个长时间运行的集群并使用 Amazon EMR 控制台、Amazon EMR API 或 AWS CLI 提交包含一个或多个作业的步骤。

（3）创建一个集群，根据需要使用 SSH 连接到主节点和其他节点，并使用安装的应用程序提供的界面以脚本或交互方式执行任务和提交查询。

2. 处理数据

启动集群时，需要选择要安装的框架和应用程序，以满足数据处理需求。要处理 Amazon EMR 集群中的数据，可以直接向已安装的应用程序提交作业或查询，或在集群中运行步骤。

3. 直接向应用程序提交作业

可以直接向安装在 Amazon EMR 集群中的应用程序提交作业和与之交互。为此，通常需要通过安全连接与主节点连接，并访问可用于直接运行在集群上的软件的接口和工具。

4. 运行步骤以处理数据

可以向 Amazon EMR 集群提交一个或多个有序的步骤。每个步骤都是一个工作单位，其中包含可由集群上安装的软件处理的数据操作指令。

下面是一个使用四个步骤的示例处理操作：

（1）提交要处理的输入数据集。

（2）使用 Pig 程序处理第一个步骤的输出。

（3）使用 Hive 程序处理第二个输入数据集。

（4）写入一个输出数据集。

通常，在 Amazon EMR 中处理数据时，输入为以文件形式存储在选择的底层文件系统（如 Amazon S3 或 HDFS）中的数据。数据从处理序列中的一个步骤传递到下一个。最后一步将输出数据写入指定位置，如 Amazon S3 存储桶。

步骤按下面的序列运行：

（1）提交请求以开始处理步骤。

（2）所有步骤的状态均设为 PENDING（待处理）。

（3）序列中的第一个步骤启动时，其状态更改为 RUNNING（正在运行）。其他步骤仍处于 PENDING（待处理）状态。

（4）第一个步骤完成后，其状态更改为 COMPLETED（已完成）。

（5）序列中的下一个步骤启动，其状态更改为 RUNNING（正在运行）。完成时，其状态更改为 COMPLETED（已完成）。

（6）对每个步骤重复这一模式，直到所有步骤均完成，处理结束。

图 9-1 显示了此步骤序列及随着处理的进行各步骤的状态更改。

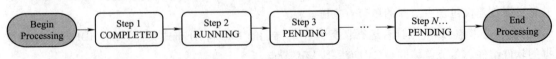

图 9-1　步骤序列及状态更改

如果处理期间步骤失败，其状态会更改为 TERMINATED_WITH_ERRORS。可以确定接下来如何处理每个步骤。默认情况下，序列中的任何其余步骤设置为 CANCELLED（取消）并且不运行。也可以选择忽略失败并允许继续执行其余步骤，或者立即终止集群。

图 9-2 显示了此步骤序列和处理期间某个步骤失败时默认的状态变更。

图 9-2　步骤序列及步骤失败时的状态变更

5. Amazon EMR 的优势

（1）节省成本。Amazon EMR 的定价取决于用户部署的 EC2 实例的实例类型和数量及启动集群的区域。按需定价提供很低的费率，但用户可以通过购买预留实例或 Spot 实例来进一步降低成本。Spot 实例可以显著节省成本，在某些情况下，低至按需定价的 1/10。

（2）AWS 集成。Amazon EMR 可与其他 AWS 服务集成，为集群提供联网、存储、安全等功能。

（3）可扩展性和灵活性。Amazon EMR 可根据计算需求变化灵活扩展或收缩集群。用户可以调整集群，在工作负载高峰时增加实例，在工作负载高峰过后移除实例，从而控制成本。

（4）可靠性。Amazon EMR 能够监控集群中的节点并自动终止和替换出现故障的实例。Amazon EMR 提供了控制集群终止方式（自动或手动）的配置选项。

（5）安全性。Amazon EMR 利用其他 AWS 服务（如 IAM 和 Amazon VPC）和功能（如 Amazon EC2 密钥对）来保护集群和数据。

9.1.2　利用 Amazon EMR 分析大数据

本节将介绍使用 AWS 管理控制台中的 Quick Create（快速创建）选项创建示例 Amazon EMR 集群的过程。创建集群后，提交 Hive 脚本以处理存储在 Amazon Simple Storage Service Amazon S3 中的示例数据。

1. 启动示例 Amazon EMR 集群

（1）登录 AWS 管理控制台并通过以下网址打开 Amazon EMR 控制台：https://console. aws. amazon. com/elasticmapreduce/。

（2）选择 Create cluster。

（3）在 Create Cluster-Quick Options（创建集群-快速选项）页面，接收默认值，但以下字段除外：

输入 Cluster name（集群名称）以帮助您识别集群，例如，My First EMR Cluster（我的第一个 EMR 集群）。

在 Security and access（安全与访问）下，选择在创建 Amazon EC2 密钥对（p. 10）中创建的 EC2 key pair（EC2 密钥对）。

（4）选择 Create cluster。

将显示包含集群 Summary（摘要）的集群状态页面。可以使用此页面监控集群创建进度和查看有关集群状态的详细信息。当集群创建任务完成时，状态页面上的项目将更新。选择右侧的刷新图标或刷新浏览器才能接收更新。

在 Network and hardware（网络和硬件）下，查找 Master（主）和 Core（核心）实例状态。集群创建过程中，状态将经历 Provisioning（正在预置）到 Bootstrapping（正在引导启动）到 Waiting（正在等待）三个阶段。

Security groups for Master（主节点的安全组）和 Security Groups for Core&Task（核心与任务节点的安全组）对应的链接，即可转至下一步，但需要一直等到集群成功启动且处于 Waiting（正在等待）状态。

安全组充当虚拟防火墙以控制至集群的入站和出站流量。当创建第一个集群时,Amazon EMR 会创建与主实例关联的默认 Amazon EMR 托管安全组 ElasticMapReduce-master,以及与核心节点和任务节点关联的安全组 ElasticMapReduce-slave。

公有子网中主实例的默认 EMR 托管安全组 ElasticMapReduce-master 预配置了一个规则,该规则允许端口 22 上来自所有来源(IPv4 0.0.0.0/0)的入站流量。这是为了简化到主节点的初始 SSH 客户端连接。强烈建议编辑此入站规则,以限制流量仅来自可信的来源或指定旨在限制访问的自定义安全组。

修改安全组对于完成教程并非必需的,建议不要允许来自所有来源的入站流量。此外,如果另一个用户根据建议编辑了 ElasticMapReduce-master 安全组来消除此规则,则无法在后续步骤中使用 SSH 来访问集群。

删除入站规则,此规则允许将 SSH 用于 ElasticMapReduce-master 安全组来进行公共访问。

以下过程假设之前未编辑过 ElasticMapReduce-master 安全组。此外,要编辑安全组,必须作为以下身份登录到 AWS:根用户或允许为集群所在的 VPC 管理安全组的 IAM 委托人。

(1)通过以下网址打开 Amazon EMR 控制台:https://console.aws.amazon.com/elasticmapreduce/。

(2)选择 Clusters。

(3)选择集群的 Name(名称)。

(4)在 Security and access(安全与访问)下,选择 Security groups for Master(主节点的安全组)链接。

(5)从列表中选择 ElasticMapReduce-master。

(6)依次选择入站和编辑。

(7)查找带有以下设置的规则,并选择 x 图标以删除它:

- 类型:SSH。
- 端口:22。
- 源:自定义 0.0.0.0/0。

(8)滚动到规则底部并选择 Add Rule(添加规则)。

(9)对于 Type(类型),选择 SSH。

这会自动输入 TCP[对于 Protocol(协议)]和 22[对于 Port Range(端口范围)]。

(10)对于源,选择 My IP(我的 IP)。

这会自动将客户端计算机的 IP 地址添加为源地址。可以添加一系列 Custom(自定义)可信客户端 IP 地址,然后选择 Add rule(添加规则)来创建针对其他客户端的其他规则。在许多网络环境中,IP 地址是动态分配的,因此可能需要定期编辑安全组规则以更新可信客户端的 IP 地址。

(11)选择 Save。

(12)从列表中选择 ElasticMapReduce-slave 并重复上述步骤以允许从可信客户端对核心和任务节点执行 SSH 客户端访问。

2. 运行 Hive 脚本

由于集群已启动并正在运行,现在可以提交 Hive 脚本。在本书中,使用 Amazon EMR 控制台以步骤形式提交 Hive 脚本。在 Amazon EMR 中,步骤是包含一个或多个作业的工作单元。可以向长时间运行的集群提交步骤,还可以在创建集群时指定步骤,也可以连接到主节点,在本地文件系统中创建脚本并使用命令行运行创建的脚本,例如,hive-f Hive_CloudFront. q。

1)了解数据和脚本

示例数据是一系列 Amazon CloudFront 访问日志文件。

CloudFront 日志文件中的每个条目都采用以下格式提供有关单个用户请求的详细信息:

```
2014-07-05 20:00:00 LHR3 4260 10.0.0.15 GET eabcd12345678. cloudfront. net /test- image-
1.jpeg 200-Mozilla/5.0% 20(MacOS;% 20U;% 20Windows% 20NT% 205.1;% 20en-US;
  % 20rv:1.9.0.9)% 20Gecko/2009040821% 20IE/3.0.9
```

此示例脚本计算指定时间范围内每个操作系统的请求总数。脚本使用 HiveQL(一种类似 SQL 的脚本语言)实现数据仓库和分析。脚本存储在位于 s3://region. elasticmapreduce. samples/ cloudfront/code/Hive_CloudFront. q 的 Amazon S3 中,其中,region 是区域。

此示例 Hive 脚本执行以下操作:

(1)创建名为 cloudfront_logs 的 Hive 表架构。

(2)使用内置正则表达式序列化程序/反序列化程序(RegEx SerDe)解析输入数据并应用表架构。

(3)针对 cloudfront_logs 表运行 HiveQL 查询,并将查询结果写入指定的 Amazon S3 输出位置。

下面显示的是 Hive_CloudFront. q 脚本的内容。$｛INPUT｝和 $｛OUTPUT｝变量将以步骤形式提交脚本时指定的 Amazon S3 位置替换。当引用 Amazon S3 中的数据时,Amazon EMR 将使用 EMR 文件系统(EMRFS)读取输入数据并写入输出数据。

```
-- Summary:This sample shows you how to analyze CloudFront logs stored in S3 usingHive
-- Create table using sample data in S3. Note: you can replace this S3 path with your
own. CREATE EXTERNAL TABLE IF NOT EXISTS cloudfront_logs(
    DateObjectDate,TimeSTRING,
    Location STRING,Bytes INT,RequestIPSTRING,Method STRING,HostSTRING,
    Uri STRING,
    Status INT,Referrer STRING,OS String,Browser String,
    BrowserVersion String
)
ROW FORMAT SERDE'org. apache. hadoop. hive. serde2. RegexSerDe' WITH SERDEPROPERTIES(
    "input. regex" = "^( ?!#)( [^ ] +)\\s +( [^ ] +)\\s +( [^ ] +)\\s +( [^ ] +)\\s +( [^ ] +)\\s +
( [^] +)\\s
    +( [^ ] +)\\s +( [^ ] +)\\s +( [^ ] +)\\s +( [^ ] +)\\s +[^\( ] + [\( ]( [^\;] +). * \% 20( [^\/]
+) [\/](. * ) $"
    )LOCATION ' $ {INPUT}/cloudfront/data';
    -- Total requests per operating system for a given time frame
INSERT OVERWRITE DIRECTORY ' $ {OUTPUT}/os_requests/' SELECT os,COUNT( * )count FROM
  cloudfront_logs WHERE dateobject BETWEEN '2014-07-05' AND '2014-08-05' GROUP BY os;
```

2)以步骤的形式提交 Hive 脚本

通过控制台使用 Add Step(添加步骤)选项向集群提交 Hive 脚本。Hive 脚本和示例数据已上传至 Amazon S3,指定输出位置为之前在创建 Amazon S3 存储桶中创建的文件夹。

通过以步骤形式提交 Hive 脚本来运行此脚本:

(1)通过以下网址打开 Amazon EMR 控制台:https://console. aws. amazon. com/elasticmapre duce/。

（2）在 Cluster List（集群列表）中，选择集群的名称。确保集群处于 Waiting（正在等待）状态。

（3）选择 Steps（步骤），然后选择 Add step（添加步骤）。

（4）根据以下准则配置步骤：

①对于 Step type（步骤类型），选择 Hive program（Hive 程序）。

②对于 Name（名称），可以保留默认名称或键入新名称。如果在集群中有很多步骤，此名称将有助于跟踪这些步骤。

③对于 Script S3 location（脚本 S3 位置），输入 s3://region. elasticmapreduce. samples/cloudfront/code/Hive_CloudFront. q。将 region 替换为区域标识符。例如，如果在俄勒冈区域工作，则使用 s3://us-west-2. elasticmapreduce. samples/cloudfront/code/Hive_CloudFront. q。有关区域和对应区域标识符的列表，请参阅 AWS General Reference 中的 Amazon EMR 的 AWS 区域和终端节点。

④对于 Input S3 location（输入 S3 位置），输入 s3://region. elasticmapreduce. samples

⑤将 region 替换为区域标识符。

⑥对于 Output S3 location（输出 S3 位置），输入或浏览到创建 Amazon S3 存储桶（p. 9）中创建的 output 存储桶。

⑦对于 Action on failure（出现故障时的操作），接受默认选项 Continue（继续）。这指定如果步骤失败，则集群将继续运行并处理后续步骤。Cancel and wait（取消并等待）选项指定失败的步骤应取消，后续步骤不应运行，但集群应继续运行。Terminate cluster（终止集群）选项指定集群应在步骤失败时终止。

（5）选择 Add。步骤会出现在控制台中，其状态为 Pending。

（6）步骤的状态会随着步骤的运行从 Pending 变为 Running，再变为 Completed。要更新状态，可选择 Filter（筛选条件）右侧的刷新图标。运行该脚本大约需要一分钟时间。

步骤成功完成之后，Hive 查询输出将以文本文件的形式保存在提交步骤时指定的 Amazon S3 输出文件夹中。

3）查看 Hive 脚本的输出

（1）通过以下网址打开 Amazon S3 控制台：https://console. aws. amazon. com/s3/。

（2）选择 Bucket name（存储桶名称），然后选择之前设置的文件夹。例如，先后选择 mybucket 和 MyHiveQueryResults。

（3）查询将结果写入输出文件夹中名为 os_requests 的文件夹。选择该文件夹。该文件夹中应有一个名为 000000_0 的文件。这是一个包含 Hive 查询结果的文本文件。

（4）选择该文件，然后选择 Download（下载）以将其保存在本地。

（5）使用喜欢的文本编辑器打开该文件。输出文件显示按操作系统排序的访问请求总数。在 WordPad 中输出的示例如图 9-3 所示。

3. 终止集群并删除存储桶

终止集群将终止关联的 Amazon EC2 实例并停止 Amazon EMR 计费。Amazon EMR 会将已完成集群的相关元数据信息免费保存两个月。控制台不会提供删除已终止集群以便这些集群在控制台中不可见的方式。删除元数据之后，将从集群中删除已终止集群。

1）终止集群

（1）通过以下网址打开 Amazon EMR 控制台：https://console. aws. amazon. com/elasticmapreduce/。

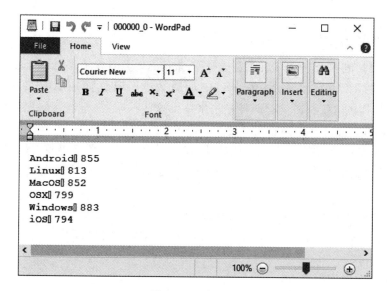

图9-3 示例输出

（2）选择 Clusters（集群），选择自己的集群，然后选择 Terminate（终止）。

创建集群时，通常已开启终止保护，这有助于防止意外关闭。如果终止保护处于启用状态，则在终止集群之前，为安全起见，系统将提示更改此设置。依次选择 Change（更改）和 Off（禁用）。

2）删除输出存储桶

（1）通过以下网址打开 Amazon S3 控制台：https://console.aws.amazon.com/s3/。

（2）从列表中选择存储桶，以便选中整个存储桶行。

（3）选择 delete bucket（删除存储桶），输入存储桶名称，然后单击 Confirm（确认）。

9.2　Redshift 数据仓库

Amazon Redshift 是一种完全托管的 PB 级云中数据仓库服务。Amazon Redshift 数据仓库是一个由称为节点的各种计算资源构成的集合，这些节点已整理到名为集群的组中。每个集群运行一个 Amazon Redshift 引擎并包含一个或多个数据库。

9.2.1　设置先决条件

在开始设置 Amazon Redshift 集群之前，需确保已完成以下先决条件：

（1）注册 AWS。

（2）确定防火墙规则。

在启动 Amazon Redshift 集群时指定一个端口。用户还需在安全组中创建一个入站规则，以允许通过该端口访问集群。

如果客户端计算机位于防火墙后面，则用户需要知道可用的开放端口。通过此开放端口，可以从 SQL 客户端工具连接到集群并运行查询。如果用户不知道此类端口，则需在防火墙中确定一个开放端口。AmazonRedshift 默认使用端口 5439，如果防火墙中未打开该端口，则无法建立连接。创建了 AmazonRedshift 集群后，则不能再更改其端口号。

9.2.2 创建 IAM 角色

对于任何访问其他 AWS 资源上的数据的操作,集群需要具有权限才能访问该资源和该资源上的数据。例如,使用 COPY 命令从 Amazon S3 加载数据。通过使用 AWS Identity and Access Management(IAM)提供这些权限。有两种办法来提供这些权限:一是通过附加到集群的 IAM 角色;二是通过为拥有必要权限的 IAM 用户提供 AWS 访问密钥。

为了妥善地保护敏感数据和 AWS 访问凭证,建议创建 IAM 角色并将其附加到集群。在此步骤中,将创建一个新的 IAM 角色,让 Amazon Redshift 能够从 Amazon S3 存储桶加载数据。下一个步骤则是将此角色附加到集群。

为 Amazon Redshift 创建 IAM 角色的步骤如下:

(1)登录 AWS 管理控制台并通过以下网址打开 IAM 控制台:https://console.aws.amazon.com/iam/。

(2)在导航窗格中,选择 Roles。

(3)选择创建角色。

(4)在 AWS Service 组中,选择 Redshift。

(5)在 Select your use case 下,选择 Redshift-Customizable,然后选择 Next:Permissions。

(6)在 Attach permissions policies(附加权限策略)页面上,选择 AmazonS3ReadOnlyAccess。可以保留 Set permissions boundary(设置权限边界)的默认设置。然后选择 Next:Tags(下一步:标签)。

(7)此时将显示添加标签页面。可以选择性地添加标签。选择下一步:审核。

(8)对于 Role name,为角色输入一个名称。这里输入 myRedshiftRole。

(9)检查信息,然后选择 Create Role。

(10)选择刚才创建的角色名称。

(11)将 Role ARN(角色 ARN)复制到剪贴板,此值是刚刚创建的角色的 Amazon 资源名称(ARN)。在步骤6:从 Amazon S3 中加载示例数据中,当使用 COPY 命令加载数据时,要用到该值。

```
create table users(
userid integer not null distkey sortkey,
username char(8),
firstnamevarchar(30),
lastname varchar(30),
city varchar(30),
statechar(2),
email varchar(100),
phone char(14),
likesports boolean,
liketheatre boolean,
likeconcerts boolean,
likejazz boolean,
likeclassical boolean,
```

```
    likeopera boolean,
    likerock boolean,
    likevegas boolean,
    likebroadway boolean,
    likemusicals boolean);
    create table venue(
    venueid smallint not null distkey sortkey,venuename varchar(100),
    venuecity varchar(30),
    venuestate char(2),
    venueseats integer);
    create tablecategory(
    catid smallint not null distkeysortkey,catgroupvarchar(10),
    catname varchar(10),
    catdescvarchar(50));
    create table date(
    dateid smallint not null distkey sortkey,caldate date not null,
    day character(3)not null,
    week smallint not null,
    month character(5)notnull,
    qtr character(5)not null,
    year smallint notnull,
    holiday boolean default('N'));
    create table event(
    eventid integer not null distkey,venueid smallint not null,
    catid smallint not null,
    dateid smallint not nullsortkey,eventname varchar(200),
    starttimetimestamp);
    create table listing(
    listid integer not null distkey,sellerid integer not null,
    eventid integer not null,
    dateid smallint not null sortkey,numtickets smallint not null,priceperticket decimal
(8,2),totalprice decimal(8,2),
    listtime timestamp);
    create table sales( salesid integer notnull,
    listid integer not nulldistkey,sellerid integer not null,
    buyerid integer not null,
    eventid integer notnull,
    dateid smallint not null sortkey,
    qtysold smallint not null,pricepaid decimal(8,2),commission decimal(8,2),saletime
timestamp);
```

9.2.3　启动示例 Amazon Redshift 集群

（1）登录 AWS 管理控制台并通过以下网址打开 Amazon Redshift 控制台：https://console. aws. amazon. com/redshift/。

如果使用 IAM 用户凭证，请确保相应用户具备执行集群操作所需的权限。

（2）在主菜单中，选择您要在其中创建集群的区域。在本书中，选择美国西部（俄勒冈），如图 9-4 所示。

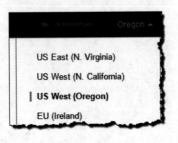

图 9-4　选择区域

（3）在 Amazon Redshift 控制面板上，选择 Quick launch cluster（快速启动集群），如图 9-5 所示。

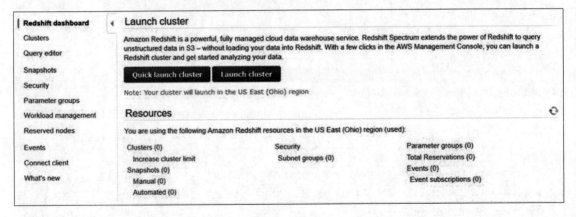

图 9-5　选择 Quick launch cluster

（4）在 Clusterspecifications（集群规格）页面上，输入下列值，然后选择 Launchcluster（启动集群）：

- Nodetype（节点类型）：选择 dc2. large。
- 计算节点数量：保留默认值 2。
- 集群标识符：输入值 examplecluster。
- 主用户名：保留默认值 awsuser。
- Master user password（主用户密码）和 Confirm password（确认密码）：输入主用户账户的密码。
- Database port（数据库端口）：接受默认值 5439。
- Available IAM roles（可用 IAM 角色）：选择 myRedshiftRole。
- 快速启动会自动创建名为 dev 的默认数据库，如图 9-6 所示。
- 快速启动对区域使用默认的 Virtual Private Cloud（VPC）。如果默认 VPC 不存在，则快速启动会返回错误。如果没有默认 VPC,则可以使用标准启动集群向导来使用其他 VPC。

Launch your Amazon Redshift cluster - Quick launch | Switch to advanced settings

> Amazon Redshift Pricing offers on-demand and reserved instance pricing options. **Save up to 75%** through reserved instances.

Node type*	**dc2.large**	Storage type: SSD	Storage: 0.16 TB/node	Compute optimized	**0.25 USD/node**
Nodes*	2	x 0.16 TB/node = 0.32 TB storage available			

Cluster identifier*   examplecluster

Database name   dev   Database port*   5439

Master user name*   awsuser

Master user password*   ••••••••   Confirm password*   ••••••••

Cluster permissions - *optional*

Your cluster needs permission to access other AWS services on your behalf. For the required permissions, add an IAM role now or after you launch the cluster. Learn more

Available IAM roles   Choose a role(s)

myRedshiftRole   ✕
arn:aws:iam::799504075249:role/myRedshiftRole

▼ **Default settings**   Switch to advanced settings

We'll apply some default settings for network, security, backup, and maintenance to get you started. Switch to advance settings if you want to change the defaults.

Network	Using **default VPC** (vpc-b00x0x0x) and **default** subnet. Learn more
Security	A **default** security group will be created when this cluster is launched
Configuration	Using **default** parameter group with **no** encryption
Backup	Using **current** maintenance track
Maintenance	Automated snapshots every **8 hours** retained for **2 days**

Cancel   **Launch cluster**

图 9-6 快速启动

(5)出现一个确认页面,提示需要花几分钟才能创建完集群,如图 9-7 所示。选择 Close 返回到集群列表。

☑ Cluster **examplecluster** is being created. Your cluster may take a few minutes to launch.

You will start accruing charges as soon as your cluster is active.
Applicable charges
The on-demand hourly rate for this cluster will be $0.25 , or $0.25 /node. If you have purchased reserved nodes in this region for this node type that are active, your costs will be discounted. Additional nodes will be billed at the on-demand rate.

For more information, see Amazon Redshift Pricing and Reserved Nodes Documentation

图 9-7 确认页面

(6)在"集群"页面上,选择刚刚启动的集群,然后查看集群状态信息。确保集群状态为可用且数据库运行状况为正常,如图9-8所示,然后再根据本书的后续步骤尝试连接到数据库。

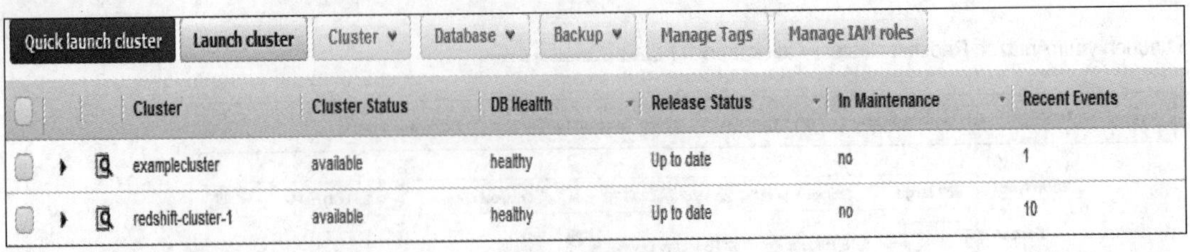

		Cluster	Cluster Status	DB Health ▾	Release Status ▾	In Maintenance ▾	Recent Events
☐	▸ 🔍	examplecluster	available	healthy	Up to date	no	1
☐	▸ 🔍	redshift-cluster-1	available	healthy	Up to date	no	10

Quick launch cluster | Launch cluster | Cluster ▾ | Database ▾ | Backup ▾ | Manage Tags | Manage IAM roles

图9-8　集群状态信息

　　(7)在"集群"页面上,选择刚刚启动的集群,单击"集群"按钮,然后选择修改集群。选择与此集群关联的 VPC 安全组,然后选择修改以进行关联。在继续到下一步之前,请确保集群属性显示所选择的 VPC 安全组,如图9-9所示。

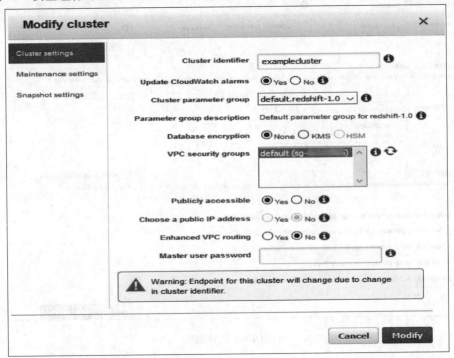

图9-9　修改集群

9.2.4　授予对集群的访问权限

　　在上一步中,启动了 Amazon Redshift 集群。需要配置一个安全组以授予访问权限,然后才能连接到该集群。

　　配置 VPC 安全组(EC2-VPC 平台)的步骤如下:

　　(1)在 Amazon Redshift 控制台的导航窗格中,选择集群。

　　(2)选择 examplecluster 将其打开,确保处于"配置"选项卡。

　　(3)在 Cluster Properties 下,对于 VPC Security Groups,选择安全组,如图9-10所示。

　　(4)安全组在 AmazonEC2 控制台中打开之后,选择 Inbound 选项卡,如图9-11所示。

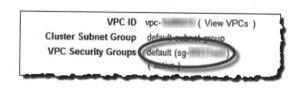

图 9-10　选择安全组

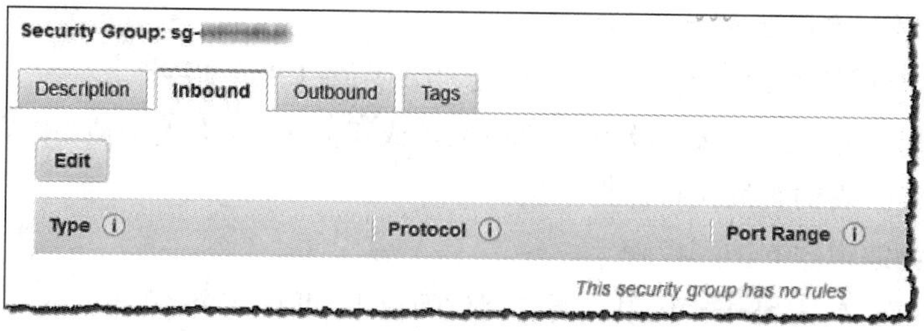

Security Group: sg-

| Description | **Inbound** | Outbound | Tags |

Edit

| Type ⓘ | Protocol ⓘ | Port Range ⓘ |

This security group has no rules

图 9-11　Inbound 选项卡

（5）选择编辑、添加规则，输入以下内容，然后选择保存：

- 类型：自定义 TCP 规则。
- Protocol：TCP。
- Port Range：输入在启动集群时所使用的同一端口号。Amazon Redshift 的默认端口是 5439，也可以使用其他端口。
- 源：选择自定义，然后输入 0.0.0.0/0，如图 9-12 所示。

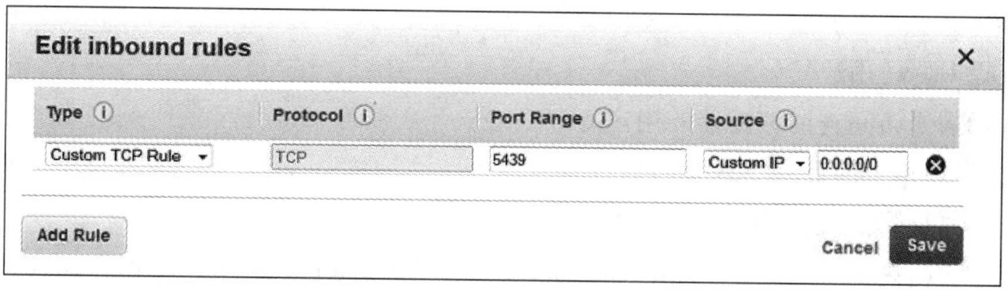

Edit inbound rules　　　　　　　　　　　　　　　✕

Type ⓘ	Protocol ⓘ	Port Range ⓘ	Source ⓘ	
Custom TCP Rule ▾	TCP	5439	Custom IP ▾	0.0.0.0/0　✕

Add Rule　　　　　　　　　　　　　　　　　　　Cancel　**Save**

图 9-12　设置入站规则

注意：除演示之外，建议不要使用 0.0.0.0/0，因为它允许从 Internet 上的任何计算机进行访问。在实际环境中，需要根据自己的网络设置创建入站规则。

9.2.5　连接到示例集群和运行查询

要查询 Amazon Redshift 集群托管的数据库，有两种选择：

- 连接到集群，并使用查询编辑器在 AWS 管理控制台上运行查询。如果使用查询编辑器，则无须下载和设置 SQL 客户端应用程序。
- 通过 SQL 客户端工具（如 SQLWorkbench/J）连接到集群。

1. 使用查询编辑器查询数据库

使用查询编辑器是在 Amazon Redshift 集群托管的数据库上运行查询的最简单方法。创建集群后，可以使用 Amazon Redshift 控制台上的查询编辑器立即运行查询。

以下集群节点类型支持查询编辑器：

- DC1. 8xlarge。
- DC2. large。
- DC2. 8xlarge。
- DS2. 8xlarge。

使用查询编辑器可以执行以下操作：

- 运行单个 SQL 语句查询。
- 将大小为 100 MB 的结果集下载到一个逗号分隔值（CSV）文件。
- 保存查询以供重用。无法在欧洲（巴黎）区域或亚太区域（大阪当地）中保存查询。
- 查看用户定义表的查询执行详细信息。

2. 启用对查询编辑器的访问权限

要访问查询编辑器，需要相应权限。要启用访问权限，可将 AWS Identity and AccessManagement（IAM）的 AmazonRedshiftQueryEditor 和 AmazonRedshiftReadOnlyAccess 策略附加到用于访问集群的 AWS IAM 用户。

如果已创建 IAM 用户来访问 Amazon Redshift，则可以将 AmazonRedshiftQueryEditor 和 AmazonRedshiftReadOnlyAccess 策略附加到该用户。如果尚未创建 IAM 用户，则可以创建一个，然后将策略附加到 IAM 用户。

3. 查询编辑器所需的 IAM 策略

（1）登录 AWS 管理控制台并通过以下网址打开 IAM 控制台 https://console. aws. amazon. com/iam/。

（2）选择 Users（用户）。

（3）选择需要访问查询编辑器的用户。

（4）选择 Addpermissions（添加权限）。

（5）选择直接附加现有策略。

（6）对于策略名称，选择 AmazonRedshiftQueryEditor 和 AmazonRedshiftReadOnlyAccess。

（7）选择 Next：Review。

（8）选择 Addpermissions（添加权限）。

4. 使用查询编辑器

（1）登录 AWS 管理控制台并通过以下网址打开 Amazon Redshift 控制台：https://console. aws. amazon. com/redshift/。

（2）在导航窗格中，选择查询编辑器。

（3）在凭证对话框中，输入下列值，然后选择连接：

集群：选择 examplecluster。

数据库：dev。

Database user（数据库用户）：awsuser

密码：输入在启动集群时指定的密码。

（4）对于架构，选择公有以基于该架构创建新表，如图 9-13 所示。

（5）在查询编辑器中输入以下内容，然后选择运行查询以创建新表。

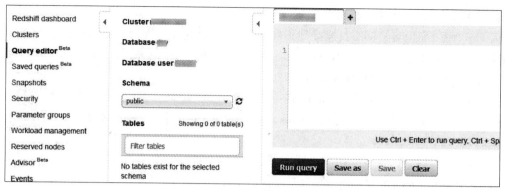

图 9-13　选择公有架构

```
create table
shoes( shoetype
varchar(10),
color varchar(10));
```

（6）选择 Clear(清除)。

（7）在查询编辑器中输入以下命令,然后选择运行查询以向表中添加行。

```
insert into
shoesvalues
('loafers','brown'),
('sandals','black');
```

（8）选择 Clear(清除)。

（9）在查询编辑器中输入以下命令,然后选择运行查询以查询新表。

```
select* from shoes;
```

显示结果如图 9-14 所示。

图 9-14　显示结果

5. 使用 SQL 客户端查询数据库

接下来,使用 SQL 客户端工具连接到集群,并运行一个简单的查询来测试该连接。可以使用大多数与 PostgreSQL 兼容的 SQL 客户端工具。这里使用 SQL Workbench/J 客户端。

1)安装 SQL 客户端驱动程序和工具

大多数 SQL 客户端工具与 Amazon Redshift JDBC 或 ODBC 驱动程序结合使用,以连接到 Amazon Redshift 集群。本书将使用 SQL Workbench/J 进行连接,这是一款独立于 DBMS 的跨平台免费 SQL 查询工具。

2)在客户端计算机上安装 SQL Workbench/J

(1)查看 SQLWorkbench/J 软件许可。

(2)转到 SQLWorkbench/J 网站,针对自己的操作系统下载相应的程序包。

(3)转到安装并启动 SQLWorkbench/J 页面,安装 SQLWorkbench/J。

(4)转到配置 JDBC 连接,下载 AmazonRedshiftJDBC 驱动程序以启用 SQLWorkbench/J,从而连接到集群。

3)获取连接字符串

(1)在 AmazonRedshift 控制台的导航窗格中,选择集群。

(2)选择 examplecluster 将其打开,确保处于"配置"选项卡。

(3)在 Configuration 选项卡上,在 Cluster Database Properties 下方,复制该集群的 JDBC URL,如图 9-15 所示。

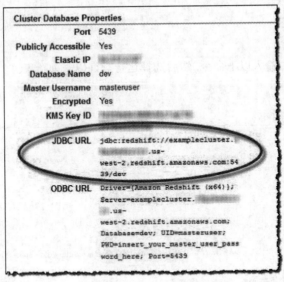

图 9-15　复制 JDBC URL

在创建了集群且相应集群处于 available 状态之后,集群的终端接入 URL 才可用。

4)从 SQL Workbench/J 连接到集群

(1)打开 SQLWorkbench/J。

(2)选择 File,然后选择 Connect window。

(3)选择 Create a new connection profile。

(4)对于 New profile(新建配置文件),输入其名称。

（5）选择 Manage Drivers。Manage Drivers（管理驱动程序）对话框打开。

（6）选择 Create a new entry（创建新条目）。对于 Name（名称），输入驱动程序的名称，如图9-16所示。

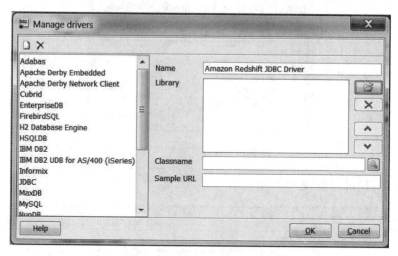

图9-16 输入驱动程序的名称

单击 Library（库）框旁边的文件夹图标，打开 Open 对话框导航至该驱动程序所在位置，选中它，然后单击 Open（打开）按钮，如图9-17所示。

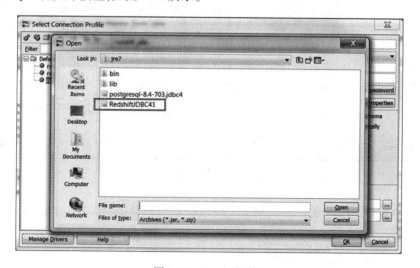

图9-17 Open 对话框

如果出现 Please select one driver（请选择一个驱动程序）对话框，则选择 com. amazon. redshift. jdbc4. Driver 或 com. amazon. redshift. jdbc41. Driver，然后选择 OK（确定）。SQL Workbench/J 会自动填写 Classname 框。保持 Sample URL（示例 URL）留空，并选择 OK（确定）。

（7）对于 Driver，选择刚刚添加的驱动程序。

（8）对于 URL，从 Amazon Redshift console 中复制 JDBC URL 并粘贴到此处。

（9）对于 Username（用户名），为主用户输入 awsuser。

（10）对于 Password（密码），输入与主用户账户关联的密码。

（11）选择 Autocommit（自动提交）框。

（12）单击 Save profile list（保存配置文件列表）图标，如图 9-18 所示。

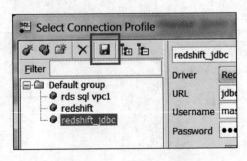

图 9-18　保存配置文件列表

（13）单击 OK 按钮，如图 9-19 所示。

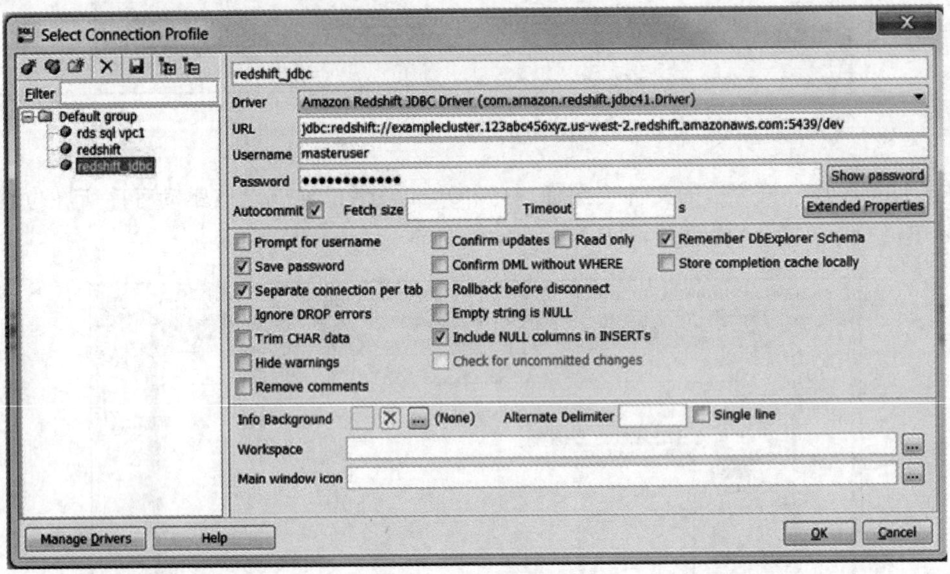

图 9-19　单击 OK 按钮

（14）在查询窗口中输入以下命令，然后选择 SQL、执行当前语句以向表中添加行。

```
create table shoes(shoetype varchar(10),color varchar(10));
```

（15）运行以下命令以向表中添加行。

```
insert into shoesvalues('loafers','brown'),
('sandals','black');
```

（16）运行以下命令以查询新表。

```
select *  from shoes;
```

9.2.6　从 Amazon S3 中加载示例数据

至此，已拥有了一个名为 dev 的数据库，并且已连接。接下来，在该数据库中创建一些表，将数据上传到表并尝试查询。为方便起见，上传的示例数据在 Amazon S3 存储桶中可用。

如果使用的是 SQL 客户端工具,请确保的 SQL 客户端已连接到集群。

1. 上传示例数据

创建表:复制并运行下列创建表语句,以在 dev 数据库中创建表。

```
create table users(
userid integer not null distkey sortkey,
username char(8), firstnamevarchar(30), lastname varchar(30), city varchar(30),
statechar(2),
email varchar(100),
phone char(14),
likesports boolean,
liketheatre boolean,
likeconcerts boolean,
likejazz boolean,
likeclassical boolean,
likeopera boolean,
likerock boolean,
likevegas boolean,
likebroadway boolean,likemusicals boolean);
create table venue(
venueid smallint not null distkey sortkey,venuename varchar(100),
venuecity varchar(30),venuestate char(2),venueseats integer);
create tablecategory(
catid smallint not null distkeysortkey,catgroupvarchar(10),
catname varchar(10),catdescvarchar(50));
create table date(
dateid smallint not null distkey sortkey,
caldate date not null,
Daycharacter(3)not null,
week smallint not null,
month character(5)notnull,qtr character(5)not null,
year smallint notnull,
holiday boolean default('N'));
create table event(
eventid integer not null distkey,venueid smallint not null,
catid smallint not null,
dateid smallint not nullsortkey,eventname varchar(200),
starttimetimestamp);
create table listing(
Listid integer not null distkey,sellerid integer not null,
eventid integer not null,
Dateid smallint not null sortkey,
numtickets smallint not null,
priceperticket decimal(8,2),
totalprice decimal(8,2),
listtime timestamp);
create table sales( salesid integer notnull,
listid integer not nulldistkey,
sellerid integer not null,
```

```
buyerid integer not null,
eventid integer notnull,
dateid smallint not null sortkey,
qtysold smallint not null,pricepaid decimal(8,2),commission decimal(8,2),saletime
timestamp);
```

2. 使用 COPY 命令从 Amazon S3 中加载示例数据

建议使用 COPY 命令将大型数据集从 Amazon S3 或 DynamoDB 加载到 Amazon Redshift 中。

下载文件 tickitdb. zip,其中包含各个样本数据文件。将各个文件解压缩并将其加载到 AWS 区域中 Amazon S3 存储桶的 tickit 文件夹中。编辑本教程中的 COPY 命令以指向 Amazon S3 存储桶中的文件。

要加载示例数据,必须为集群提供代表访问 Amazon S3 的身份验证。用户可提供基于角色的身份验证或基于密钥的身份验证。建议使用基于角色的身份验证。

在此步骤中,将通过引用在前面步骤中创建并附加到集群的 IAM 角色来提供身份验证。

如果没有访问 Amazon S3 的适当权限,则在运行 COPY 命令时,会收到以下错误消息: S3ServiceException:Access Denied。

COPY 命令包含用于 IAM 角色、存储桶名称和 AWS 区域的 Amazon 资源名称(ARN)的占位符, 如下所示:

```
copy users from 's3://< myBucket >/tickit/allusers_pipe. txt' credentials 'aws_iam_
role = < iam-role-arn >'
delimiter '|' region '< aws-region >';
```

要使用 IAM 角色授予访问权限,需将 CREDENTIALS 参数字符串中的 < iam-role-arn > 替换为在创建 IAM 角色中创建的 IAM 角色的角色 ARN。

COPY 命令类似下面的示例:

```
copy users from 's3://< myBucket >/tickit/allusers_pipe. txt'
credentials ' aws _ iam _ role = arn: aws: iam:: 123456789012: role/myRedshiftRole '
delimiter '|' region '< aws-region >';
```

要加载示例数据,需将以下 COPY 命令中的 < myBucket >、< iam-role-arn > 和 < aws-region > 替换为用户的值。然后,在 SQL 客户端工具中分别运行命令。

```
copy date from 's3://< myBucket >/tickit/date2008 _pipe. txt' credentials 'aws _iam_
role = < iam-role-arn >'
delimiter '|' region '< aws-region >';
copy event from 's3://< myBucket >/tickit/allevents_pipe. txt' credentials 'aws _iam_
role = < iam-role-arn >'
delimiter '|' timeformat 'YYYY-MM-DD HH:MI:SS' region '< aws-region >';
copy listing from's3://< myBucket >/tickit/listings_pipe. txt' credentials 'aws _iam_
role = < iam-role-arn >'
delimiter '|' region '< aws-region >';
copy sales from 's3://< myBucket >/tickit/sales_tab. txt' credentials 'aws_iam_role =
< iam-role-arn >'
delimiter '\t' timeformat 'MM/DD/YYYY HH:MI:SS' region '< aws-region >';
```

尝试进行示例查询。

```
-- Get definition for the sales table. SELECT *
FROM pg_table_def
WHERE tablename = 'sales';
-- Find total sales on a given calendar date. SELECT sum(qtysold)
FROM  sales,date
WHERE sales.dateid = date.dateid
AND     caldate ='2008-01-05';
-- Find top 10 buyers by quantity.
SELECT firstname,lastname,total_quantity
FROM  (SELECT buyerid,sum(qtysold) total_quantity
        FROMsales
        GROUP BYbuyerid
        ORDER BY total_quantity desc limit 10)Q,users WHERE Q.buyerid =userid
ORDER BY Q.total_quantity desc;
-- Find events in the 99.9 percentile in terms of all time grosssales. SELECT
eventname,total_price
        FROM  (SELECT eventid,total_price,ntile(1000)over(order by total_price desc)
              as percentile
              FROM(SELECT eventid,sum(pricepaid) total_price FROMsales
              ROUP BY eventid))Q,event E WHERE Q.eventid = E.eventid
        ND percentile = 1 ORDER
BY total_price desc;
```

3. 查看运行的查询

Amazon Redshift 控制台的 Queries(查询)选项卡显示指定的时间段内运行的查询列表。默认情况下,该控制台显示在过去 24 小时内执行的查询,其中包括当前正在执行的查询。

(1)登录 AWS 管理控制台并通过以下网址打开 Amazon Redshift 控制台:https://console.aws.amazon.com/redshift/。

(2)在右侧窗格的集群列表中,选择 examplecluster。

(3)选择 Queries 选项卡。

(4)该控制台显示运行的查询列表,如图 9-20 所示。

		Query	Run time	Start time	Status	User	SQL
■	🔍	214	34.52s	July 22, 2016 at 3:04:53 PM UTC-7	running	masteruser	SELECT eventname, total_price FROM (SELECT eventid, total price, ntil
	🔍	213	6.42s	July 22, 2016 at 3:04:46 PM UTC-7	completed	masteruser	SELECT firstname, lastname, total_quanti
	🔍	212	2.17s	July 22, 2016 at 3:04:44 PM UTC-7	completed	masteruser	SELECT sum(qtysold) FROM sales, date WHE
	🔍	199	1.49s	July 22, 2016 at 3:03:13 PM UTC-7	completed	masteruser	select count(*) from sales

Terminate Query　　Filter: Last 24 Hours ▾　Q Search...

图 9-20　查询列表

要查看有关查询的更多信息,需在 Query 列中选择查询 ID 链接或放大镜图标。图 9-21 所示为在上一步中运行的某个查询的详细信息。

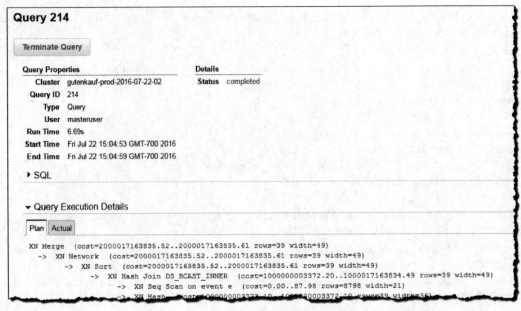

图 9-21　查询的详细信息

9.2.7　重置环境

1. 从 VPC 安全组中撤销权限

（1）在 AmazonRedshift 控制台的导航窗格中，选择集群。

（2）选择 examplecluster 将其打开，确保处于"配置"选项卡。

（3）在 ClusterProperties（集群属性）下，选择 VPC 安全组，如图 9-22 所示。

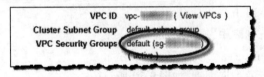

图 9-22　选择 VPC 安全组

（4）在选择默认安全组的情况下，选择 Inbound 选项卡，然后选择 Edit，如图 9-23 所示。

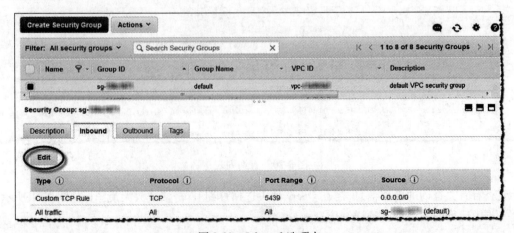

图 9-23　Inbound 选项卡

（5）删除为端口和 CIDR/IP 地址 0.0.0.0/0 创建的自定义 TCP/IP 传入规则。请勿删除任何其他规则，如默认为安全组创建的 All traffic 规则。单击 Save 按钮，如图 9-24 所示。

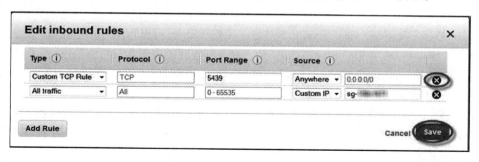

图 9-24　设置传入规则

2. 删除示例集群

（1）在 AmazonRedshift 控制台的导航窗格中，选择集群。

（2）选择 examplecluster 将其打开，确保处于"配置"选项卡。

（3）在 Cluster 菜单中，选择 Delete，如图 9-25 所示。

（4）在 Delete Cluster 对话框（见图 9-26）中，为 Create snapshot 选择 No，然后选择 Delete。

图 9-25　选择 Cluster→Delete

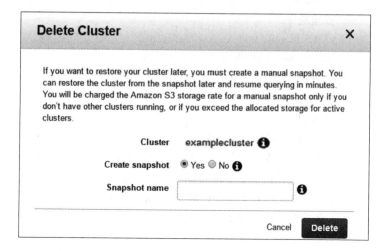

图 9-26　Delete Cluster 对话框

（5）在 Cluster Status 页面上，集群状态显示该集群正在被删除，如图 9-27 所示。

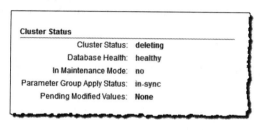

图 9-27　Cluster Status 页面

9.3 全文搜索 Elasticsearch

Amazon Elasticsearch Service(Amazon ES)是一种托管服务,可以让用户轻松在 AWS 云中部署、操作和扩展 Elasticsearch 集群。Elasticsearch 是一款流行的开源搜索和分析引擎,适用于日志分析、实时应用程序监控、点击流分析等使用案例。借助 Amazon ES,可以直接访问 Elasticsearch API,让现有代码和应用程序与服务无缝协作。

Amazon ES 为用户的 Elasticsearch 集群预置所有资源并启动集群。它还自动检测和替换失败的 Elasticsearch 节点,减少与自管理基础设施相关的开销。用户只需调用一次 API 或在控制台中单击几下就可扩展集群。

要开始使用 Amazon ES,需创建一个域。Amazon ES 域与 Elasticsearch 集群同义。域是具有指定的设置、实例类型、实例计数和存储资源的集群。

Amazon ES 包括下列功能:

1. Scale

(1)大量 CPU、内存和存储容量配置,也称实例类型。

(2)最多 3 PB 实例存储。

(3)Amazon EBS 存储卷。

2. 安全性

(1)AWS Identity and Access Management(IAM)访问控制。

(2)与 Amazon VPC 和 VPC 安全组轻松集成。

(3)静态数据加密和节点到节点加密。

(4)用于 Kibana 的 Amazon Cognito 身份验证。

3. 稳定性

(1)资源具有多个地理位置,也称区域和可用区。

(2)在同一区域的两个或三个可用区之间的节点分配,也称多可用区。

(3)利用专用主节点来卸载集群管理任务。

(4)自动快照用于备份和还原 Amazon ES 域与热门服务的集成。

(5)使用 Kibana 实现数据可视化。

(6)与 Amazon CloudWatch 的集成,用于监控 Amazon ES 域指标和设置警报。

(7)与 AWS CloudTrail 的集成,用于审核对 Amazon ES 域的配置 API 调用。

(8)与 Amazon S3、Amazon Kinesis 和 Amazon DynamoDB 的集成,用于将流数据加载到 Amazon ES。

本节介绍如何使用 Amazon Elasticsearch Service(Amazon ES)创建和配置测试域。

9.3.1 创建 Amazon ES 域

可以使用控制台、AWS CLI 或 AWS 开发工具包创建 Amazon ES 域。

1. 创建 Amazon ES 域(控制台)

(1)转至 https://aws.amazon.com,然后选择 SignIntotheConsole(登录控制台)。

(2)在 Analytics(分析)下,选择 Elasticsearch Service。

(3)在 Define domain(定义域)页面上,对于 Elasticsearch domain name(Elasticsearch 域名),为域输入一个名称。本书将在稍后提供的示例中使用域名 movies。

（4）对于 Version（版本），为域选择 Elasticsearch 版本。建议选择最新的受支持版本。

（5）选择 Next（下一步）。

（6）对于 Instance count（实例计数），选择所需的实例数量。在本书中，可以使用默认值 1。

（7）对于 Instance type（实例类型），选择 Amazon ES 域的实例类型。在本书中，建议使用 t2. small. elasticsearch，这是一种价格低廉的小型实例类型，适合用于测试目的。

（8）可以忽略 Enable dedicated master 和 Enable zone awareness 复选框。

（9）对于 Storage type，选择 EBS。

- 对于 EBS volume type（EBS 卷类型），请选择 General Purpose（SSD）［通用型（SSD）］。
- 对于 EBS volume size（EBS 卷大小），为每个数据节点输入外部存储的大小（GiB）。在本教程中，可以使用默认值 10。

（10）可以忽略 Enable encryption at rest。

（11）选择 Next。

（12）为简单起见，在本书中，建议使用基于 IP 的访问策略。在 Set up access（设置访问权限）页面上的 Network configuration（网络配置）部分中，选择 Public access（公有访问权限）。

（13）可以忽略 Kibana authentication（Kibana 身份验证）。

（14）对于 Set the domain access policy to（将域访问策略设置为），选择 Allow access to the domain from specific IP(s)（允许从特定 IP 访问域），然后输入公有 IP 地址，可以在大多数搜索引擎上搜索"我的 IP 地址是什么"来查找该 IP 地址。然后选择 OK。

（15）选择 Next（下一步）。

（16）在 Review（审核）页面上，查看域配置，然后选择 Confirm（确认）。

初始化新域大约需要 10 分钟时间。初始化域后，可以上传数据和更改域。

2. 创建 Amazon ES 域（AWS CLI）

运行以下命令来创建一个 Amazon ES 域。

```
awsescreate-elasticsearch-domain - - domain-namemovies - - elasticsearch-version6. 0
-- elasticsearch-cluster-configInstanceType = t2. small. elasticsearch,InstanceCount = 1
-- ebs - options EBSEnabled = true,VolumeType = standard,VolumeSize = 10 -- access-
policies '{"Version":"2012-10-17","Statement":[{"Effect":"Allow","Principal":
{"AWS":"* "},"Action":["es:* "],"Condition":{"IpAddress":{"aws:SourceIp":
["your_ip_address"]}}}]}'
```

此命令使用 Elasticsearch 版本 6. 0 创建一个名为 movies 的域。它指定一个 t2. small. elasticsearch 实例类型的实例。此实例类型需要 EBS 存储，因此它指定了一个 10 GB 的卷。最后，此命令应用基于 IP 的访问策略来将对域的访问限制为单个 IP 地址。

用户需要将命令中的 your_ip_address 替换为自己的公有 IP 地址，可以通过在 Google 上搜索"我的 IP 地址是什么"来查找该 IP 地址。

初始化新域大约需要 10 分钟时间。初始化域后，可以上传数据和更改域。使用以下命令查询新域的状态：

```
aws es describe-elasticsearch-domain - - domain movies
```

3. 创建 Amazon ES 域（AWS 开发工具包）

AWS 开发工具包（Android 和 iOS 开发工具包除外）支持 AmazonES 配置 API 参考中定义的所

有操作,包括 CreateElasticsearchDomain 操作。

9.3.2　将数据上传到 Amazon ES 域以便编制索引

可以通过命令行使用 Elasticsearch 索引和批量处理 API 将数据上传到 Amazon Elasticsearch Service 域以便编制索引。

- 使用索引 API 添加或更新单个 Elasticsearch 文档。
- 使用批量 API 添加或更新同一 JSON 文件中所述的多个 Elasticsearch 文档。

为简化和方便起见,以下示例请求使用了 curl(常见的 HTTP 客户端)。curl 这样的客户端无法执行访问策略指定 IAM 用户或角色时所需的请求签名。要成功执行本步骤的说明,必须使用基于 IP 地址的访问策略以允许未经身份验证的访问。

可以在 Windows 上安装 curl 并通过命令提示符使用它,但建议使用 Cygwin 或 Windows Subsystem for Linux 之类的工具。macOS 和大多数 Linux 发行版都预安装有 curl。

1. 上传单个文档到 Amazon ES 域

运行以下命令将单个文档添加到 movies 域:

```
curl-XPUTelasticsearch_domain_endpoint/movies/_doc/1-d '{"director":"Burton,Tim","genre":["Comedy","Sci-Fi"],"year":1996,"actor":["JackNicholson","Pierce Brosnan","Sarah Jessica Parker"],"title":"Mars Attacks!"}' -H 'Content-Type:application/json'
```

2. 上传包含多个文档的 JSON 文件到 Amazon ES 域

(1)创建名为 bulk_movies.json 的文件。将以下内容复制并粘贴到其中,并添加一个尾部换行:

```
{ "index" :{ "_index":"movies","_type" :"_doc","_id" :"2" } }
{"director":"Frankenheimer,John","genre":["Drama","Mystery","Thriller"],"year":1962,"actor":["Lansbury,Angela","Sinatra,Frank","Leigh,Janet","Harvey,Laurence","Silva,Henry","Frees,Paul","Gregory,James","Bissell,Whit","McGiver,John","Parrish,Leslie","Edwards,James","Flowers,Bess","Dhiegh,Khigh","Payne,Julie","Kleeb,Helen","Gray,Joe","Nalder,Reggie","Stevens,Bert","Masters,Michael","Lowell,Tom"],"title":"The Manchurian Candidate"}
{ "index" :{ "_index":"movies","_type" :"_doc","_id" :"3" } }
{"director":"Baird,Stuart","genre":["Action","Crime","Thriller"],"year":1998,"actor":["Downey Jr.,Robert","Jones,Tommy Lee","Snipes,Wesley","Pantoliano,Joe","Jacob,Ir \ u00e8ne","Nelligan,Kate","Roebuck,Daniel","Malahide,Patrick","Richardson,LaTanya","Wood,Tom","Kosik,Thomas","Stellate,Nick","Minkoff,Robert","Brown,Spitfire","Foster,Reese","Spielbauer,Bruce","Mukherji,Kevin","Cray,Ed","Fordham,David","Jett,Charlie"],"title":"U.S. Marshals"}
{ "index" :{ "_index":"movies","_type" :"_doc","_id" :"4" } }
{"director":"Ray,Nicholas","genre":["Drama","Romance"],"year":1955,"actor":["Hopper,Dennis","Wood,Natalie","Dean,James","Mineo,Sal","Backus,Jim","Platt,Edward","Ray,Nicholas","Hopper,William","Allen,Corey","Birch,Paul","Hudson,Rochelle","Doran,Ann","Hicks,Chuck","Leigh,Nelson","Williams,Robert","Wessel,Dick","Bryar,Paul","Sessions,Almira","McMahon,David","Peters Jr.,House"],"title":"Rebel Without aCause"}
```

(2)运行以下命令以将该文件上传到 movies 域:

```
curl-XPOSTelasticsearch_domain_endpoint/_bulk - - data-binary@ bulk_movies.json-H 'Content-Type:application/json'
```

Amazon ES 支持从在 Amazon ES 和自管理 Elasticsearch 集群上创建的手动快照迁移数据。从自管理 Elasticsearch 集群还原快照是将数据迁移到 Amazon ES 的常见方法。

9.3.3 在 Amazon ES 域中搜索文档

要在 Amazon Elasticsearch Service 域中搜索文档,应使用 Elasticsearch 搜索 API。也可以使用 Kibana 在域中搜索文档。

1. 从命令行搜索文档

运行以下命令在 movies 域中搜索单词 mars:

```
curl-XGET'elasticsearch_domain_endpoint/movies/_search?q=mars'
```

如果使用上一页的批量数据,则尝试搜索 rebel。

2. 使用 Kibana 从 Amazon ES 域中搜索文档

(1)将浏览器指向 AmazonES 域的 Kibana 插件。可以在 AmazonES 控制台的域控制面板中找到 Kibana 终端节点。URL 遵循以下格式:

```
https://domain.region.es.amazonaws.com/_plugin/kibana/
```

(2)要使用 Kibana,必须至少配置一个索引模式。Kibana 使用这些模式来标识要分析的索引。在本书中,输入"电影",然后选择"创建"。

(3)Index Patterns(索引模式)屏幕显示各种文档字段、actor 和 director 等字段。现在,选择 Discover(发现)以搜索数据。

(4)在搜索栏中,输入 mars,然后按 Enter 键。在搜索短语 mars attacks 时,注意相似度得分(_score)如何增加。

9.3.4 删除 Amazon ES 域

由于本书中的 movies 域用于测试目的,因此,在试用完毕后应将其删除,以避免产生费用。

1. 删除 Amazon ES 域(控制台)

(1)登录 Amazon Elasticsearch Service 控制台。

(2)在导航窗格中的 Mydomains 下,选择 movies 域。

(3)选择 Delete Elasticsearch domain(删除 Elasticsearch 域)。

(4)选择 Delete domain(删除域)。

(5)选中 Delete the domain(删除域)复选框,然后选择 Delete(删除)。

2. 删除 Amazon ES 域(AWS CLI)

运行以下命令删除 movies 域:

```
aws es delete-elasticsearch-domain --domain-name movies
```

删除域将删除所有计费 Amazon ES 资源。但是,创建的域的任何手动快照都不会被删除。如果将来需要重新创建 Amazon ES 域,可保存快照。如果不打算重新创建域,则可以安全地删除手动创建的任何快照。

3. 删除 Amazon ES 域(AWS 开发工具包)

AWS 开发工具包(Android 和 iOS 开发工具包除外)支持 Amazon ES 配置 API 参考中定义的所有操作,包括 DeleteElasticsearchDomain 操作。有关安装和使用 AWS 开发工具包的更多信息,请参阅 AWS 软件开发工具包。

第10章 项目应用案例

本章以"柳州铁道职业技术学院健康报告系统"为例,应用于该校师生每日健康报告,该系统由前端师生填报,后台防控数据统计、导出等功能组成,该应用以 ASP. NET + SQL Server 构建,架设于 Windows Server 服务器,由 IIS 发布 Web 服务。

10.1 系统架构

柳州铁道职业技术学院在校师生 2 万人,师生填报时间集中在 12:00—13:00、18:00—20:00 等时间段。系统目标:系统部署在 AWS 云上,满足师生数据填报要求,系统架构如图 10-1 所示。

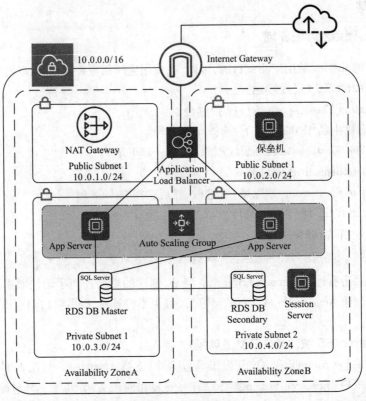

图 10-1　系统架构图

系统分析,规划私有的 VPC 网络,划分 Public Subnet 1 公有子网,Private Subnet 1 和 Private Subnet 2 私有子网,保证系统安全。AWS 服务按多可用区部署,实现高可用,通过 Internet Gateway 作为 Internet 入口,对外提供 Web 服务。在公有子网中部署 NAT Gateway,提供内网主机访问 Internet 服务,用于服务器升级安全补丁。系统前端应用采用 EC2 服务,服务器名为 App Server。数据库使用 RDS SQL Server 实例,并配置只读副本。为保证高峰期间系统持续服务,对 App Server 进行负载均衡,由 ALB 实现;为了提高运维自动化,自动扩展或缩减 App Server 数量,由 Auto Scaling 实现。由于系统集群部署,需解决应用在服务器之间共享 Session 问题,常规通过 Redis 或 Memcache 数据库存储 Session 解决,本案例使用 ASP. NET 自带的 aspnet_state 服务实现 Session 共享,由 Session Server 服务器实现。保垒机作为用户维护服务器与数据库的跳板,放在公有子网中,实现通过 Internet 连接到保垒机后间接操作服务器,提高安全性。

10. 2　创建和配置 VPC 网络

具有/16 IPv4 CIDR 块的 VPC(10. 0. 0. 0/16)。提供 65 536 个私有 IPv4 地址。具有/24 IPv4 CIDR 块的 Public Subnet 1(10. 0. 1. 0/24)和 Public Subnet 2(10. 0. 2. 0/24)公有子网,分别提供 256 个私有 IPv4 地址,具有/24 IPv4 CIDR 块的 Private Subnet 1(10. 0. 3. 0/24)和 Private Subnet 2 (10. 0. 4. 0/24)私有子网,提供 256 个私有 IPv4 地址。

Internet 网关将 VPC 连接到 Internet 和其他 AWS 服务,具有公有子网内弹性 IPv4 地址的实例,通过这些弹性 IP 地址是使其能够从 Internet 访问的公有 IPv4 地址。私有子网中的实例是后端服务器,它们不需要接受来自 Internet 的传入流量,因此没有公有 IP 地址;但是,它们可以使用 NAT 网关向 Internet 发送请求具有自己的弹性 IPv4 地址的 NAT 网关。私有子网中的实例可使用 IPv4 通过 NAT 网关向 Internet 发送请求(如针对软件更新的请求)。

登录 AWS 管理控制台,执行以下操作:

(1)单击"服务"菜单,在"联网"分类中找到 VPC 并单击或是在空白搜索栏上直接输入 VPC 并单击。

(2)在导航窗格中,选择"弹性 IP"。

(3)选择"分配新地址"。

(4)选择"分配"。

(5)单击"控制面板",选择"启动 VPC 向导",如图 10-2 所示。

图 10-2　启动 VPC 向导

(6)选择第二个选项"带有公有子网和私有子网的 VPC",然后选择"选择"。

(7)可以命名 VPC 和子网,以便稍后在控制台中识别它们。VPC 名称可以输入"实验 VPC";公有子网名称输入"公有子网 1",CIRD 输入 10. 0. 1. 0/24,可用区选择 cn-northwest-1a;私有子网名称输入"私有子网 1",CIRD 输入 10. 0. 3. 0/24,可用区选择 cn-northwest-1a。

（8）在指定 NAT 网关的详细信息部分，指定账户中弹性 IP 地址的分配 ID。

（9）保留页面上的其余默认值，如图 10-3 所示，然后选择"创建 VPC"。

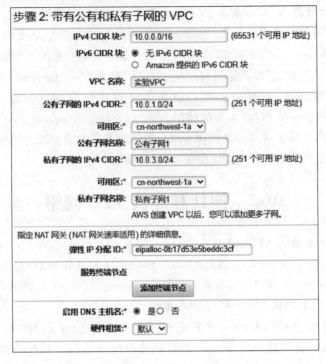

图 10-3　创建 VPC

（10）再创建一个公有子网，在导航窗格中，单击"子网"，再单击"创建子网"，名称标签输入"公有子网 2"，VPC 选择"实验 VPC"，可用区选择 cn-northwest-1b，IPv4 CIDR 块输入 10.0.2.0/24，单击"创建"。

（11）创建完成之后，在"互联网网关"中，存在一行包括"实验 VPC"的 igw 互联网网关，如图 10-4 所示，状态为 attached，说明该网关已经附加到"实验 VPC"中。

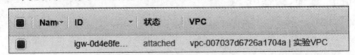

图 10-4　互联网网关

（12）创建完成之后，在"互联网网关"中，存在一行包括"实验 VPC"的 NAT 网关，包括其状态、弹性 IP 地址、私有网络地址、网络接口 ID 和子网信息，如图 10-5 所示。

图 10-5　NAT 网关

（13）再创建一个私有子网，名称标签输入"私有子网 2"，VPC 选择"实验 VPC"，可用区选择 cn-northwest-1b，IPv4 CIDR 块输入 10.0.4.0/24，单击"创建"。网络创建完成之后，如图 10-6 所示，包括两个公有子网，两个私有子网的 VPC 网络。

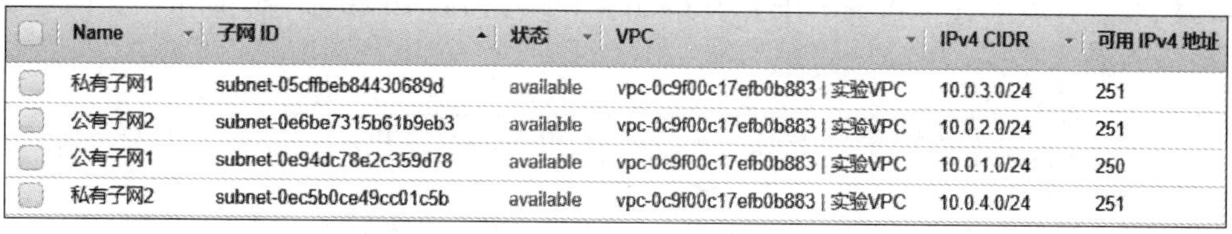

Name
子网 ID
状态
VPC
IPv4 CIDR
可用 IPv4 地址
私有子网1
subnet-05cffbeb84430689d
available
vpc-0c9f00c17efb0b883 | 实验VPC
10.0.3.0/24
251
公有子网2
subnet-0e6be7315b61b9eb3
available
vpc-0c9f00c17efb0b883 | 实验VPC
10.0.2.0/24
251
公有子网1
subnet-0e94dc78e2c359d78
available
vpc-0c9f00c17efb0b883 | 实验VPC
10.0.1.0/24
250
私有子网2
subnet-0ec5b0ce49cc01c5b
available
vpc-0c9f00c17efb0b883 | 实验VPC
10.0.4.0/24
251

图 10-6　包括两个公有子网和两个私有子网的 VPC 网络

（14）在导航窗格中，单击“路由表”。

（15）选择 VPC ID 列中含有“实验 VPC”，并且“主路由表”列中为“是”的行。

（16）编辑选中路由行的“名称/Name”，输入“私有路由表”，然后单击复选框以保存，如图 10-7 所示。

rtb-095aae37577803680
subnet...
-
否
vpc-007037d6726a1704a | 实验VPC
私有路有表
54ac9
-
-
是
vpc-007037d6726a1704a | 实验VPC
5/255

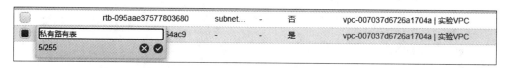

图 10-7　命名私有路由表

（17）编辑另一条 VPC ID 列中含有“实验 VPC”，并且“主路由表”列中为“否”的行，路由“名称/Name”输入“公有路由表”，并保存。

（18）修改私有路由表，选中“私有路由”的行，单击界面中“路由”选项卡，单击“编辑路由”按钮，添加一条新路由，第一列“目标”框中输入 0.0.0.0/0，第二列“目标”框中选中 NAT Gateway 项，从展开项中选择以 nat-开头的 NAT 网关，如图 10-8 所示，保存并关闭编辑路由界面。

目标
目标
10.0.0.0/16
local
0.0.0.0/0
nat-
添加路由
nat-0a30b4103c506639d

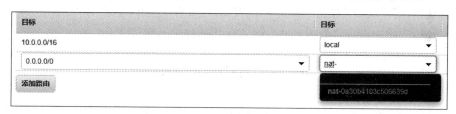

图 10-8　配置私有路由表

（19）在修改私有路由表界面中，单击界面中“子网关联”选项卡，单击“编辑子网关联”按钮，选中两个私有子网，如图 10-9 所示，单击 Save 按钮保存。

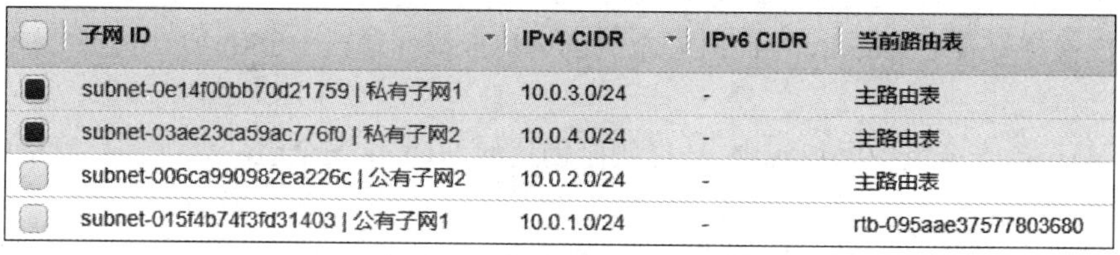

子网 ID
IPv4 CIDR
IPv6 CIDR
当前路由表
subnet-0e14f00bb70d21759 | 私有子网1
10.0.3.0/24
-
主路由表
subnet-03ae23ca59ac776f0 | 私有子网2
10.0.4.0/24
-
主路由表
subnet-006ca990982ea226c | 公有子网2
10.0.2.0/24
-
主路由表
subnet-015f4b74f3fd31403 | 公有子网1
10.0.1.0/24
-
rtb-095aae37577803680

图 10-9　私有路由关联私有子网

（20）修改公有路由表，选中“公有路由”的行，单击界面中“路由”选项卡，单击“编辑路由”按钮，添加一条新路由，第一列“目标”框中输入 0.0.0.0/0，第二列目“目标”框中选中 Internet

Gateway 项，从展开项中选择以 igw-开头的 Internet 网关，如图 10-10 所示，保存并关闭编辑路由界面。

目标
目标
10.0.0.0/16
local
0.0.0.0/0
igw-
添加路由
igw-0d4e8fec90867fa58

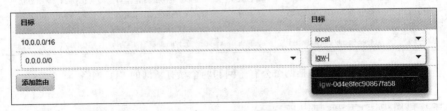

图 10-10 配置公有路由表

(21)在修改公有路由表界面中，单击界面中“子网关联”选项卡，单击“编辑子网关联”按钮，选中两个公有子网，如图 10-11 所示，单击 Save 按钮保存。

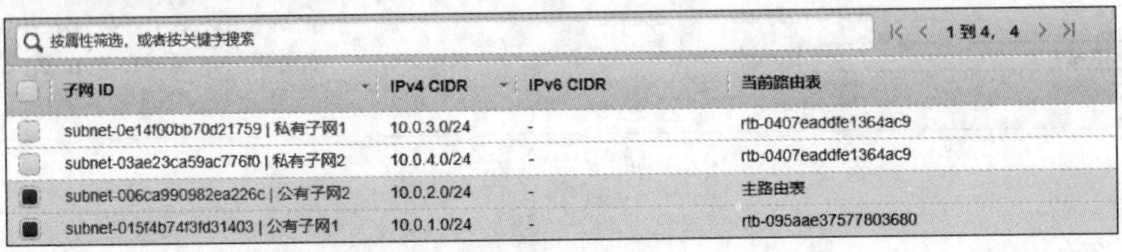

按属性筛选，或者按关键字搜索
1 到 4， 4
子网 ID
IPv4 CIDR
IPv6 CIDR
当前路由表
subnet-0e14f00bb70d21759 | 私有子网1
10.0.3.0/24
-
rtb-0407eaddfe1364ac9
subnet-03ae23ca59ac776f0 | 私有子网2
10.0.4.0/24
-
rtb-0407eaddfe1364ac9
subnet-006ca990982ea226c | 公有子网2
10.0.2.0/24
-
主路由表
subnet-015f4b74f3fd31403 | 公有子网1
10.0.1.0/24
-
rtb-095aae37577803680

图 10-11 公有路由关联公有子网

(22)修改公有子网自动分配 IP。在导航窗格中，单击“子网”。

(23)选中“公有子网 1”，单击“操作”按钮，在展开功能中选择“修改自动分配 IP 设置”，在“自动分配 IPv4”项中，勾选“启用自动分配公有 IPv4 地址”，保存。

(24)选中“公有子网 2”，单击“操作”功能按钮，在展开功能中选择“修改自动分配 IP 设置”，在“自动分配 IPv4”项中，勾选“启用自动分配公有 IPv4 地址”，保存。

10.3 配置安全组

创建 WebSG 和 DBSG 的安全组，WebSG 组用于服务器安全防火墙，允许网页的 HTTP、远程桌面的 RDP 和 Session 共享的流量入站。

(1)在导航窗格中，单击“安全组”。

(2)在“安全组”界面中，选择 Create Security Group。

(3)提供安全组的名称或描述输入 WebSG，VPC 选择“实验 VPC”，然后选择 Yes，Close。

(4)再次选择 Create Security Group，安全组的名称或描述输入 DBSG，VPC 选择“实验 VPC”，然后选择 Yes，Close。

(5)向 WebSG 安全组中添加规则，选择刚刚创建的 WebSG 安全组。详细信息窗格内会显示此安全组的详细信息。

(6)在 Inbound Rules 选项卡上，选择 Edit，然后添加入站流量规则：

①在“类型”下拉框中选择 HTTP。对于“来源”，选择“任何位置”。

②选择“添加规则”：“类型”-RDP。对于“来源”，选择“自定义”，输入 10.0.0.0/16。

③添加 Session 共享的规则，选择“添加规则”：“端口范围”输入 42424。对于“来源”，选择“自定义”，输入 10.0.0.0/16。

④选择 Save。

（7）向 DBSG 安全组中添加规则,选择刚刚创建的 DBSG 安全组。详细信息窗格内会显示此安全组的详细信息。

（8）在 Inbound Rules 选项卡上,选择 Edit,然后添加入站流量规则,如下所示:

①在"类型"下拉框中选择 HTTP。对于"来源",选择"任何位置"。

②选择"添加规则":"类型"-RDP。对于"来源",选择"任何位置",输入 10.0.0.0/16,如图 10-12 所示。

图 10-12　WebSG 安全组入站规则

③选择 Save。

（9）单击左上角的"安全组",返回到安全组页面,选择组名为 WebSG,复制"描述"中的"组 ID",如图 10-13 所示。

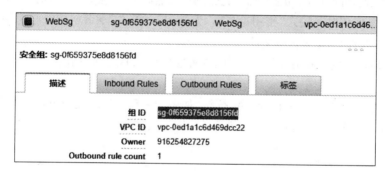

图 10-13　复制 WebSG 组 ID

（10）向 DBSG 安全组中添加规则,选择刚刚创建的 DBSG 安全组。详细信息窗格内会显示此安全组的详细信息。

（11）在 Inbound Rules 选项卡上,选择 Edit,然后添加入站流量规则:

①在"类型"下拉框中选择 MS SQL。对于"来源",选择"自定义",粘贴输入之前复制的 DBSG 安全组的 ID,如图 10-14 所示。

②选择 Save。

图 10-14　DBSG 安全组入站规则

10.4 创建保垒机

保垒机又称跳板机,是一台安装有连接服务器、管理数据库工具的普通计算机,所有服务器管理通过保垒机进入,这样避免服务器暴露在 Internet 中,保垒机部署在公有子网中。

(1)单击"服务"下拉菜单,在"计算"分类中找到 EC2 并单击或是在空白搜索栏上直接输入 EC2。

(2)在控制面板中,选择"启动实例"。

(3)按照向导中的指示操作。选择 AMI 和实例类型,本实验选择"符合条件的免费套餐"的 Windows Server 操作系统的 AMI,然后单击"下一步:选择一个实例类型"。

(4)在"选择一个实例类型",选择 t2. micro 实例类型,然后单击"下一步:配置实例详细信息"。

(5)在配置实例详细信息页上,从 Network(网络)列表中选择"实验 VPC",然后指定子网为"公有子网 2","自动分配公有 IP"默认选中"使用子网设置(启用)"。

(6)单击"下一步:添加存储",再单击"下一步:添加标签"。

(7)在"添加标签"项中,添加一个标签,"键"为 Name,"值"为"保垒机"。

(8)单击"下一步:配置安全组",在"配置安全组"页上,选择"选择一个现有的安全组"选项,然后选择已经创建的安全组 WebSG,选择"审核和启动"。

(9)检查已经选择的设置。执行所需的任何更改,然后选择"启动",以选择一个密钥对并启动实例,选择"创建新密钥对",输入"密钥对名称"为 lab-key,单击"下载密钥对",密钥对是登录服务器的凭证,请妥善保管 lab-key. pem 文件。

(10)单击"启动实例",在启动界面中单击"查看实例",保垒机创建需几分钟,可继续创建数据库实例。

(11)选中"保垒机"实例,单击"连接"按钮,如图 10-15 所示,"连接方法"选择"一个独立的 RDP 客户端",单击下载"下载远程桌面文件",把 rdp 连接文件保存到本地。

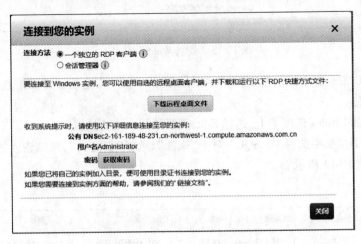

图 10-15 Windows Server 连接配置

(12)在图 10-15 中,单击"获取密码"按钮,在"密钥对的内容框中"粘贴输入 lab-key 密钥的内容,再单击"解密密码"按钮,得到保垒机的登录密码。

（13）打开保垒机的 rdp 连接文件，单击"连接"之后输入保垒机的登录密码，单击"确定"之后登录保垒机系统。

（14）登录保垒机后，浏览器打开 Windows 下载中心链接 https://docs. microsoft. com/en-us/sql/ssms/download-sql-server-management-studio-ssms? view = sql-server-ver15，下载 Microsoft SQL Server Management Studio 连接数据库，并安装完成。

10.5　创建和配置 RDS SQL Server 实例

（1）单击"服务"菜单，在"数据库"分类中找到 RDS 并单击或是在空白搜索栏上直接输入 RDS。

（2）单击"创建数据库"。

（3）在"选择引擎"中选择 Microsoft SQL Server，在"版本"中选择 SQL Server Standard Edition。

（4）在"使用案例"中选择"生产"。

（5）在"指定数据库详细信息"中，配置数据库实例规格，详细配置如下：

①数据库实例：db. m4. large。

②时区（可选）：China Standard Time。

③可用区部署：是。

④存储类型：通用型 SSD。

⑤数据库实例标识符：Labdb。

⑥主用户名：Labdb_user。

⑦密码：Labdb123456。

（6）单击"下一步"按钮，在"配置高级设置"中，进行如下配置：

①Virtual Private Cloud（VPC）：实验 VPC。

②子网组：创建新的数据库子网。

③公开可用性：否。

④VPC 安全组：选择现有 VPC 安全组，删除 Default，选中 DB-SG 安全组。

⑤字符集名称。

⑥启用删除保护：是。

（7）单击"创建数据库"按钮，等待数据库创建完成。数据库创建完成之后，单击 covid 数据名，在 Connectivity & security 选项，查看数据库接入点 Endpoint 和端口 port，如图 10-16 所示，结合第（5）步中的用户名和密码，可管理 SQL Server 数据库。

（8）在保垒机系统中，打开 PowerShell 工具，输入 wget-Uri "https://github. com/wei738357/ltzy/archive/master. zip"-OutFile "cd ~\DownLoads\master. zip"，下载"柳州铁道职业技术学院防疫报告系统"程序，从 master. zip 中提取得到 ltzy-master 文件夹及程序文件。

（9）打开 Microsoft SQL Server Management Studio 软件，如图 10-17 所示，Server name 输入上一节创建 RDS SQLServer 的接入点 Endpoint 和端口 port，以逗号","分隔；Authentication 选择 SQL Server Authenttication；Login 输入 Labdb_user；Password 输入 Labdb123456；单击 Content 按钮，登录数据库。

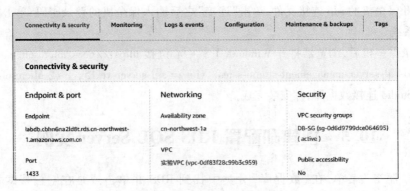

图 10-16 RDS 接入点和端口

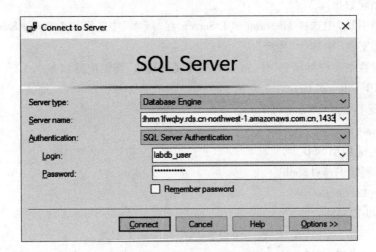

图 10-17 登录 SQL Server 数据库

（10）在数据库管理窗口导航栏中，右击 Database 并选择 New Database，新建名为 covid_19 的数据库，如图 10-18 所示。

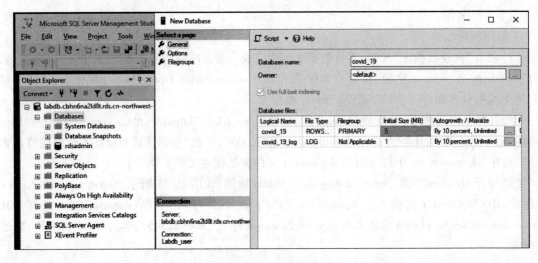

图 10-18 新建数据库

（11）在数据库管理窗口导航栏中 Databases 下选中 covid_19 数据库，单击菜单 File→Open→File，在 Open File 窗口中定位当前用户 DonwLoad\ltzy-master 文件夹下的 database.sql 文件，单击 Open 按钮，如图 10-19 所示。

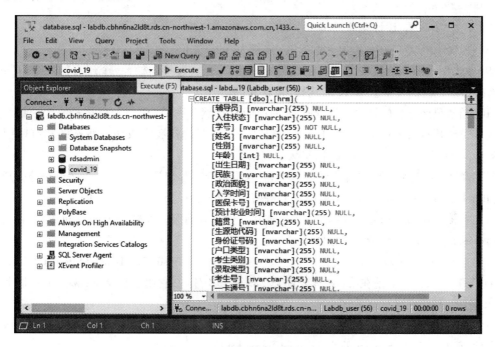

图 10-19　打开初始化数据库文件

（12）单击工作栏中的 Execute 按钮，执行完成之后，展开数据库管理窗口导航栏中 Database→covid_19→Tablese 可看到刚刚创建的数据表（如果没有看到数据表可右击 Tablese，选择 Refresh），其中 hrm 和"用户"表均有初始化数据记录，通过右键快捷菜单中的 Select Top 1000 Rows 命令查看。

10.6　配置 AMI 镜像及 Session 共享

AMI 镜像用于下一步做集群和弹性负载时自动产生虚拟机的模板，我们先用一个 EC2 进行配置之后，通过 AWS 创建镜像的功能生成新的镜像模板。

（1）单击"服务"菜单，在"计算"分类中找到 EC2 并单击或是在空白搜索栏上直接输入 EC2。

（2）在控制面板中，选择"启动实例"。

（3）按照向导中的指示操作。选择 AMI 和实例类型，本实验选择"符合条件的免费套餐"的 Windows Server 操作系统的 AMI，然后单击"下一步：选择一个实例类型"。

（4）在"选择一个实例类型"，选择 t2.micro 实例类型，然后单击"下一步：配置实例详细信息"。

（5）在配置实例详细信息页上，从 Network（网络）列表中选择"实验 VPC"，然后指定子网为"私有子网 2"，"自动分配公有 IP"默认选择中"使用子网设置（禁用）"。

（6）展开"高级详细信息"，在用户数据中输入以下信息：

```
<powershell>
#安装IIS,.NET Framework4.5,IIS管理工具和IIS基础身份证验证
install-windowsfeature web-server,web-asp-net45,web-mgmt-console,web-basic-auth
</powershell>
```

(7)单击"下一步:添加存储",再单击"下一步:添加标签"。

(8)在"添加标签"项中,添加一个标签,"键"为 Name,"值"为 ImageSession。

(9)单击"下一步:配置安全组",在"配置安全组"页上,选择"选择一个现有的安全组"选项,然后选择已经创建的安全组 WebSG,选择"审核和启动"。

(10)检查已经选择的设置。执行所需的任何更改,然后选择"启动",以选择一个密钥对并启动实例,选择"现有密钥对",选择 lab-key 密钥对,勾选"我确认我有权访问所选的私有密钥文件(lab-key. pem),并且如果没有此文件,将无法登录实例"。

(11)单击"启动实例",在启动界面中单击"查看实例",等待几分钟,直到服务器创建完成。

(12)下载 ImageSession rdp 连接文件,并解密服务器密码(参考 10.5 节中的方法)。

(13)打开保垒机,把 ImageSession 的 rdp 连接文件复制到保垒机中,并在保垒机中双击打开,输入 ImageSession 的密码,登录该服务器。

(14)登录 ImageSession 后,找到"开始"→Windows Administrative Tools→Internet Informations Service(IIS)工具,该工具是在第(6)步配置 EC2 时一起构建的,它用于在 Windows Server 服务器发布 Web 应用。

(15)配置 IIS Web 应用,删除 C:\inetpub\wwwroot 中所文件,把保垒机 DonwLoad\ltzy-master 中所有文件,复制到 ImageSession 的 C:\inetpub\wwwroot 中。

(16)编辑 C:\inetpub\wwwroot\Web. config 文件,找到 connectionStrings 配置节点,修改连接数据字符串,修改位置如下:

①Data Source:SQL Server 实例的 Endpoint(也可以输入 SQL Server 实例的 IP,如果私有子网没有配置 NAT 网关,此处填写实例 IP)。

②Initial Catalog:数据库名称,本实例为 10.5 节中创建的 covid_19。

③User ID:Labdb_user。

④Password:Labdb123456。

修改完成之后为: < add name = " SQLConnection" connectionString = " Data Source = labdb. cbhn6na2ld8t. rds. cn-northwest-1. amazonaws. com. cn;Initial Catalog = covid_19;Persist Security Info = True; User ID = Labdb_user;Password = Labdb123456" /> 。

(17)继续编辑 C:\inetpub\wwwroot\Web. config,找到 sessionState 配置节点,修改 stateConnectionString 的值为:tcpip = [ImageSession 服务器 IP]:42424,修改完成之后为: < sessionState cookieless = "false" mode = "StateServer" stateConnectionString = " tcpip = 10. 0. 4. 162: 42424" stateNetworkTimeout = "3600" /> 。

(18)关闭 ImageSession 服务器主机,开始创建 AMI 镜像。

(19)切换回到 AWS 工作界面,在控制面板中,选择"实例",选中 ImageSession 主机,单击"操作"→"镜像"→"创建映像"命令,"映像名称"输入 LabImage,再单击"创建映像"按钮。在控制面板中,选择"映像"→AMI,查看创建镜像进度,当状态为 available 表示完成。

(20)开始配置 Session 共享,开启 ImageSession 主机,在 EC2 面板中,选中 ImageSession,单击

"操作"→"实例状态"→"启动"。

（21）通过保垒机远程登录 ImageSession 主机。

（22）修改 ImageSession 主机 IP 为固定 IP，本实验修改为 10.0.4.162［该 IP 与第（17）步中修改 sessionState 配置节点 tcpip 项一致］，固定 IP 用于保证重启后 Session 共享的服务地址不变。

（23）打开"开始"→Windows Administrative Tools→Service 工具，找到 ASP.NET State Service 服务，单击 Start 启动该服务，并配置 Startup Type 为 Automatic 自动启动，该服务默认绑定 42424 端口，如图 10-20 所示。

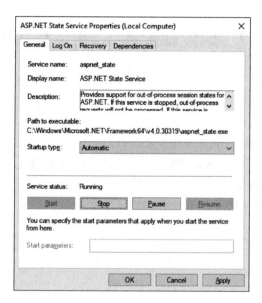

图 10-20　配置 aspnet_state 服务

（24）打开防火墙，添加一条允许 42424 端口入站规则，用于 Web 服务器提交，保存 Session，如图 10-21 所示。

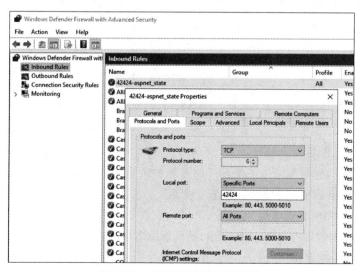

图 10-21　配置防火墙入站规则

（25）运行 regedit 编辑注册表，编辑 HKEY_LOCAL_MACHINE\SYSTEM\CurrentControlSet\Services\aspnet_state\Parameters\AllowRemoteConnection 配置项，把 AllowRemoteConnection 的值修改为1，确保服务器接受远程请求，重启服务器。

（26）服务器 ImageSession 重启完成之后，可以测试从保垒机的浏览器输入 ImageSession 的 IP 地址 10.0.4.162，可访问到网站服务。

此时初步完成一个 VPC 内的 Web 服务，离我们的目标又近了一步，下面将实现把 Web 服务发布到 Internet 中。

10.7 创建和配置 ALB 负载均衡

我们在此构建一个面对 Internet 的 Elastic Load Balancer(ELB)服务，后端连接 VPC 私有子网服务器，前端为用户提供 Web 服务。

服务器 ImageSession 重启完成之后，可以测试从保垒机的浏览器输入 ImageSession 的 IP 地址 10.0.4.162，可访问到网站服务。具体操作步骤如下：

（1）左侧导航窗格中，单击"负载均衡器"（在导航窗下方的位置）。

（2）单击"创建负载均衡器"。

（3）选择"应用程序负载均衡器"，单击"创建"。

（4）进行以下设置（并忽略未列出的所有设置）：

名称：LabELB。

模式：面前 Internet。

VPC：实验 VPC。

可用区：选择两个可用区以查看可用子网。然后选择"公有子网 1"和"公有子网 2"，如图 10-22 所示。

图 10-22　配置 ALB 可用区

（5）单击"下一步：配置安全设置"。

（6）若出现警告信息，请忽略以下警告："加强您的负载均衡器安全。您的负载均衡器未在使用任何安全侦听器"，然后单击"下一步：配置安全组"。

（7）单击"选择一个现有安全组"。

（8）选择"名称"中包含 WebSG 的安全组，然后清除默认复选框（表示采用默认安全组）。

（9）单击"下一步：配置路由"。

（10）在目标组下，对于"名称"输入 LabGroup；其他项为默认值。

（11）展开高级运行状况检查设置，然后进行以下设置（并忽略未列出的所有设置），如图 10-23

所示：

①正常阈值:输入 2。

②不正常阈值:输入 3。

③超时:输入 10。

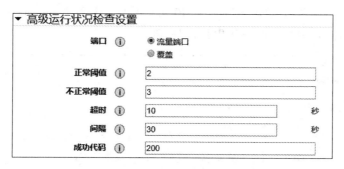

图 10-23 配置 ALB 运行检查参数

(12)单击"下一步:注册目标"。此处先不添加目标,稍后由 Auto Scaling 自动添加实例。

(13)单击"下一步:审核"。

10.8 配置 Auto Scaling 弹性扩展

下面将为 Auto Scaling 组创建一项启动配置。启动配置是 Auto Scaling 组在启动 EC2 实例时使用的模板。创建启动配置时,将指定 10.6 节所创建的 LabImageAMI 镜像,使 Auto Scaling 组包含 LabImage 特征的实例,这些实例被视为逻辑组以便进行实例扩展和管理。

(1)在 EC2 的左侧导航窗格中,单击 Auto Scaling 组。

(2)单击创建 Auto Scaling 组的蓝色按钮。

(3)单击"开始使用"。

(4)在左侧导航窗格中,单击"我的 AMI"。

(5)在 LabImage 对应的行中,单击"选择"。

(6)接受 t2. micro 选项,然后单击"下一步:配置详细信息"。

(7)进行以下设置(并忽略未列出的所有设置):

①名称:输入 LabConfig。

②监控:单击"启用 CloudWatch 详细监控"。

(8)单击"下一步:添加存储"。

(9)单击"下一步:配置安全组"。

(10)单击"选择一个现有安全组",然后选择名称中包含 WebSG 的安全组。

(11)单击"审核"。

(12)查看启动配置的详细信息,然后单击"创建启动配置"。忽略"加强安全……"警告;这属于正常现象。

(13)单击"在没有密钥对的情况下继续"。

(14)勾选视窗下方的声明"我确认我无法连接到此实例……"。

(15)单击"创建启动配置"。

(16)进行以下设置(并忽略未列出的所有设置):

组名:输入 Lab AS Group。

组大小:输入 2(个实例)。

网络:单击 10.0.0.0/16 的 VPC。忽略有关"无公共 IP"的消息;这属于正常现象。

子网:选择两个私有子网,单击 subnet-…(10.0.3.0/24),并单击 subnet-…(10.0.4.0/24),如图 10-24 所示,并忽略"不分配任何公有 IP 地址"的警告。

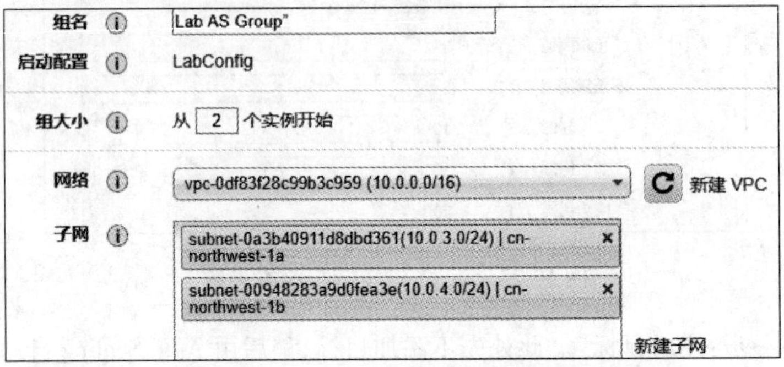

组名 ⓘ	Lab AS Group*
启动配置 ⓘ	LabConfig
组大小 ⓘ	从 [2] 个实例开始
网络 ⓘ	vpc-0df83f28c99b3c959 (10.0.0.0/16) ▼ 　C 新建 VPC
子网 ⓘ	subnet-0a3b40911d8dbd361(10.0.3.0/24) | cn-northwest-1a　✕
	subnet-00948283a9d0fea3e(10.0.4.0/24) | cn-northwest-1b　✕
	新建子网

图 10-24　配置 Auto Scaling 网络

(17)展开高级详细信息,进行以下设置(并忽略未列出的所有设置):

负载均衡:单击从一个或多个负载均衡器接收流量。

目标组:单击 LabGroup。

运行状况检查类型:单击 ELB。

监控:单击"启用 CloudWatch 详细监控"。

(18)单击"下一步:配置扩展策略"。

(19)选择"使用扩展策略调整此组容量"。

(20)修改扩展范围文本框,将扩展范围设为 2~5 个实例。

(21)单击"使用分步或简单扩展策略扩展 Auto Scaling 组",如图 10-25 所示。

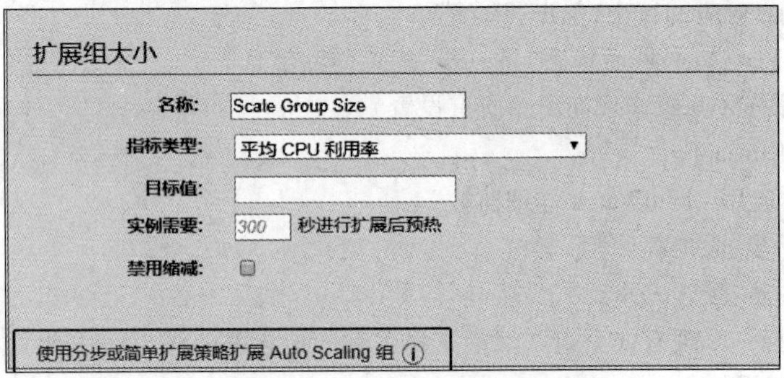

扩展组大小

名称:	Scale Group Size
指标类型:	平均 CPU 利用率　▼
目标值:	
实例需要:	300 秒进行扩展后预热
禁用缩减:	☐

使用分步或简单扩展策略扩展 Auto Scaling 组 ⓘ

图 10-25　配置 Auto Scaling 扩展策略

(22)在"增加组大小"中,对于执行策略的时间,单击"添加新警报"。

(23)取消勾选"发送通知到:",进行以下设置(并忽略未列出的所有设置),如图 10-26 所示。

每当:Average,然后单击"CPU 利用率"。

是：单击 > = ，然后输入 65（表示百分比）。

至少：输入 1，然后单击 15 Minutes。

警报名称：用"高 CPU 利用率"替换现有条目。

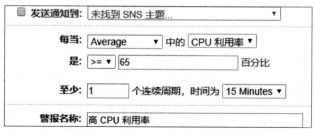

图 10-26　增加组大小警报策略设置

（24）单击"创建警报"。

（25）在"增加组大小"中，进行以下设置（并忽略未列出的所有设置）。执行以下操作：输入 1；实例需要：输入 300（每个步骤后的预热时间，单位为秒），如图 10-27 所示。

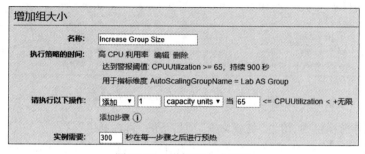

图 10-27　增加组大小配置

（26）在下方的"减少组大小"，对于"执行策略的时间"，单击添加新警报。

（27）取消勾选"发送通知到："，进行以下设置（并忽略未列出的所有设置）：

①每当：Average，然后单击"CPU 利用率"。

②是：单击" < = "，然后输入 20。

③至少：输入 1，然后单击 5 Minuters。

④警报名称：用"低 CPU 利用率"替换现有条目。

（28）在"减小组大小"中，执行以下操作：单击"删除"，输入 1，单击实例，然后输入 20，如图 10-28 所示。

图 10-28　减小组大小配置

（29）单击"下一步：配置通知"。

（30）单击"下一步：配置标签"。

（31）进行以下设置（并忽略未列出的所有设置）：

①密钥：输入 Name。

②值：输入 Lab Web Instance；

（32）单击"审核"。

（33）审核 Auto Scaling 组的详细信息，然后单击"创建 Auto Scaling 组"。如果出现无法创建 Auto Scaling 组时请单击"重试失败的任务"。

（34）验证 Auto Scaling 是否正常运行，在左侧导航窗格中，单击"实例"。系统将显示至少两个实例 Lab Web Instance，一个保垒机和一个 ImageSession 实例，如图 10-29 所示，说明验证成功。

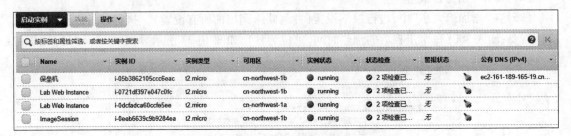

图 10-29 验证 Auto Scaling 运行状态

（35）在左侧导航窗格中，单击"负载均衡"项目下的"目标群组"。

（36）选择"LabGroup"，然后单击"目标"选项卡，也会有两个 Lab Web Instance 应列入该目标组。

10.9 测 试 应 用

（1）等待"负载均衡"项目下的"目标群组"下的两个实例的状态转换为 healthy，使用右上角的刷新图标来检查更新，如图 10-30 所示。

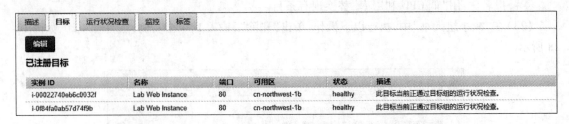

图 10-30 目标组状态

（2）在左侧导航窗格中，单击"负载均衡器"。

（3）选择 LabELB，然后在下方窗格的"描述"选项卡上，复制负载均衡器 DNS 名称，打开浏览器，粘贴负载均衡器 DNS 名称，打开页面，如图 10-31 所示。

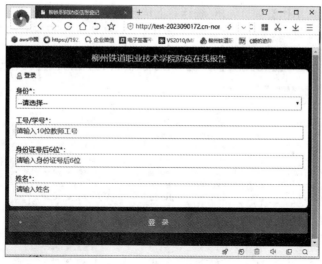

图 10-31 防疫报告系统登录界面

注意：如果在北京/宁夏区域构建以上实验，可能会遇到页面打开故障，这是根据我国法律合规性，未备案的主机端口没有开放的原因，请按国内法律法规及时申请 ICP/IP 备案。

（4）打开 database.sql 中初始化数据，使用其中一名学生的信息登录后，界面如图 10-32 所示。

图 10-32 防疫报告系统填报界面

（5）登录系统后台,用作管理员导出、统计和上传数据,如图10-33所示。

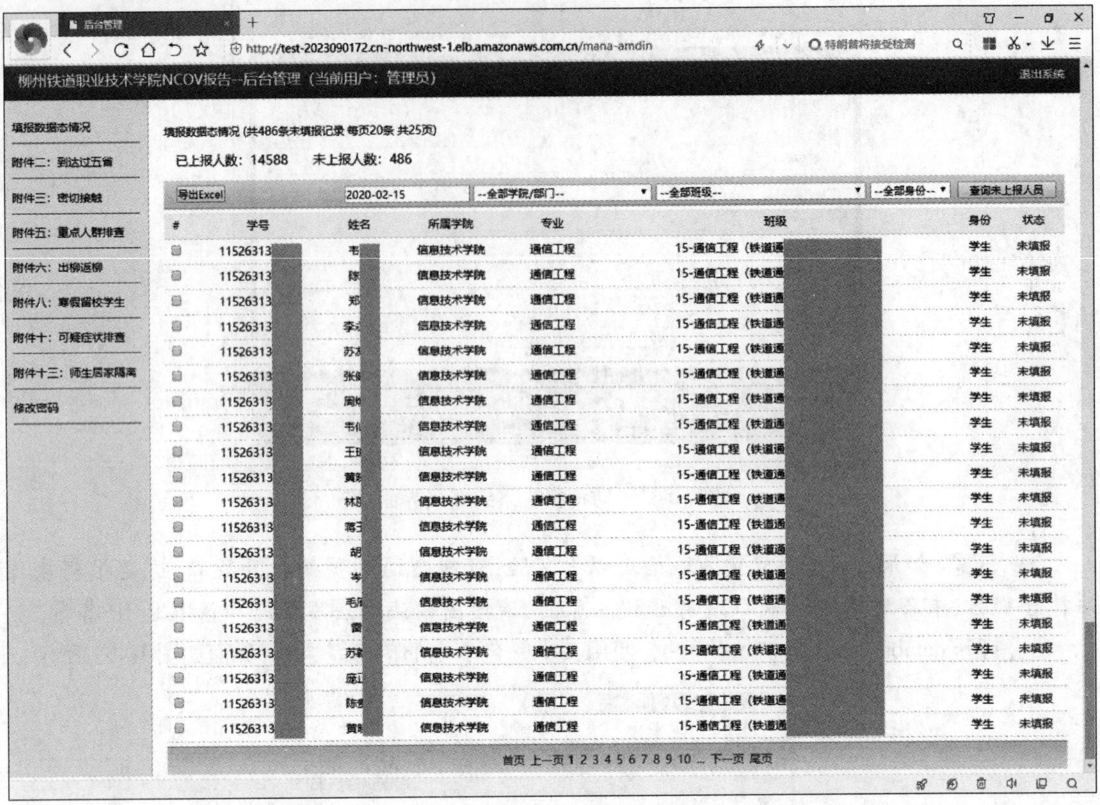

图 10-33　后台管理界面

至此,我们在 AWS 上部署完成了一所学院的健康报告系统,并向 Internet 提供 HTTP 访问服务,该系统在实际应用中把服务器和数据库全部部署在 VPC 私有子网中,系统管理和运维通过一台部署在公有子网中的保垒机间接操作,保证了系统安全。通过 Auto Scaling 弹性扩展,满足了高峰时间的大流量访问需求,使得运维管理更简便。